"수능1등급을 결정짓는
고난도 유형 대비서 "

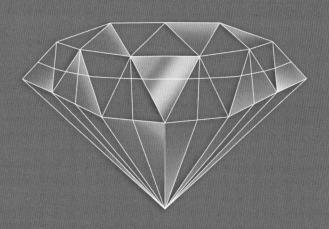

HIGH-END

수능 하이엔드

지은이

NE능률 수학교육연구소
NE능률 수학교육연구소는 혁신적이며 효율적인 수학 교재를 개발하고
수학 학습의 질을 한 단계 높이고자 노력하는 NE능률의 연구 조직입니다.

권백일 양정고등학교 교사

김용환 오금고등학교 교사

최종민 중동고등학교 교사

이경진 중동고등학교 교사

박현수 현대고등학교 교사

수능 고난도 상위 5문항 정복

HIGH-END
수능 하이엔드

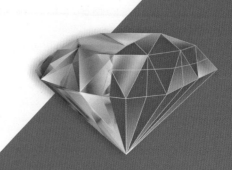

수학Ⅰ×수학Ⅱ

구성과 특징
Structure

▶ 1등급 모의고사

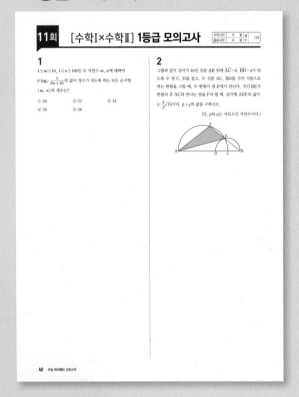

수능, 모평, 학평 기출의 변형 문제와 예상 문제로 구성된 1등급 모의고사 14회를 제공하였습니다.
미니 실전 테스트로 수능 실전 감각을 기를 수 있습니다.

▶ 전략이 있는 명쾌한 해설

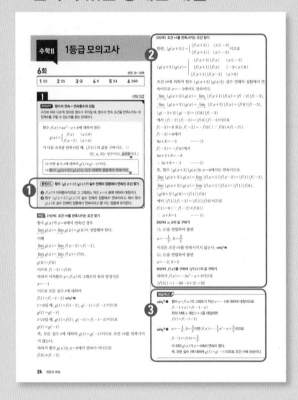

❶ 출제 코드

문제에서 해결의 핵심 조건을 찾아 풀이에 어떻게 적용되는지 제시하였습니다.

❷ 단계별 풀이

풀이 과정을 의미있는 개념의 적용을 기준으로 단계별로 제시함으로써 문제 해결의 흐름을 파악할 수 있도록 하였습니다.

❸ 풍부한 부가 요소와 첨삭

해설 특강, 다른 풀이, 핵심 개념 등의 부가 요소와 첨삭을 최대한 자세하고 친절하게 제공하였습니다. 특히 원리를 이해하는 why, 해결 과정을 보여주는 how를 제시하여 이해를 도왔습니다.

수학 I

I 지수함수와 로그함수

1. 지수, 로그의 성질과 그 활용

(1) 거듭제곱근의 성질

$a>0$, $b>0$이고 m, n이 2 이상의 정수일 때

① $(\sqrt[n]{a})^n=a$

② $\sqrt[n]{a}\,\sqrt[n]{b}=\sqrt[n]{ab}$

③ $\dfrac{\sqrt[n]{a}}{\sqrt[n]{b}}=\sqrt[n]{\dfrac{a}{b}}$

④ $(\sqrt[n]{a})^m=\sqrt[n]{a^m}$

⑤ $\sqrt[m]{\sqrt[n]{a}}=\sqrt[mn]{a}$

⑥ $\sqrt[np]{a^{mp}}=\sqrt[n]{a^m}$ (p는 자연수)

(2) $\log_a N$이 정의될 조건

① 밑의 조건: $a>0$, $a\neq1$　② 진수의 조건: $N>0$

(3) 로그의 성질

$a>0$, $a\neq1$이고 $M>0$, $N>0$일 때

① $\log_a 1=0$, $\log_a a=1$

② $\log_a MN=\log_a M+\log_a N$

③ $\log_a \dfrac{M}{N}=\log_a M-\log_a N$

④ $\log_a M^k=k\log_a M$ (단, k는 실수)

(4) 로그의 밑의 변환

$a>0$, $a\neq1$, $b>0$, $c>0$, $c\neq1$일 때

① $\log_a b=\dfrac{\log_c b}{\log_c a}$

② $\log_a b=\dfrac{1}{\log_b a}$ (단, $b\neq1$)

> **실전 tip** 로그의 밑의 변환에 의한 성질
>
> $a>0$, $a\neq1$, $b>0$, $c>0$, $c\neq1$일 때
>
> (1) $\log_{a^m} b^n=\dfrac{n}{m}\log_a b$ (단, $m\neq0$)
>
> (2) $\log_a b\times\log_b a=1$ (단, $b\neq1$)
>
> (3) $a^{\log_c b}=b^{\log_c a}$
>
> (4) $a^{\log_a b}=b^{\log_a a}=b$

2. 지수함수와 로그함수의 그래프

(1) 지수함수와 로그함수의 그래프의 성질: $a>0$, $a\neq1$일 때

함수	지수함수 $y=a^x$	로그함수 $y=\log_a x$
그래프	$a=\dfrac{1}{2}$, $a=\dfrac{1}{4}$, $a=4$, $a=2$	$a=2$, $a=4$, $a=\dfrac{1}{4}$, $a=\dfrac{1}{2}$
$0<$(밑)<1일 때	밑이 클수록 그래프는 y축에서 멀어진다.	밑이 클수록 그래프는 x축에서 멀어진다.
(밑)>1일 때	밑이 클수록 그래프는 y축에 가까워진다.	밑이 클수록 그래프는 x축에 가까워진다.

(2) 지수함수와 로그함수의 그래프의 대칭성

$a>0$, $a\neq1$일 때, 지수함수 $y=a^x$의 그래프와 로그함수 $y=\log_a x$의 그래프는 직선 $y=x$에 대하여 대칭이다.

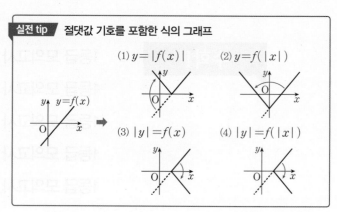

> **실전 tip** 절댓값 기호를 포함한 식의 그래프
>
> (1) $y=|f(x)|$　(2) $y=f(|x|)$
>
> $y=f(x)$ ⇒
>
> (3) $|y|=f(x)$　(4) $|y|=f(|x|)$

II 삼각함수

1. 삼각함수의 그래프

(1) 삼각함수 $y=\sin x$, $y=\cos x$, $y=\tan x$의 그래프

함수	$y=\sin x$	$y=\cos x$	$y=\tan x$
그래프	$y=\sin x$	$y=\cos x$	$y=\tan x$
주기	2π	2π	π
최댓값	1	1	없다.
최솟값	-1	-1	없다.

(2) 삼각함수의 주기, 최대·최소

함수	주기	최댓값	최솟값
$y=a\sin(bx+c)+d$	$\dfrac{2\pi}{|b|}$	$|a|+d$	$-|a|+d$
$y=a\cos(bx+c)+d$	$\dfrac{2\pi}{|b|}$	$|a|+d$	$-|a|+d$
$y=a\tan(bx+c)+d$	$\dfrac{\pi}{|b|}$	없다.	없다.

(3) $\dfrac{n}{2}\pi\pm\theta$ (n은 정수)의 삼각함수의 변환

① n이 짝수이면 $\sin\to\sin$, $\cos\to\cos$, $\tan\to\tan$

n이 홀수이면 $\sin\to\cos$, $\cos\to\sin$, $\tan\to\dfrac{1}{\tan}$

② $\dfrac{n}{2}\pi\pm\theta$가 나타내는 동경이 존재하는 사분면에서의 처음 주어진 삼각함수의 부호를 따른다. 이때 θ는 예각으로 간주한다.

> **실전 tip** 삼각함수의 대칭성을 이용한 방정식의 실근의 합
>
> 함수 $y=\sin x$의 그래프는 직선 $x=\dfrac{\pi}{2}$ 또는 직선 $x=\dfrac{3}{2}\pi$ 에 대하여 대칭이다. 이러한 대칭성을 이용하면 삼각함수를 포함한 방정식의 실근의 합을 간단히 구할 수 있다.
>
> (1) $\sin x=a\,(a>0)$의 두 실근을 α, β라 하면
> $$\dfrac{\alpha+\beta}{2}=\dfrac{\pi}{2},\ \ \text{즉}\ \alpha+\beta=\pi$$
>
> (2) $\sin x=b\,(b<0)$의 두 실근을 γ, δ라 하면
> $$\dfrac{\gamma+\delta}{2}=\dfrac{3}{2}\pi,\ \ \text{즉}\ \gamma+\delta=3\pi$$

2. 삼각함수의 활용

(1) 사인법칙

삼각형 ABC에서 외접원의 반지름의 길이를 R라 하면

$$\dfrac{a}{\sin A}=\dfrac{b}{\sin B}=\dfrac{c}{\sin C}=2R$$

$\xrightarrow{\text{변형}}$ ① $\sin A=\dfrac{a}{2R}$, $\sin B=\dfrac{b}{2R}$, $\sin C=\dfrac{c}{2R}$

② $a=2R\sin A$, $b=2R\sin B$, $c=2R\sin C$

③ $a:b:c=\sin A:\sin B:\sin C$

(2) 코사인법칙

① $a^2=b^2+c^2-2bc\cos A$ $\xrightarrow{\text{변형}}$ $\cos A=\dfrac{b^2+c^2-a^2}{2bc}$

② $b^2=c^2+a^2-2ca\cos B$ $\xrightarrow{\text{변형}}$ $\cos B=\dfrac{c^2+a^2-b^2}{2ca}$

③ $c^2=a^2+b^2-2ab\cos C$ $\xrightarrow{\text{변형}}$ $\cos C=\dfrac{a^2+b^2-c^2}{2ab}$

(3) 삼각형의 넓이

삼각형 ABC의 넓이를 S라 하면

$$S=\dfrac{1}{2}ab\sin C=\dfrac{1}{2}bc\sin A=\dfrac{1}{2}ca\sin B$$

> **실전 tip** 사인법칙과 코사인법칙의 적용
>
> (1) 한 변의 길이와 두 각의 크기가 주어질 때 ➡ 사인법칙
> (2) 두 변의 길이와 그 끼인각이 아닌 다른 한 각의 크기가 주어질 때 ➡ 사인법칙
> (3) 두 변의 길이와 그 끼인각의 크기가 주어질 때 ➡ 코사인법칙

Ⅲ 등차수열과 등비수열

1. 등차수열의 일반항과 합

(1) 등차수열의 일반항

첫째항이 a, 공차가 d인 등차수열의 일반항 a_n은
$$a_n=a+(n-1)d\ (n=1,\ 2,\ 3,\ \cdots)$$

(2) 등차수열의 합

첫째항이 a, 공차가 d, 제n항(끝항)이 l인 등차수열의 첫째항부터 제n항까지의 합 S_n은
$$S_n=\dfrac{n(a+l)}{2}=\dfrac{n\{2a+(n-1)d\}}{2}$$

2. 등비수열의 일반항과 합

(1) 등비수열의 일반항

첫째항이 a, 공비가 r인 등비수열의 일반항 a_n은
$$a_n=ar^{n-1}\ (n=1,\ 2,\ 3,\ \cdots)$$

(2) 등비수열의 합

첫째항이 a, 공비가 $r\,(r\neq1)$인 등비수열의 첫째항부터 제n항까지의 합 S_n은
$$S_n=\dfrac{a(1-r^n)}{1-r}=\dfrac{a(r^n-1)}{r-1}$$

3. 등차중항과 등비중항

(1) 등차중항: 세 수 a, b, c가 이 순서로 등차수열을 이룰 때
$$\Rightarrow b=\dfrac{a+c}{2}$$

(2) 등비중항: 0이 아닌 세 수 a, b, c가 이 순서로 등비수열을 이룰 때
$$\Rightarrow b^2=ac$$

4. 수열의 합과 일반항 사이의 관계

수열 $\{a_n\}$의 첫째항부터 제n항까지의 합을 S_n이라 하면
$$a_1=S_1,\ a_n=S_n-S_{n-1}\ (n\geq2)$$

> **실전 tip** 수열의 합 S_n의 식에 따른 수열의 판별
>
> (1) $S_n=An^2+Bn+C\ (A,\ B,\ C$는 상수) 꼴이면 수열 $\{a_n\}$은 등차수열이다.
>   ① $C=0$이면 첫째항부터 ⎤ 등차수열을 이룬다.
>   ② $C\neq0$이면 둘째항부터 ⎦
>
> (2) $S_n=Ar^n+B\ (r\neq0,\ r\neq1,\ A,\ B$는 상수) 꼴이면 수열 $\{a_n\}$은 등비수열이다.
>   ① $A+B=0$이면 첫째항부터 ⎤ 등비수열을 이룬다.
>   ② $A+B\neq0$이면 둘째항부터 ⎦

수학 II

I 함수의 극한과 연속

1. 함수의 연속

(1) 함수의 연속의 정의: 함수 $f(x)$가 실수 a에 대하여 다음을 모두 만족시킬 때, $f(x)$는 $x=a$에서 연속이라 한다.

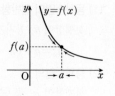

① $x=a$에서 정의되어 있다.

　　⟺ $f(a)$의 값이 존재한다.

② 극한값 $\lim\limits_{x \to a} f(x)$가 존재한다. ⟺ $\lim\limits_{x \to a+} f(x) = \lim\limits_{x \to a-} f(x)$

③ $\lim\limits_{x \to a} f(x) = f(a)$

(2) 연속함수의 성질

　두 함수 $f(x)$, $g(x)$가 $x=a$에서 연속이면 다음 함수도 $x=a$에서 연속이다.

　① $cf(x)$ (단, c는 상수)　② $f(x)+g(x)$, $f(x)-g(x)$

　③ $f(x)g(x)$　　④ $\dfrac{f(x)}{g(x)}$ (단, $g(a) \neq 0$)

(3) 사잇값의 정리의 활용

　함수 $f(x)$가 닫힌구간 $[a, b]$에서 연속이고 $f(a)f(b)<0$이면 $f(c)=0$인 c가 열린구간 (a, b)에 적어도 하나 존재한다. 즉, 방정식 $f(x)=0$은 열린구간 (a, b)에서 적어도 하나의 실근을 갖는다.

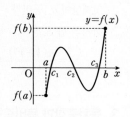

II 미분법

1. 함수의 증가·감소, 극대·극소

(1) 함수의 증가·감소의 판정: 함수 $f(x)$가 어떤 열린구간에서 미분가능하고, 이 구간의 모든 x에 대하여

　① $f'(x)>0$이면 $f(x)$는 이 구간에서 증가한다.

　　➡ $f(x)$가 증가하면 $f'(x) \geq 0$

　② $f'(x)<0$이면 $f(x)$는 이 구간에서 감소한다.

　　➡ $f(x)$가 감소하면 $f'(x) \leq 0$

실전 tip **함수의 증가·감소의 다른 표현**

함수의 증가·감소를 이용하는 문제는 역함수의 존재 여부로 주어지는 경우가 많다. 즉,

함수 $f(x)$의 역함수가 존재한다.

➡ 함수 $f(x)$는 일대일대응이다.

➡ 함수 $f(x)$는 실수 전체의 집합에서 증가하거나 감소한다.

➡ $f'(x) \geq 0$ 또는 $f'(x) \leq 0$이다.

---

(2) 함수의 극대·극소의 판정: 미분가능한 함수 $f(x)$에 대하여 $f'(a)=0$이고 $x=a$의 좌우에서 $f'(x)$의 부호가

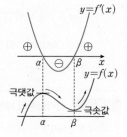

① 양(+)에서 음(−)으로 바뀌면 $x=a$에서 극대이다.

② 음(−)에서 양(+)으로 바뀌면 $x=a$에서 극소이다.

2. 함수의 추론

(1) 방정식의 실근의 개수와 삼차함수의 추론

　최고차항의 계수가 a ($a>0$)인 삼차함수 $f(x)$에 대하여 방정식 $f(x)=0$이

① 서로 다른 세 개의 실근을 갖는 경우

　➡ $f(x)=a(x-\alpha)(x-\beta)(x-\gamma)$

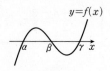

② 서로 다른 두 개의 실근을 갖는 경우

　➡ $f(x)=a(x-\alpha)^2(x-\beta)$

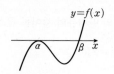

③ 삼중근을 갖는 경우

　➡ $f(x)=a(x-\alpha)^3$

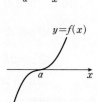

실전 tip **삼차방정식의 실근의 개수와 극대, 극소**

삼차함수 $f(x)$가 극값을 가질 때, (극댓값)×(극솟값)의 값의 부호에 따라 삼차방정식 $f(x)=0$의 실근의 개수는 다음과 같이 달라진다.

(1) (극댓값)×(극솟값)<0 ⟺ 서로 다른 세 실근

(2) (극댓값)×(극솟값)=0 ⟺ 한 실근과 중근 (서로 다른 두 실근)

(3) (극댓값)×(극솟값)>0 ⟺ 한 실근과 두 허근

---

(2) 극값을 이용한 함수의 추론

① 미분가능한 함수 $f(x)$가 $x=a$에서 극값 0을 갖는다.

　➡ 곡선 $y=f(x)$가 $x=a$에서 x축에 접한다.

　➡ $f(x)=(x-a)^2 g(x)$

② 미분가능한 함수 $f(x)$가 $x=a$에서 극값 k를 갖는다.

　➡ 곡선 $y=f(x)$가 $x=a$에서 직선 $y=k$에 접한다.

　➡ $f(x)-k=(x-a)^2 g(x)$

(3) 극값의 개수를 이용한 그래프의 개형 추론

① 2개의 극솟값 2개, 극댓값 1개

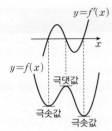

② 극값 1개 (예를 들어, 극솟값을 갖고 극댓값을 갖지 않는 경우)

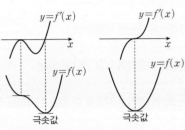

3. 함수의 미분가능성

(1) 함수 $f(x)$가 $x=a$에서 미분가능하지 않은 경우

① $x=a$에서 불연속인 경우

② $x=a$에서 연속이지만 뾰족점인 경우

(2) 모든 실수에서 연속인 함수 $f(x)$의 $x=a$에서의 미분가능성 $f'(a)$가 존재함을 보이면 된다. 즉,

$$\lim_{x \to a+} \frac{f(x)-f(a)}{x-a} = \lim_{x \to a-} \frac{f(x)-f(a)}{x-a}$$

(3) 구간별로 나누어 정의된 함수 $f(x)$의 미분가능성

구간별로 정의된 함수 $f(x) = \begin{cases} g(x) & (x \le a) \\ h(x) & (x > a) \end{cases}$ 가 $x=a$에서

미분가능함을 보이려면 $f'(x) = \begin{cases} g'(x) & (x < a) \\ h'(x) & (x > a) \end{cases}$ 에서

$$g(a) = h(a), \ g'(a) = h'(a)$$

임을 보이면 된다. (단, $g(x)$, $h(x)$는 미분가능한 함수이다.)

Ⅲ 적분법

1. 여러 가지 함수의 정적분

(1) 우함수와 기함수의 정적분: 연속함수 $f(x)$가

① $f(-x) = f(x)$이면 $\int_{-a}^{a} f(x)dx = 2\int_{0}^{a} f(x)dx$

② $f(-x) = -f(x)$이면 $\int_{-a}^{a} f(x)dx = 0$

(2) 주기함수의 정적분: 연속함수 $f(x)$가 $f(x) = f(x+p)$이면

$$\int_{a}^{b} f(x)dx = \int_{a+p}^{b+p} f(x)dx = \int_{a+2p}^{b+2p} f(x)dx = \cdots$$

2. 정적분으로 정의된 함수

(1) $f(x) = g(x) + \int_{a}^{b} f(t)dt$ (a, b는 상수) 꼴이 주어진 경우

(i) $\int_{a}^{b} f(t)dt = k$ (k는 상수)로 놓는다. ➡ $f(x) = g(x) + k$

(ii) $f(x) = g(x) + k$를 $\int_{a}^{b} f(t)dt = k$에 대입한다.

➡ $\int_{a}^{b} \{g(t)+k\}dt = k$

(2) $\int_{a}^{x} f(t)dt = g(x)$ (a는 상수) 꼴이 주어진 경우

(i) $\int_{a}^{x} f(t)dt = g(x)$의 양변에 $x=a$를 대입한다. ➡ $g(a)=0$

(ii) $\int_{a}^{x} f(t)dt = g(x)$의 양변을 x에 대하여 미분한다.

➡ $f(x) = g'(x)$

(3) $\int_{a}^{x} (x-t)f(t)dt = g(x)$ (a는 상수) 꼴이 주어진 경우

(i) $x\int_{a}^{x} f(t)dt - \int_{a}^{x} tf(t)dt = g(x)$로 식을 변형한다.

(ii) (i)에서 얻은 등식의 양변을 x에 대하여 두 번 미분하여 $f(x)$를 구한다.

3. 정적분과 넓이

(1) 이차함수의 그래프와 x축으로 둘러싸인 부분의 넓이

이차함수 $y = a(x-\alpha)(x-\beta)$ ($a \neq 0$, $\alpha < \beta$)의 그래프와 x축으로 둘러싸인 도형의 넓이 S는

$$S = \int_{\alpha}^{\beta} |a(x-\alpha)(x-\beta)|dx = \frac{|a|(\beta-\alpha)^3}{6}$$

(2) 함수와 그 역함수의 그래프로 둘러싸인 도형의 넓이

함수 $y = f(x)$의 그래프와 그 역함수로 둘러싸인 부분의 넓이를 S라 하면

$$S = 2\int_{a}^{b} |f(x) - x|dx$$

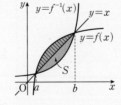

4. 속도와 거리

수직선 위를 움직이는 점 P의 시각 t에서의 속도가 $v(t)$, 시각 $t=a$에서의 점 P의 위치가 x_0일 때

(1) 시각 t에서의 점 P의 위치 $x(t)$는

$$x(t) = x_0 + \int_{a}^{t} v(t)dt$$

(2) 시각 $t=a$에서 시각 $t=b$ ($a<b$)까지

① 점 P의 위치의 변화량은 $\int_{a}^{b} v(t)dt$

② 점 P가 움직인 거리는 $\int_{a}^{b} |v(t)|dt$

과목	유형	행동 전략
수학 I	지수, 로그의 성질과 그 활용	거듭제곱근의 성질, 지수법칙, 로그의 성질을 이용하여 식을 간단히 하라!
	지수함수와 로그함수의 그래프	밑의 크기에 따른 그래프의 개형을 파악하라!
		두 그래프가 만나는 조건이 주어지면 먼저 교점의 좌표를 설정하라!
	삼각함수의 그래프	삼각함수의 그래프의 개형을 파악하라!
		삼각함수의 성질을 이용하여 식을 간단히 하라!
	삼각함수의 활용	사인법칙 또는 코사인법칙을 적용할 수 있는 삼각형을 찾아라!
		원의 성질을 이용하라!
	등차수열과 등비수열	등차수열과 등비수열의 일반항과 합의 공식을 정확히 이해하고 활용하라!
	여러 가지 수열	여러 가지 수열의 합을 구할 때는 일반항을 먼저 구하라!
		귀납적으로 정의된 수열의 일반항을 구할 때는 $n=1, 2, 3, \cdots$을 차례대로 대입하여 규칙성을 발견하라!
수학 II	함수의 연속	두 함수의 곱 $f(x)g(x)$의 연속성은 f 또는 g가 불연속인 x의 값에서만 판별하라!
		합성함수 $(g \circ f)(x)$의 연속성도 특이점에서의 x좌표에서만 판별하라!
	도함수의 활용	주어진 조건을 이용하여 함수를 추론하라!
	접선의 방정식의 활용	접선이 직접적으로 언급된 문제에서는 접점의 좌표에 주목하라!
		접선이 언급되지는 않았지만 접선을 이용하여 해결하는 문제가 있음에 주의하라!
	함수의 미분가능성	함수 $f(x)$의 $x=a$에서의 미분계수의 정의를 정확하게 이해하고 적용하라!
		절댓값 기호가 있는 함수의 미분가능성을 따질 때는 함숫값이 0인 값을 주목하라!
	여러 가지 함수의 정적분의 계산	대칭성, 주기성, 절댓값 기호에 주목하라!
	적분과 미분의 관계의 활용	정적분을 포함한 등식은 정적분의 위끝과 아래끝에 변수가 있는지 확인하라!
		정적분을 포함한 등식에서 변수와 상수를 구분하라!
	정적분의 활용	정적분의 값과 곡선으로 둘러싸인 부분의 넓이는 서로 관련이 있음을 기억하라!
		속도와 위치의 미분, 적분 관계를 기억하라!

수학I

1등급 모의고사

1

2 이상의 세 실수 a, b, c가 다음 조건을 만족시킨다.

> (가) $\sqrt{a}$는 $\dfrac{b}{a}$의 세제곱근이다.
>
> (나) $\log_a \dfrac{c}{b} + \log_b \dfrac{a}{c} = 3$

$a = (bc)^k$이 되도록 하는 실수 k의 값은?

① $\dfrac{1}{10}$ ② $\dfrac{1}{11}$ ③ $\dfrac{1}{12}$

④ $\dfrac{1}{13}$ ⑤ $\dfrac{1}{14}$

2

그림과 같이 함수 $y = \log_2 16x$의 그래프 위의 두 점 A, B와 함수 $y = \log_2 x$의 그래프 위의 점 C에 대하여 선분 AC가 y축에 평행하고 삼각형 ABC의 넓이가 $2\sqrt{3}$이다. $\overline{AC} = 2\overline{AB}$이고 점 B의 좌표가 (a, b)일 때, $a \times 2^b$의 값은?

(단, 점 A의 x좌표는 1보다 크고, 점 B의 x좌표보다도 크다.)

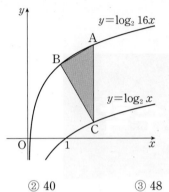

① 32 ② 40 ③ 48

④ 56 ⑤ 64

3

양수 a와 0이 아닌 정수 k에 대하여 두 함수

$$f(x)=4\sin ax,\ g(x)=k\cos(2ax-\pi)-k^2+14$$

가 다음 조건을 만족시킨다.

> (가) 모든 실수 x에 대하여 $f(x+\pi)=f(x)$이다.
>
> (나) 함수 $y=g(x)$의 그래프는 직선 $y=2$와 만난다.

a의 최솟값을 p, 정수 k의 개수를 q라 할 때, $p+q$의 값을 구하시오.

4

그림과 같이 $\overline{AB}=3$, $\overline{AC}=4$인 삼각형 ABC가 원에 내접하고, $\angle BAC$의 이등분선이 원과 만나는 점 중 A가 아닌 점을 D라 하자. $\cos(\angle BAC)=-\dfrac{1}{3}$일 때, 삼각형 BDC의 넓이는?

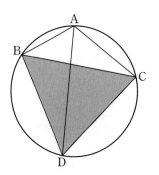

① $\dfrac{31\sqrt{2}}{4}$　　② $\dfrac{33\sqrt{2}}{4}$　　③ $\dfrac{35\sqrt{2}}{4}$

④ $\dfrac{37\sqrt{2}}{4}$　　⑤ $\dfrac{39\sqrt{2}}{4}$

5

등차수열 $\{a_n\}$이 다음 조건을 만족시킨다.

> (가) $a_1+a_3+a_5=\dfrac{21}{2}$
>
> (나) 임의의 자연수 m에 대하여 $\displaystyle\sum_{k=m}^{3m} a_k=p(6m^2+m-1)$

$a_9 \times a_{10}+p$의 값을 구하시오. (단, p는 상수이다.)

6

3 이상의 두 자연수 k, n에 대하여 $(n-2)(k-n)$의 n제곱근 중에서 실수인 것의 개수를 $f(n)$이라 하자. $\displaystyle\sum_{n=3}^{2k} f(n)=152$일 때, k의 값을 구하시오.

1

그림과 같이 두 양수 a, b에 대하여 정의역이 $\left\{x \,\middle|\, 0 \le x \le \dfrac{2\pi}{b}\right\}$

인 함수 $f(x) = a\sin\dfrac{b}{2}x$의 그래프가 직선 $y = a$와 만나는 점

을 A, x축과 만나는 점 중에서 원점이 아닌 점을 B라 하자.

삼각형 AOB가 정삼각형이고 그 넓이가 $6\sqrt{3}$일 때,

$4\left(\sqrt{2}a + \dfrac{\sqrt{6}}{\pi}b\right)$의 값을 구하시오. (단, O는 원점이다.)

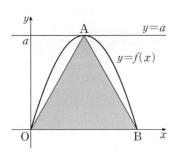

2

모든 항이 양수인 수열 $\{a_n\}$의 첫째항부터 제 n항까지의 합을
S_n이라 하자.

$$6S_n = a_n^2 + 3a_n - 4 \ (n = 1, 2, 3, \cdots)$$

일 때, $\displaystyle\sum_{k=1}^{n} \dfrac{1}{a_k a_{k+1}} > \dfrac{5}{61}$를 만족시키는 n의 최솟값을 구하시오.

3

좌표평면 위의 두 함수 $y=|4^x-2|$와 $y=a^x+b$ $(1<a<4)$의 그래프가 오직 한 점에서 만나고, 그 점의 x좌표가 $\frac{1}{2}<x\leq4$ 를 만족시킨다. 양수 b가 최솟값 B를 가질 때, 실수 a의 최댓값을 A라 하자. A^{2B}의 값을 구하시오.

4

그림과 같이 길이가 4인 선분 AB를 지름으로 하는 반원의 호 AB 위에 점 C가 있다. 선분 AB의 중점을 O, ∠CAB를 이등분하는 직선이 두 선분 OC, BC와 만나는 점을 각각 D, E라 하자. $\overline{AC}>\overline{BC}$이고 삼각형 ABC의 넓이는 $\frac{3\sqrt{7}}{2}$일 때, $\overline{DE}^2$의 값은?

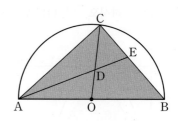

① $\dfrac{142}{175}$ ② $\dfrac{152}{175}$ ③ $\dfrac{162}{175}$

④ $\dfrac{26}{25}$ ⑤ $\dfrac{192}{175}$

5

첫째항이 50이고 공차가 정수인 등차수열 $\{a_n\}$의 첫째항부터 제n항까지의 합을 S_n이라 할 때, 자연수 k에 대하여 $S_k=6$이다. $a_n>0$을 만족시키는 모든 항의 합을 T라 할 때, T의 최댓값을 구하시오.

6

$1<a<b$인 두 자연수 a, b가 다음 조건을 만족시킬 때, $\log_2 b-\log_2 a$의 값은?

(가) 세 수 $\log_2 a$, $\log_2 b$, $\dfrac{1}{2}+\log_4 a \log_b 4$는 모두 자연수이다.

(나) $\log_4 ab=\log_{16} a \times \log_4 b$

---

① 5   ② 6   ③ 7

④ 8   ⑤ 9

1

a의 세제곱근 중 실수인 것이 3이고, b의 네제곱근 중 양수인 것이 4이다. 2 이상의 자연수 n에 대하여

$$\log_n \sqrt{a} \times \log_3 \sqrt[3]{b} \times \log_2 10$$

의 값이 자연수가 되도록 하는 모든 n의 값의 곱을 k라 할 때, $\log k$의 값을 구하시오.

2

함수 $f(x)=\left(\dfrac{1}{2}\right)^{2x-6}-32$에 대하여 함수 $y=|f(x)|$의 그래프와 이차함수 $y=a(x-2)^2$의 그래프가 제1사분면 위의 서로 다른 세 점에서 만나도록 하는 자연수 a의 최댓값은?

① 5   ② 6   ③ 7
④ 8   ⑤ 9

3

$0 \le x < 2\pi$일 때, 두 함수 $y = 2\sin(\pi + x) + a$,
$y = \cos\left(\dfrac{\pi}{2} - x\right) - a$의 그래프가 한 점에서 만나도록 하는 실
수 a의 최댓값을 k라 하고, 방정식

$$\sin(\pi - x) + k = -4\cos\left(\frac{\pi}{2} + x\right) - k$$

의 실근을 $x = \alpha$라 하자. $\dfrac{k\pi}{\alpha}$의 값을 구하시오.

4

최고차항의 계수가 1인 이차함수 $y = f(x)$가 다음 조건을 만족
시킨다.

> ㈎ 모든 실수 x에 대하여 $f(2 - x) = f(2 + x)$이다.
> ㈏ $f(-1) = 3$

자연수 n에 대하여 직선 $y = 2n^2 + 3$이 곡선 $y = f(x)$와 만나는
서로 다른 두 점의 x좌표를 각각 α_n, β_n이라 할 때,
$\sum\limits_{n=1}^{10} (\alpha_n + \beta_n - \alpha_n \beta_n)$의 값은?

① 850　　　　② 855　　　　③ 860
④ 865　　　　⑤ 870

5

다음은 모든 자연수 n에 대하여

$$\sum_{k=1}^{n}(k\times 3^{k-1})=\frac{1}{4}\{(2n-1)\times 3^n+1\} \quad \cdots\cdots (*)$$

이 성립함을 수학적 귀납법을 이용하여 증명한 것이다.

┤ 증명 ├

(i) $n=1$일 때,

(좌변)$=1\times 3^0=1$,

(우변)$=\dfrac{1}{4}\{(2\times 1-1)\times 3^1+1\}=1$

이므로 $(*)$이 성립한다.

(ii) $n=m$일 때, $(*)$이 성립한다고 가정하면

$$\sum_{k=1}^{m}(k\times 3^{k-1})=\frac{1}{4}\{(2m-1)\times 3^m+1\}$$이다.

$n=m+1$일 때,

$$\sum_{k=1}^{m+1}(k\times 3^{k-1})=\sum_{k=1}^{m}(k\times 3^{k-1})+(\boxed{\text{(가)}})\times 3^m$$

$$=\frac{1}{4}\{(2m-1)\times 3^m+1\}+(\boxed{\text{(가)}})\times 3^m$$

$$=\boxed{\text{(나)}}\times 3^{m+1}+\frac{1}{4}$$

이므로 $n=m+1$일 때도 $(*)$이 성립한다.

(i), (ii)에 의하여 모든 자연수 n에 대하여 $(*)$이 성립한다.

위의 (가), (나)에 알맞은 식을 각각 $f(m)$, $g(m)$이라 할 때, $f(7)\times g(5)$의 값은?

① 16 ② 18 ③ 20

④ 22 ⑤ 24

6

공차가 p인 등차수열 $\{a_n\}$과 $b_1=12$이고 공비가 p인 등비수열 $\{b_n\}$이 다음 조건을 만족시킨다.

(가) $a_7 a_8<0$

(나) 수열 $\{b_n\}$에서 세 항 b_1, b_2, b_3만 정수이고, $12<b_3<48$이다.

a_1이 자연수일 때, $a_1\times p$의 값은?

① -9 ② -12 ③ -15

④ -18 ⑤ -21

1

그림과 같이 $\overline{AB}=\overline{BC}=2$, $\angle ABC=\dfrac{2}{3}\pi$인 삼각형 ABC의 외접원을 O라 하자. 점 B를 포함하지 않는 호 AC 위의 점 P에 대하여 $2\overline{AP}=3\overline{CP}$이다. 삼각형 ACP의 넓이를 S, 원 O의 반지름의 길이를 R라 할 때, $\left(\dfrac{7S}{R}\right)^2$의 값을 구하시오.

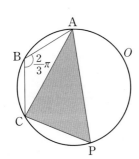

2

1보다 큰 양수 k와 자연수 m에 대하여 두 곡선 $y=2^{x-m}$, $y=2^x$과 직선 $y=-x+k$가 만나는 점을 각각 A, B라 할 때, $\overline{AB}=4\sqrt{2}$이다. m의 값이 최소일 때, k의 값을 구하시오.

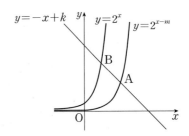

3

$0<x<4$일 때, 양수 a에 대하여 그림과 같이 함수

$f(x)=a\sin\dfrac{\pi x}{2}$의 그래프와 x축이 만나는 점을 A, 점 A를

지나고 기울기가 음수인 직선이 함수 $y=f(x)$의 그래프와 만

나는 점 중 A가 아닌 두 점을 각각 B, C, 점 B를 지나고 x축

에 평행한 직선이 함수 $y=f(x)$의 그래프와 만나는 점 중 B가

아닌 점을 D라 하자. $\overline{BD}=\dfrac{4}{3}$이고 삼각형 BCD의 넓이가 3이

다. 두 직선 OB, OC의 기울기를 각각 m_1, m_2라 할 때,

$a+\left|\dfrac{m_1}{m_2}\right|$의 값은?

(단, O는 원점이고, 점 B는 제1사분면 위의 점이다.)

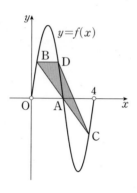

① $\dfrac{27}{2}$ ② $\dfrac{31}{2}$ ③ $\dfrac{35}{2}$

④ $\dfrac{39}{2}$ ⑤ $\dfrac{43}{2}$

4

두 수열 $\{a_n\}$, $\{b_n\}$이 모든 자연수 n에 대하여

$$b_n=\log_2(a_n a_{n+2})$$

를 만족시킨다. 수열 $\{a_n\}$은 모든 항이 양수인 등비수열이고,

$a_3=4$, $a_6=\dfrac{1}{2}$일 때, $|b_1|+|b_2|+|b_3|+\cdots+|b_{19}|$의 값을

구하시오.

5

자연수 n에 대하여 그림과 같이 $\overline{OA}=\overline{OC}=2n$, $\overline{AC}=n+1$ 인 평행사변형 OABC의 네 변에 모두 접하는 원의 지름의 길이를 a_n이라 할 때, $\sum\limits_{n=1}^{10}\left(\dfrac{4n}{n+1}a_n\right)^2$의 값은?

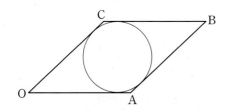

① 5640 　　② 5645 　　③ 5650

④ 5655 　　⑤ 5660

6

자연수 n에 대하여 두 원 $C_1: (x+2^n)^2+(y+2^n)^2=1$, $C_2: (x-2^{n+1})^2+(y-2^{n+1})^2=1$이 있다. 두 원 C_1, C_2 위를 움직이는 점을 각각 P, Q라 하고, 두 점 P, Q와 직선 $x+y=2^n$ 사이의 거리의 최솟값을 각각 m_1, m_2라 하자. $f(n)=m_1m_2$라 할 때, 부등식

$$1+\sqrt{f(n)}\le\frac{\sqrt{2}\times3^{n+1}}{2^{n-1}}$$

을 만족시키는 모든 자연수 n의 값의 합을 구하시오.

1

수열 $\{a_n\}$에 대하여 첫째항부터 제 n항까지의 합을 S_n이라 하자. 수열 $\{S_{2n-1}\}$은 공비가 2인 등비수열이고, 수열 $\{a_{2n}\}$은 공차가 3인 등차수열이다. $a_1=4$, $S_2=6$일 때, S_8의 값을 구하시오.

2

그림과 같이 $\overline{AB}=8$, $\overline{BC}=6$인 삼각형 ABC가 원 O에 내접하고 있다. 원 O의 반지름의 길이를 R라 할 때, 〈보기〉에서 옳은 것만을 있는 대로 고른 것은?

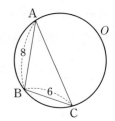

┤ 보기 ├

ㄱ. $\overline{AC}=10$이면 $R=5$이다.

ㄴ. $\sin A=\dfrac{1}{2}$이면 $\sin C=\dfrac{2}{3}$이다.

ㄷ. $0<B<\dfrac{\pi}{2}$이고 삼각형 ABC의 넓이가 $4\sqrt{11}$이면 $\overline{AC}=2\sqrt{5}$이다.

① ㄱ   ② ㄷ   ③ ㄱ, ㄴ

④ ㄴ, ㄷ   ⑤ ㄱ, ㄴ, ㄷ

3

$a_1=1$인 수열 $\{a_n\}$이 모든 자연수 n에 대하여

$$\sum_{i=1}^{n} a_i = 2a_n - n$$

을 만족시킨다. 다음은 모든 자연수 n에 대하여

$$a_n = 2^n - 1 \quad \cdots\cdots (*)$$

이 성립함을 수학적 귀납법을 이용하여 증명한 것이다.

┤ 증명 ├

(i) $n=1$일 때, $a_1 = 2^1 - 1 = 1$이므로 $(*)$이 성립한다.

(ii) $n=k$일 때, $(*)$이 성립한다고 가정하면

$$a_k = 2^k - 1$$

이다.

$$2a_{k+1} = \sum_{i=1}^{k+1} a_i + \boxed{\text{(가)}}$$

$$= \sum_{i=1}^{k} a_i + a_{k+1} + \boxed{\text{(가)}}$$

$$= a_{k+1} + \boxed{\text{(나)}} \times a_k + 1$$

이므로

$$a_{k+1} = 2^{k+1} - 1$$

이다. 따라서 $n=k+1$일 때도 $(*)$이 성립한다.

(i), (ii)에 의하여 모든 자연수 n에 대하여 $(*)$이 성립한다.

위의 (가)에 알맞은 식을 $f(k)$, (나)에 알맞은 수를 p라 할 때, $f(10) \times p$의 값은?

① 22　　　　　② 24　　　　　③ 26

④ 28　　　　　⑤ 30

4

함수 $f(x)$가 다음 조건을 만족시킨다.

(가) $0 \le x \le \pi$일 때, $f(x) = \sin x$

(나) 모든 실수 x에 대하여 $f(x+\pi) = 3f(x)$이다.

$0 \le x \le 2\pi$에서 방정식 $\{f(x)\}^3 - 6\{f(x)\}^2 + 11f(x) - 6 = 0$의 서로 다른 실근을 모두 크기순으로 나열하여 x_1, x_2, x_3, $\cdots$, x_n이라 할 때, $\sin(x_1+x_2) \times \sin(x_4+x_5)$의 값은?

① $\dfrac{\sqrt{35}}{9}$　　　　② $\dfrac{2\sqrt{10}}{9}$　　　　③ $\dfrac{\sqrt{5}}{3}$

④ $\dfrac{5\sqrt{2}}{9}$　　　　⑤ $\dfrac{\sqrt{55}}{9}$

5

4보다 큰 자연수 n과 자연수 a에 대하여 로그함수 $y=\log_n x$의 그래프 위의 점 $A(a,\ \log_n a)$가 있다. 점 $B(3,\ 0)$에 대하여 다음 조건을 만족시키는 a의 최솟값을 $f(n)$이라 하자.

(가) x에 대한 이차방정식 $x^2-6x-a+13=0$은 실근을 갖는다.

(나) 직선 AB의 기울기는 $\dfrac{1}{2}$보다 작거나 같다.

$f(5)+f(10)+f(20)$의 값을 구하시오.

6

모든 항이 정수인 수열 $\{a_n\}$이 모든 자연수 n에 대하여

$$a_{n+1}=\begin{cases} 6-2a_n & (a_n>0) \\ 5+a_n & (a_n\le 0) \end{cases}$$

을 만족시킨다. 자연수 p에 대하여 $m\ge p$인 모든 자연수 m에 대하여 $a_{m+1}=a_m$을 만족시키는 p의 최솟값은 4이다. $a_1<0$일 때, $\displaystyle\sum_{k=1}^{q} a_k\ge 0$을 만족시키는 자연수 q의 최솟값은?

① 14　　　　② 15　　　　③ 16

④ 17　　　　⑤ 18

수학II

1등급 모의고사

1

함수 $f(x)=ax^2-x+b$에 대하여 함수

$$g(x)=\begin{cases} f(x) & (x\le 0) \\ f(x-2) & (x>0) \end{cases}$$

가 다음 조건을 만족시킬 때, $|f(5)|$의 값을 구하시오.

(단, a, b는 상수이고, $a\ne 0$이다.)

(가) 어떤 실수 t에 대하여 $g(t)\ne g(-t)$이다.

(나) 함수 $|g(x+3)|g(x)$는 실수 전체의 집합에서 연속이다.

2

다음 조건을 만족시키는 최고차항의 계수가 양수인 모든 사차함수 $f(x)$에 대하여 $f(3)$의 값을 구하시오.

(가) 모든 실수 x에 대하여 $f(-x)=f(x)$이다.

(나) $f(-2)=f'(-2)=0$

(다) 부등식 $f(x)\ge f'(x)+256$을 만족시키는 양의 실수 x의 값의 범위는 $x\ge 6$이다.

3

사차함수 $f(x)=x(x-\alpha)(x-\beta)(x-\gamma)$ $(0<\alpha<\beta<\gamma)$와 실수 a에 대하여 함수 $g(x)$를

$$g(x)=f'(a)(x-a)+f(a)$$

라 할 때, 〈보기〉에서 옳은 것만을 있는 대로 고른 것은?

┤ 보기 ├

ㄱ. $a<0$이면 $g'(a)<0$이다.

ㄴ. $\alpha<a<b<\beta$이면 $g(a)<f(b)$이다.

ㄷ. $0<a<\alpha$이면 $f(a)<ag'(x)$이다.

① ㄱ   ② ㄷ   ③ ㄱ, ㄴ

④ ㄱ, ㄷ   ⑤ ㄴ, ㄷ

4

최고차항의 계수가 1인 삼차함수 $f(x)$가 다음 조건을 만족시킨다.

㈎ 모든 실수 x에 대하여 $f'(x)=f'(-x)$

㈏ 함수 $f(x)$는 $x=1$에서 극값을 갖는다.

㈐ $f(0)\leq 5$

$\int_0^2 f(x)\,dx$의 최댓값을 구하시오.

5

$\dfrac{1}{2}<a<1$인 상수 a에 대하여 함수 $f(x)=x^2-2ax$이다. 방정식 $\displaystyle\int_0^x|f(t)|dt=\int_x^{2x}|f(t)|dt$의 서로 다른 세 실근을 각각 α, 1, β $(\alpha<1<\beta)$라 할 때, $(4a+2)^2$의 값을 구하시오.

6

최고차항의 계수가 2인 사차함수 $f(x)$가 다음 조건을 만족시킨다.

> ㈎ 함수 $f'(x)$는 $x=0$에서 극값을 갖고, $f'(0)=0$이다.
>
> ㈏ 함수 $|f(x)-10|$은 오직 $x=a$ $(a>0)$에서만 미분가능하지 않다.
>
> ㈐ 함수 $f(x)$의 극솟값은 -44이다.

$f(5)$의 값을 구하시오.

1

함수

$$f(x)=\begin{cases}-x^2+8 & (\,|x|<1)\\ 3x-2 & (\,|x|\geq1)\end{cases}$$

에 대하여 함수

$$h(x)=|f(-x)|\{f(x)-k\}$$

라 하자. 함수 $h(x)$가 $x=1$에서 연속이 되도록 하는 상수 k의 값을 α, 함수 $h(x)$가 $x=-1$에서 연속이 되도록 하는 상수 k의 값을 β라 할 때, $\alpha+\beta$의 값을 구하시오.

2

삼차함수 $f(x)$와 일차함수 $g(x)$의 도함수 $y=f'(x)$, $y=g'(x)$의 그래프가 그림과 같다.

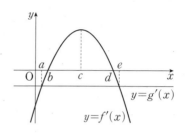

$f(a)=f(c)=f(e)=0$, $g(c)=0$이고 함수 $h(x)=f(x)g(x)$가 $x=p$와 $x=q$에서 극소일 때, 다음 중 옳은 것은? (단, $p<q$)

① $p<a, q>e$ ② $a<p<b, q>e$

③ $a<p<b, d<q<e$ ④ $b<p<c, c<q<d$

⑤ $p=a, q=e$

3

최고차항의 계수가 1이고 $f'(0) \geq 0$인 삼차함수 $f(x)$에 대하여 함수 $g(x)$를

$$g(x) = f(x) + f'(x) + |f(x) - f'(x)|$$

라 할 때, 두 함수 $f(x)$, $g(x)$가 다음 조건을 만족시킨다.

> (가) $f(0) = g(0) = 0$
>
> (나) 함수 $g(x)$는 $x=4$에서 미분가능하지 않다.

방정식 $|g(x)| = k$의 서로 다른 실근의 개수가 3일 때, $g(k+1)$의 값을 구하시오. (단, k는 상수이다.)

4

실수 전체의 집합에서 미분가능한 함수 $f(x)$가 다음 조건을 만족시킨다.

> (가) $0 \leq x \leq 1$에서 $f(x) = x^2 + 2x + 2$이다.
>
> (나) $f'(x)$의 최댓값과 최솟값은 각각 4, 2이다.

$\int_{-1}^{2} f(x)\,dx$의 최댓값이 $\dfrac{q}{p}$일 때, $p+q$의 값을 구하시오.

(단, p와 q는 서로소인 자연수이다.)

5

함수 $f(x)=\int_{-1}^{x}(\,|t|+|t-1|\,)dt$의 그래프는 두 직선

$y=2x+a$, $y=2x+b$ $(a<b)$와 각각 서로 다른 두 점에서 만

난다. 함수 $y=f(x)$의 그래프와 직선 $y=2x+a$가 만나는 두

점 중 제1사분면의 점을 $(\alpha,\,f(\alpha))$라 하고, 함수 $y=f(x)$의

그래프와 직선 $y=2x+b$가 만나는 두 점 중 제2사분면의 점을

$(\beta,\,f(\beta))$라 할 때, $\int_{\beta}^{\alpha}f(x)dx$의 값을 구하시오.

(단, a, b는 상수이다.)

6

삼차함수

$$f(x)=(x-a)(x-2a-1)(x-3a+1)$$

에 대하여 함수 $g(x)$를

$$g(x)=\int_{a}^{x}f(t)dt$$

라 정의하자. 임의의 실수 k에 대하여 곡선 $y=g(x)$와 직선

$y=k$가 만나는 점의 개수가 2 이하가 되도록 하는 모든 실수 a

의 값을 작은 수부터 크기순으로 나열한 것을 a_1, a_2, $\cdots$, a_m (m

은 자연수)이라 할 때, $m+\sum_{n=1}^{m}a_n=\dfrac{q}{p}$이다. $p+q$의 값을 구하

시오. (단, p와 q는 서로소인 자연수이다.)

1

최고차항의 계수가 2이고 극댓값과 극솟값을 가지는 삼차함수 $f(x)$에 대하여 함수 $g(x)$를 $g(x)=(x-2)f(x)$라 할 때, 함수 $g(x)$가 다음 조건을 만족시킨다.

㈎ 함수 $|g(x)|$의 미분가능하지 않은 실수 x는 1개이다.

㈏ 함수 $g(x)$는 $x=-\dfrac{11}{8}$에서 극값을 갖는다.

$g(4)$의 값을 구하시오.

2

두 함수 $f(x), g(x)$가

$$f(x)=\begin{cases} x^2+a & (x\leq 0) \\ -\dfrac{1}{2}x+5 & (x>0) \end{cases},$$

$$g(x)=x+2$$

이다. 0이 아닌 모든 실수 p에 대하여 $\lim\limits_{x \to p}\dfrac{f(x)}{g(x)}$의 값이 존재할 때, 함수 $f(x)f(x-k)$가 $x=k$에서 연속이 되도록 하는 모든 실수 k의 값의 합을 구하시오. (단, a는 상수이다.)

3

정의역이 $\{x \mid x \geq 0\}$, 치역이 $\{y \mid y \geq 0\}$이고 $x \geq 0$에서 증가하는 다항함수 $f(x)$의 역함수를 $g(x)$라 할 때, 두 함수 $f(x)$, $g(x)$는 다음 조건을 만족시킨다.

(가) $x \geq 0$인 모든 실수 x에 대하여 $\{f(x) - x\}(x - 1) \geq 0$

(나) $\displaystyle\int_1^{f(4)} g(x)\,dx = 42$, $\displaystyle\int_1^{g(4)} f(x)\,dx = \frac{7}{3}$

(다) $f(4) - g(4) = 12$

함수 $y = f(x)$의 그래프가 두 점 $(0, 0)$, $(1, 1)$을 지날 때, $\displaystyle\int_1^4 \{f(x) - g(x)\}\,dx = \frac{q}{p}$이다. $p + q$의 값을 구하시오.

(단, p와 q는 서로소인 자연수이다.)

4

최고차항의 계수가 1인 사차함수 $f(x)$와 두 실수 a, b $(-2 < a < b)$에 대하여

$$\lim_{x \to -2} \frac{f(x) + 4}{x + 2} = \lim_{x \to a} \frac{f(x) - \dfrac{113}{16}}{x - a} = \lim_{x \to b} \frac{f(x) - 4b - 4}{x - b} = 4$$

가 성립한다. $(a + 2)^4 + 4a = \dfrac{n}{m}$일 때, $m + n$의 값을 구하시오.

(단, m과 n은 서로소인 자연수이다.)

해답 37쪽

5

닫힌구간 $[0, 1]$에서 연속인 함수 $f(x)$에 대하여

$$f(0)=1, \ f(1)=0, \ \int_0^1 f(x)dx=\frac{1}{3}$$

이다. 실수 전체의 집합에서 연속인 함수 $g(x)$가 다음 조건을 만족시킬 때, $\int_0^8 g(x)dx$의 값은?

(가) $g(x)=\begin{cases} -f(-x)+c & (-1<x<0) \\ f(x) & (0\leq x<1) \\ ax+b & (1\leq x\leq 2) \end{cases}$

(단, a, b, c는 상수이다.)

(나) 모든 실수 x에 대하여 $g(x+3)=g(x)$이다.

① $\dfrac{22}{3}$ ② $\dfrac{23}{3}$ ③ 8

④ $\dfrac{25}{3}$ ⑤ $\dfrac{26}{3}$

6

삼차함수 $g(x)$와 최고차항의 계수가 1인 삼차함수 $h(x)$에 대하여 연속인 함수

$$f(x)=\begin{cases} g(x) & (x<5) \\ h(x) & (x\geq5) \end{cases}$$

가 다음 조건을 만족시킨다.

(가) 5 이하의 모든 자연수 n에 대하여
$\sum\limits_{k=1}^{n} f(2k-1)=-f(2n-1)f(2n+1)$이다.

(나) $n=1, 2, 3$일 때, 함수 $f(x)$에서 x의 값이 $2n+1$에서 $2n+5$까지 변할 때의 평균변화율은 음수가 아니다.

(다) 함수 $f(x)$에서 x의 값이 -1에서 3까지 변할 때의 평균변화율은 x의 값이 3에서 7까지 변할 때의 평균변화율의 2배이다.

$32 \times \{f(2)+f(6)\}$의 값을 구하시오.

[수학Ⅱ] 1등급 모의고사

해답 39쪽

1

원점 O에 대하여 대칭인 삼차함수 $y=f(x)$의 그래프가 그림과 같다. 곡선 $y=f(x)$와 x축이 만나는 점 중 원점이 아닌 두 점을 각각 A, B라 하고, 함수 $y=f(x)$의 그래프에서 극대, 극소인 점을 각각 C$(-t, f(-t))$, D$(t, f(t))$ $(t>0)$라 할 때, 사각형 ADBC는 직사각형이다. 직사각형 ADBC의 넓이를 $S(t)$라 하면 열린구간 (p, q)에서 t에 대한 함수 $S(t)-t^3$이 증가할 때, $q-p$의 최댓값은? (단, 점 A의 x좌표는 음수이다.)

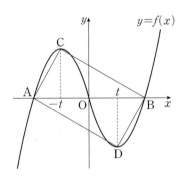

① $\dfrac{\sqrt{2}}{3}$ ② $\dfrac{\sqrt{3}}{3}$ ③ $\dfrac{2\sqrt{3}}{3}$

④ $\dfrac{2\sqrt{6}}{3}$ ⑤ $\dfrac{4\sqrt{6}}{3}$

2

양수 a와 함수 $f(x)=-x^2-ax+4$에 대하여 함수 $g(x)$를

$$g(x)=\begin{cases} ax+4 & (f(x)<0) \\ f(x) & (f(x)\geq0) \end{cases}$$

라 하자. 실수 t에 대하여 직선 $y=t$와 함수 $y=g(x)$의 그래프가 만나는 서로 다른 점의 개수를 $h(t)$라 할 때, 함수 $h(t)$가 다음 조건을 만족시킨다.

> (가) $\displaystyle\lim_{t\to0}h(t)=0$
> (나) $h(t)=0$인 양수 t가 존재한다.

함수

$$i(t)=\begin{cases} 0 & \left(t\leq\dfrac{k}{10}\right) \\ 1 & \left(t>\dfrac{k}{10}\right) \end{cases} \quad (k는 \ 자연수)$$

에 대하여 함수 $h(t)\times i(t)$가 $t=7$에서만 불연속일 때, 자연수 k의 최댓값을 M, 최솟값을 m이라 하자. $M+m$의 값을 구하시오.

3

다항함수 $f(x)$가 다음 조건을 만족시킨다.

> (가) $f'(x)=(x-a)(x-b)$ (단, a, b는 실수)
> (나) 방정식 $|f(x)|=f(0)$은 단 한 개의 실근을 갖는다.

〈보기〉에서 옳은 것만을 있는 대로 고른 것은?

> ├ 보기 ┤
> ㄱ. $a=b$일 때, 함수 $f(x)$의 극값이 존재하지 않는다.
> ㄴ. $0<a<b$이면 함수 $|f(x)|$는 $x=0$에서만 미분가능하지 않다.
> ㄷ. $a<b$이고 함수 $|f(x)-f(a)|$가 $x=k$에서만 미분가능하지 않으면 $k>0$이다.

① ㄱ   ② ㄷ   ③ ㄱ, ㄴ

④ ㄴ, ㄷ   ⑤ ㄱ, ㄴ, ㄷ

4

닫힌구간 $[0, 6]$에서 정의된 함수

$$f(x)=\begin{cases} 2-|x-2| & (0\le x<4) \\ \dfrac{(x-4)^2}{2} & (4\le x\le 6) \end{cases}$$

에 대하여 닫힌구간 $[0, 4]$에서 정의된 함수

$$g(x)=\int_x^{x+2} f(t)\,dt$$

는 $x=a$에서 극대이고 $x=b+\sqrt{c}$에서 극소이다. $a+b+c$의 값을 구하시오. (단, a, b, c는 유리수이다.)

5

양수 t에 대하여 이차함수 $f(x)$가 다음 조건을 만족시킨다.

> (가) $f(0)=f'(0)=0$
> (나) 곡선 $y=f(x)$는 점 $P(t,\ t^3+t)$를 지난다.

선분 OP를 지름으로 하는 원을 C라 하고 원 C의 중심의 x좌표를 a, 반지름의 길이를 r라 하자. 곡선 $y=f(x)$와 x축 및 직선 $x=a+r$로 둘러싸인 영역의 외부를 A, 원 C의 내부를 B라 할 때, 그림과 같이 두 영역 A, B의 공통부분의 넓이를 $S(t)$라 하자. $S'(1)$의 값은? (단, O는 원점이다.)

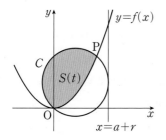

① $\dfrac{9\pi+5}{9}$

② $\dfrac{9\pi+1}{6}$

③ $\dfrac{6\pi+3}{4}$

④ $\dfrac{3\pi+3}{2}$

⑤ $\dfrac{9\pi+4}{4}$

6

함수 $f(x)=x^3-ax^2-\dfrac{b}{2}x$ 위의 점 $(2,\ f(2))$에서의 접선이 x축, y축 및 직선 $y=x$와 만나는 점을 각각 P, Q, R라 할 때, $\overline{PR}=2\overline{QR}$가 되도록 하는 자연수 a, b의 순서쌍 $(a,\ b)$의 개수는? (단, $f(2)\neq0$, $f(2)\neq1$)

① 4   ② 5   ③ 6

④ 7   ⑤ 8

1

실수 전체의 집합에서 연속인 함수

$$f(x)=\begin{cases} ax^2+bx-7 & (x<-1) \\ 3x & (-1\leq x<1) \\ -ax^2+bx+7 & (x\geq 1) \end{cases}$$

의 그래프가 직선 $y=x+t$와 만나는 서로 다른 점의 개수를 $g(t)$라 할 때, $g(t)$가 다음 조건을 만족시킨다.

> (가) 함수 $g(t)$가 $t=\alpha$에서 불연속이 되는 실수 α의 개수는 2이다.
>
> (나) 함수 $g(t)$의 최댓값은 5이다.

$f(5)$의 값을 구하시오. (단, a, b는 상수이다.)

2

최고차항의 계수가 1인 삼차함수 $f(x)$에 대하여 함수 $g(x)$를

$$g(x)=\left|\int_0^x f(t)dt\right|$$

라 하자. $g(0)=g(\alpha)=g(\beta)=0$, $g'(0)=0$이고 함수 $y=g(x)$의 그래프가 그림과 같다.

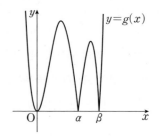

<보기>에서 옳은 것만을 있는 대로 고른 것은? (단, $0<\alpha<\beta$)

> ┤ 보기 ├
>
> ㄱ. 방정식 $f(x)=0$은 서로 다른 세 실근을 갖는다.
>
> ㄴ. $f'(0)<0$이다.
>
> ㄷ. $f'(1)=f'(4)=0$이면 함수 $f(x)$의 극솟값은 -8이다.

① ㄱ   ② ㄴ   ③ ㄱ, ㄷ

④ ㄴ, ㄷ   ⑤ ㄱ, ㄴ, ㄷ

3

다항함수 $f(x)$가 모든 실수 x에 대하여 등식

$$\int_1^x x^2 f(t)dt - \int_0^x t^2 f(t)dt = ax^5 + bx^3$$

을 만족시킨다. $f(1)=10$일 때, $f(2)$의 값을 구하시오.

(단, a, b는 상수이다.)

4

최고차항의 계수가 1이고 $x=1$, $x=5$, $x=9$에서 극값을 갖는 사차함수 $f(x)$에 대하여 함수

$$g(x)=\begin{cases} f(x) & (x<a) \\ f(x-m)+n & (x\geq a) \end{cases}$$

가 $x=a$에서 미분가능하고 $g'(a)=0$일 때, x에 대한 방정식 $g(x)=t$가 다음 조건을 만족시킨다.

⑦ 방정식 $g(x)=t$가 실근을 갖도록 하는 실수 t의 최솟값은 3이다.

⑭ 3 이상인 모든 실수 t에 대하여 방정식 $g(x)=t$의 서로 다른 모든 실근의 합은 항상 9의 양의 배수이다.

방정식 $g(x)=t$의 서로 다른 모든 실근의 합의 최댓값을 p, 방정식 $g(x)=t$의 서로 다른 실근의 합이 p가 되는 자연수 t의 개수를 q라 할 때, $p+q$의 값을 구하시오.

(단, a, m, n은 상수이다.)

해답 48쪽

5

최고차항의 계수가 1인 삼차함수 $f(x)$가 모든 실수 x에 대하여 다음 조건을 만족시킨다.

(가) $f(2-x)=-f(2+x)$

(나) $\displaystyle\int_2^x \{f(t)-3(t-2)\}dt \geq 0$

$f(0)$이 최대일 때, $\left| \displaystyle\int_0^2 f(x)dx \right|$의 값을 구하시오.

6

0이 아닌 상수 k와 함수 $f(x)=|x-2|$에 대하여 함수 $g(x)$는

$$g(x)=\begin{cases} f(x) & (x<0) \\ f(x)+k & (x \geq 0) \end{cases}$$

이다. 함수 $g(x)$와 최고차항의 계수가 1인 삼차함수 $h(x)$가 다음 조건을 만족시킨다.

(가) 함수 $g(x)$의 최솟값은 $\dfrac{5}{3}$이다.

(나) 함수 $g(x)h(x)$가 실수 전체의 집합에서 미분가능하다.

$h(x)$의 극솟값을 l이라 할 때, $k+l$의 값은? (단, $h(0)=0$)

① $\dfrac{11}{27}$ ② $\dfrac{4}{9}$ ③ $\dfrac{13}{27}$

④ $\dfrac{14}{27}$ ⑤ $\dfrac{5}{9}$

1등급 모의고사

수학I × 수학II

1등급 모의고사

1

$1 \le m \le 10$, $1 \le n \le 100$인 두 자연수 m, n에 대하여 $6 \log_{2^m} \dfrac{5}{8n+16}$의 값이 정수가 되도록 하는 모든 순서쌍 (m, n)의 개수는?

① 20   ② 22   ③ 24

④ 26   ⑤ 28

2

그림과 같이 길이가 10인 선분 AB 위에 $\overline{AC}=8$, $\overline{BD}=4$가 되도록 두 점 C, D를 잡고, 두 선분 AC, BD를 각각 지름으로 하는 반원을 그릴 때, 두 반원이 점 E에서 만난다. 직선 BE가 반원의 호 AC와 만나는 점을 F라 할 때, 삼각형 AEF의 넓이는 $\dfrac{q}{p}\sqrt{15}$이다. $p+q$의 값을 구하시오.

(단, p와 q는 서로소인 자연수이다.)

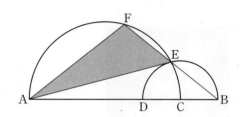

3

모든 항이 정수인 수열 $\{a_n\}$이 모든 자연수 n에 대하여

$$a_{n+1}=a_n^2+ka_n+2 \ (k\text{는 정수})$$

를 만족시킨다. $a_3=0$, $a_5+a_6=2$일 때, $\displaystyle\sum_{k=1}^{20} a_k$의 최댓값과 최솟값의 합은?

① 41   ② 43   ③ 45

④ 47   ⑤ 49

4

함수 $f(x)$가 최고차항의 계수가 -1인 다항함수이고, 1보다 큰 양수 k에 대하여 함수 $g(x)$가

$$g(x)=\begin{cases} k-2^{-x} & (x<0) \\ |2^x-k| & (x\ge 0) \end{cases}$$

일 때, 두 함수 $f(x)$, $g(x)$가 다음 조건을 만족시킨다.

> (가) $\displaystyle\lim_{x\to\infty}\frac{f(x)}{x^3}$, $\displaystyle\lim_{x\to 0}\frac{f(x)}{x^2}$의 값이 각각 존재한다.
>
> (나) 방정식 $(f\circ g)(x)=0$은 서로 다른 네 개의 실근을 갖고, 이 네 개의 실근을 작은 것부터 크기순으로 x_1, x_2, x_3, x_4라 할 때, $\displaystyle\sum_{i=1}^{4} x_i=\log_2 7$이다.

$(f\circ g)(x_1+x_4)=\dfrac{q}{p}$일 때, $p+q$의 값을 구하시오.

(단, p와 q는 서로소인 자연수이다.)

해답 55쪽

5

삼차함수 $f(x)=x^3+ax^2+bx$ (a, b는 상수)에 대하여 실수 전체의 집합에서 연속인 함수 $g(x)$가 다음 조건을 만족시킨다.

㉮ 모든 실수 x에 대하여 $\{g(x)-2x\}\{g(x)-f(x)\}=0$을 만족시킨다.

㉯ 함수 $g(x)$는 $x=2$에서만 미분가능하지 않고,

$$\lim_{h \to 0+}\frac{g(2+h)-g(2)}{h} \times \lim_{h \to 0-}\frac{g(2+h)-g(2)}{h}=12$$이다.

$\int_{-1}^{3} g(x)dx$의 최솟값은 $\dfrac{q}{p}$이다. $p+q$의 값을 구하시오.

(단, p와 q는 서로소인 자연수이다.)

6

최고차항의 계수가 양수인 삼차함수 $f(x)$에 대하여 함수 $g(x)$를

$$g(x)=\int_{2}^{x}(t-2)f'(t)dt$$

라 하자. 함수 $g(x)$가 다음 조건을 만족시킬 때, $g(0)$의 값을 구하시오.

㉮ 함수 $g(x)$는 $x=2$에서만 극값을 갖는다.

㉯ 함수 $|g(x)-9|$는 $x=3$에서만 미분가능하지 않다.

해답 57쪽

1

$-2<t<0$ 또는 $0<t<1$인 실수 t에 대하여 직선 $y=t$가 두 곡선 $f(x)=2^x-2$, $g(x)=-4^{x-1}+1$과 만나는 점을 각각 P, Q라 하고, 선분 PQ의 길이를 $h(t)$라 하자. $h(t)=\dfrac{3}{2}$이 되도록 하는 서로 다른 모든 t의 값의 합이 $p+q\sqrt{22}$일 때, $q-p$의 값을 구하시오. (단, p와 q는 유리수이다.)

2

그림과 같이 $\overline{AB}=4$, $\overline{AC}=6$, $\cos(\angle BAC)=\dfrac{1}{3}$인 삼각형 ABC에서 선분 BC 위의 서로 다른 두 점 D, E에 대하여 선분 DE를 지름으로 하는 반원이 삼각형 ABC에 내접할 때, 이 반원의 호가 두 선분 AB, AC와 접하는 점을 각각 F, G라 하자. 삼각형 AFG의 넓이는?

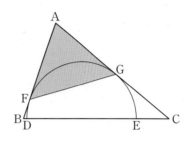

① $\dfrac{10\sqrt{2}}{3}$ ② $\dfrac{84\sqrt{2}}{25}$ ③ $\dfrac{254\sqrt{2}}{75}$

④ $\dfrac{256\sqrt{2}}{75}$ ⑤ $\dfrac{86\sqrt{2}}{25}$

3

모든 항이 정수인 수열 $\{a_n\}$의 첫째항부터 제n항까지의 합을 S_n이라 하자. 수열 $\{a_n\}$이 2 이상의 모든 자연수 n에 대하여

$$a_{n+1}=\begin{cases} a_n+2 & (a_n>S_{n-1}) \\ 2a_n-1 & (a_n\leq S_{n-1}) \end{cases}$$

을 만족시킨다. $a_2=a_1+2$이고 $S_6=0$일 때, a_{10}의 값을 구하시오.

4

최고차항의 계수가 1인 삼차함수 $f(x)$가 $\lim\limits_{x\to 2}\dfrac{f(x)}{(x-2)^2}=3$을 만족시킬 때, 함수

$$g(x)=\begin{cases} f(x) & (x<k) \\ f(x-3) & (x\geq k) \end{cases} \quad (k\text{는 실수})$$

가 다음 조건을 만족시킨다.

> (가) 함수 $g(x)$는 실수 전체의 집합에서 연속이다.
>
> (나) $\lim\limits_{h\to 0+}\dfrac{g(k+h)-g(k)}{h}>\lim\limits_{h\to 0-}\dfrac{g(k+h)-g(k)}{h}$

$k\times g\left(\dfrac{5}{2}\right)=\dfrac{q}{p}$일 때, $p+q$의 값을 구하시오.

(단, p와 q는 서로소인 자연수이다.)

5

함수 $f(x)$는 최고차항의 계수가 $\frac{1}{2}$인 삼차함수이고, 함수 $g(x)$는 최고차항의 계수가 -1인 이차함수이다. 함수 $h(x)$를

$$h(x) = \begin{cases} |f(x)| & (x < 1) \\ g(x) & (x \geq 1) \end{cases}$$

라 할 때, 함수 $h(x)$가 다음 조건을 만족시킨다.

> ㈎ 함수 $h(x)$는 실수 전체의 집합에서 미분가능하다.
> ㈏ $h(-1) = 0$, $h(2) = 9$

$h(0)$의 값이 자연수일 때, $h(-3) + h(3)$의 값을 구하시오.

6

최고차항의 계수가 1인 이차함수 $f(x)$에 대하여 함수 $g(x)$가

$$g(x) = \int_{-1}^{x} \{f(x) - f(t)\} f(t) \, dt$$

일 때, 두 함수 $f(x)$, $g(x)$가 다음 조건을 만족시킨다.

> ㈎ 모든 실수 x에 대하여 $f(-x) = f(x)$이다.
> ㈏ 함수 $g(x)$는 $x = 0$, $x = 2$에서만 극값을 갖는다.

함수 $g(x)$의 극댓값은?

① $\frac{1}{15}$ ② $\frac{2}{15}$ ③ $\frac{1}{5}$

④ $\frac{4}{15}$ ⑤ $\frac{1}{3}$

1

두 양수 a, b에 대하여 두 함수 $f(x)=a\times 4^x$, $g(x)=2^x-b$가 다음 조건을 만족시킨다.

> 두 곡선 $y=f(x)$, $y=g(x)$는 서로 다른 두 점 A, B에서 만나고, 선분 AB의 중점의 좌표는 $\left(\dfrac{3}{2},\ 3\right)$이다.

양수 k에 대하여 x에 대한 방정식 $|f(x)-g(x)|=k$의 서로 다른 실근의 개수가 2가 되도록 하는 k의 값을 p라 하고, 이때 방정식 $|f(x)-g(x)|=p$의 서로 다른 모든 실근의 합을 q라 할 때, $p+q$의 값을 구하시오.

2

좌표평면 위에 네 점 A$(2,\ 0)$, B$(3,\ 0)$, C$(3,\ 1)$, D$(2,\ 1)$을 꼭짓점으로 하는 사각형 ABCD가 있다. 자연수 n에 대하여 두 함수 $f_n(x)=\sin n\pi x$, $g_n(x)=\sin\dfrac{\pi}{n}x$의 그래프가 사각형 ABCD와 만나는 서로 다른 점의 개수를 각각 a_n, b_n이라 할 때, 〈보기〉에서 옳은 것만을 있는 대로 고른 것은?

> ─────┤ 보기 ├─────
>
> ㄱ. $a_1+b_2=4$
> ㄴ. $b_{n+1}>b_n$을 만족시키는 자연수 n의 최댓값은 5이다.
> ㄷ. $b_m=3$인 1보다 큰 자연수 m에 대하여 $2\leq x\leq 3$에서 연립방정식 $f_n(x)=g_m(x)=1$의 해가 존재하도록 하는 100 이하의 자연수 n의 개수는 25이다.

① ㄱ   ② ㄱ, ㄴ   ③ ㄱ, ㄷ
④ ㄴ, ㄷ   ⑤ ㄱ, ㄴ, ㄷ

3

첫째항이 음의 정수이고 공차가 1보다 큰 자연수인 등차수열 $\{a_n\}$에 대하여 수열 $\{b_n\}$을

$$b_n = \begin{cases} a_{n+1}+n & (a_n < 0) \\ a_n - 2n & (a_n \geq 0) \end{cases}$$

이라 하자. $b_4 > b_5$이고, 수열 $\{b_n\}$의 첫째항부터 제n항까지의 합을 S_n이라 하면 $S_4 = 0$이고 $S_k = 0$을 만족시키는 자연수 k가 존재한다. k의 값은? (단, $k > 4$)

① 21   ② 22   ③ 23

④ 24   ⑤ 25

4

최고차항의 계수가 $\frac{1}{3}$인 삼차함수 $f(x)$와 두 양수 p, q에 대하여 함수

$$g(x) = \begin{cases} f(x) & (x < 2) \\ f(x-p)+q & (x \geq 2) \end{cases}$$

가 실수 전체의 집합에서 미분가능할 때, 함수 $g(x)$는 다음 조건을 만족시킨다.

> (가) $\displaystyle\lim_{h \to 0+} \frac{|g(2+h)| - |g(2)|}{h} \times \lim_{h \to 0-} \frac{|g(2+h)| - |g(2)|}{h}$
> $= -9$
>
> (나) 2보다 큰 실수 a에 대하여 곡선 $y = g(x)$ 위의 점 $(a, 0)$에서의 접선은 x축이다.

$30 \times g\left(\dfrac{p}{q}\right)$의 값을 구하시오.

5

최고차항의 계수가 $\dfrac{1}{3}$이고, $f(0)=f'(0)=0$인 사차함수 $f(x)$에 대하여 함수 $g(x)$가

$$g(x)=\begin{cases} f(x) & (x<0) \\ f(x)+9 & (x\geq 0) \end{cases}$$

일 때, 함수 $g(x)$가 다음 조건을 만족시킨다.

> (가) 방정식 $g(x)=0$은 오직 하나의 양의 실근을 갖는다.
>
> (나) 실수 t에 대하여 방정식 $g(x)=t$의 서로 다른 실근의 개수를 $h(t)$라 할 때, 함수 $h(t)$는 $t=0$, $t=k$ $(k>0)$에서만 불연속이다.

$k\times\{g(-2)+g(4)\}$의 값을 구하시오.

6

두 양수 a, b에 대하여 두 함수 $f(x)=|x^2-ax|$, $g(x)=bx$일 때, 함수

$$h(x)=\int_0^x \{f(t)-g(t)\}dt$$

가 다음 조건을 만족시킨다.

> (가) 함수 $h(x)$는 $x=4$에서 극소이다.
>
> (나) 함수 $h(x)$의 극댓값은 $\dfrac{4}{3}$이다.

함수 $h(x)$의 극솟값은?

① -3 ② $-\dfrac{7}{3}$ ③ $-\dfrac{5}{3}$

④ -1 ⑤ $-\dfrac{1}{3}$

1

두 곡선 $y=|\log_2(x+1)|$과 $y=-2x^2+2$가 만나는 두 점을 (x_1, y_1), (x_2, y_2)라 하자. $x_1<x_2$일 때, 〈보기〉에서 옳은 것만을 있는 대로 고른 것은?

┤ 보기 ├
ㄱ. $x_2>\dfrac{\sqrt{2}}{2}$

ㄴ. $x_1y_2+x_2y_1>0$

ㄷ. $2+\sqrt{2}<2^{y_1+y_2}<4+2\sqrt{2}$

① ㄱ   ② ㄱ, ㄴ   ③ ㄱ, ㄷ

④ ㄴ, ㄷ   ⑤ ㄱ, ㄴ, ㄷ

2

그림과 같이 두 양수 a, b에 대하여 $0\le x\le\dfrac{6}{b}$에서 두 함수 $f(x)=a\sin b\pi x$, $g(x)=-a\sin\dfrac{b\pi}{3}x$의 그래프가 만나는 점 중 제4사분면의 점을 A, 제1사분면의 점을 B라 하자.

$\angle OAB=\dfrac{2}{3}\pi$이고, 삼각형 OAB의 외접원의 반지름의 길이가 $2\sqrt{7}$일 때, a^2+b^2의 값은? (단, O는 원점이다.)

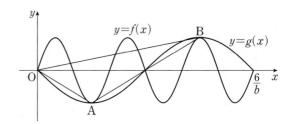

① $\dfrac{7}{4}$ ② $\dfrac{9}{4}$ ③ $\dfrac{11}{4}$

④ $\dfrac{13}{4}$ ⑤ $\dfrac{15}{4}$

3

모든 항이 정수이고, 공차가 자연수인 등차수열 $\{a_n\}$의 첫째항부터 제 n항까지의 합을 S_n이라 할 때, a_n과 S_n이 다음 조건을 만족시킨다.

> (가) $a_3 \times a_7 = a_5 \times a_{11}$
>
> (나) S_5, S_{10}, S_k가 이 순서대로 등차수열을 이룬다.
>
> (단, k는 10보다 큰 상수이다.)

S_k의 값이 최소일 때, a_{2k}의 값을 구하시오.

4

최고차항의 계수가 양수인 삼차함수 $f(x)$가 다음 조건을 만족시킨다.

> (가) 방정식 $f(x)=0$의 실근은 0, 3뿐이다.
>
> (나) 방정식 $(f \circ f)(x)=f(x)$의 서로 다른 실근의 개수는 7이다.

$f(5)$의 값을 구하시오.

5

최고차항의 계수가 1이고 모든 항이 정수인 삼차함수 $f(x)$가

$$\lim_{x \to 0} \frac{f(x)-8}{x} = 0$$

을 만족시킬 때, 실수 t에 대하여 방정식 $|f(x)|=t$의 실근의 개수를 $g(t)$라 하자. 함수 $g(t)$가 다음 조건을 만족시킬 때, $f(4)$의 값을 구하시오.

㈎ 함수 $y=g(t)$는 $t=t_1$, $t=t_2$, $t=t_3$ $(t_1 < t_2 < t_3)$에서만 불연속이고, t_1, t_2, t_3이 이 순서대로 등차수열을 이룬다.

㈏ 함수 $g(t)$의 최댓값은 4이다.

6

최고차항의 계수가 1인 삼차함수 $f(x)$와 실수 전체의 집합에서 연속인 함수 $g(x)$가 다음 조건을 만족시킨다.

㈎ 모든 실수 x에 대하여

$$(x+1)|f(x)| = \int_a^x (t-a)g(t)dt$$이다. (단, a는 양의 정수)

㈏ 모든 실수 x에 대하여 $|g(-x)| = |g(x)|$이다.

$\left| \int_{-a}^{a} g(x)dx \right| = \dfrac{q}{p}$일 때, $p+q$의 값을 구하시오.

(단, p와 q는 서로소인 자연수이다.)

Memo

Memo

수학Ⅰ × 수학Ⅱ

수능 고난도 상위 5문항 정복

HIGH-END
수능 하이엔드

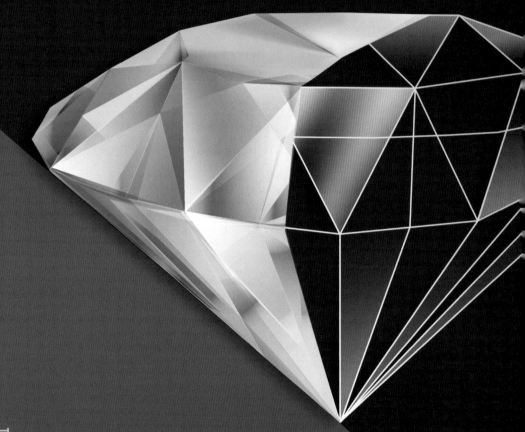

HIGH-END
수능 하이엔드

정답과 해설

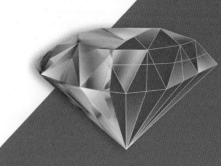

수학Ⅰ×수학Ⅱ

1회

본문 10~12쪽

| 1 ② | 2 ③ | 3 6 | 4 ② | 5 176 | 6 78 |

1

|정답 ②

출제영역 지수와 로그의 성질

지수와 로그의 성질을 이해하고 주어진 식을 변형하여 문제에서 요구하는 실수의 값을 구할 수 있는지를 묻는 문제이다.

2 이상의 세 실수 a, b, c가 다음 조건을 만족시킨다.

(가) $\sqrt{a}$는 $\dfrac{b}{a}$의 세제곱근이다. ❶

(나) $\log_a \dfrac{c}{b} + \log_b \dfrac{a}{c} = 3$ ❷

$a = (bc)^k$ ❸ 이 되도록 하는 실수 k의 값은?

① $\dfrac{1}{10}$ ✓ ② $\dfrac{1}{11}$ ③ $\dfrac{1}{12}$

④ $\dfrac{1}{13}$ ⑤ $\dfrac{1}{14}$

출제코드 지수와 로그의 성질을 이용하여 세 실수 a, b, c 사이의 관계 파악하기

❶ $(\sqrt{a})^3 = \dfrac{b}{a}$ 이므로 이 식을 간단히 정리한다.

❷ $\log_a \dfrac{c}{b}$ 와 $\log_b \dfrac{a}{c}$ 의 밑이 서로 다르므로 밑을 같게 만든 후 식을 간단히 정리한다.

❸ ❶, ❷에서 정리한 식을 이용하여 k의 값을 구한다.

해설 |1단계| 조건 (가)를 이용하여 a, b 사이의 관계를 간단히 나타내기

조건 (가)에서 $\sqrt{a}$는 $\dfrac{b}{a}$의 세제곱근이므로

$$(\sqrt{a})^3 = \dfrac{b}{a}$$

양변을 제곱하면 $a^3 = \dfrac{b^2}{a^2}$

$b^2 = a^5$

$\therefore b = a^{\frac{5}{2}}$ ······ ㉠

|2단계| 조건 (나)를 이용하여 a, c 사이의 관계를 간단히 나타내기

$$\log_a \dfrac{c}{b} + \log_b \dfrac{a}{c} = \log_a \dfrac{c}{a^{\frac{5}{2}}} + \log_{a^{\frac{5}{2}}} \dfrac{a}{c} \ (\because ㉠)$$

$$= \log_a c - \dfrac{5}{2} + \dfrac{2}{5} - \dfrac{2}{5} \log_a c$$

$$= \dfrac{3}{5} \log_a c - \dfrac{21}{10}$$

조건 (나)에서 $\log_a \dfrac{c}{b} + \log_b \dfrac{a}{c} = 3$ 이므로

$\dfrac{3}{5} \log_a c - \dfrac{21}{10} = 3$ 에서 $\log_a c = \dfrac{17}{2}$

$\therefore c = a^{\frac{17}{2}}$ ······ ㉡

|3단계| k의 값 구하기

㉠, ㉡에 의하여 $bc = a^{\frac{5}{2}} \times a^{\frac{17}{2}} = a^{11}$ 이므로

$$a = (bc)^{\frac{1}{11}}$$

$$\therefore k = \dfrac{1}{11}$$

2

|정답 ③

출제영역 로그함수의 그래프의 평행이동

로그함수의 그래프의 평행이동을 이용하여 조건을 만족시키는 함수의 그래프 위의 점의 좌표를 구할 수 있는지를 묻는 문제이다.

그림과 같이 함수 $y = \log_2 16x$의 그래프 위의 두 점 A, B와 함수 $y = \log_2 x$의 그래프 위의 점 C에 대하여 선분 AC가 y축에 평행 ❶ 하고 삼각형 ABC의 넓이가 $2\sqrt{3}$이다. ❷ $\overline{AC} = 2\overline{AB}$이고 ❸ 점 B의 좌표가 (a, b)일 때, $a \times 2^b$의 값은?

(단, 점 A의 x좌표는 1보다 크고, 점 B의 x좌표보다도 크다.)

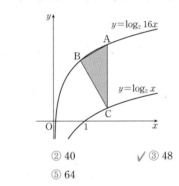

① 32 ② 40 ✓ ③ 48

④ 56 ⑤ 64

출제코드 세 점 A, B, C의 좌표 사이의 관계 파악하기

❶ 두 점 A, C의 x좌표가 같다.

❷ 선분 AC의 길이와 삼각형 ABC의 넓이를 이용하여 삼각형 ABC의 높이, 즉 점 B와 선분 AC 사이의 거리를 구한다.
➡ 점 A의 x좌표를 이용하여 점 B의 x좌표를 나타낸다.

❸ 선분 AC의 길이를 이용하여 선분 AB의 길이를 구한다.

해설 |1단계| 선분 AC의 길이 구하기

두 점 A, C의 x좌표가 같으므로 두 점 A, C의 좌표를
A$(t, \log_2 16t)$, C$(t, \log_2 t)$ $(t > 1)$라 하면

$\overline{AC} = \log_2 16t - \log_2 t$

$\quad = \log_2 16 = 4$ **how? ❶**

|2단계| 점 B의 좌표를 t로 나타내기

점 B에서 $\overline{AC}$에 내린 수선의 발을 H라 하면
삼각형 ABC의 넓이가 $2\sqrt{3}$이므로

$$\dfrac{1}{2} \times \overline{BH} \times 4 = 2\sqrt{3}$$

$$\therefore \overline{BH} = \sqrt{3}$$

즉, 곡선 $y = \log_2 16x$ 위의 점 B의 좌표는
B$(t - \sqrt{3}, \log_2 16(t - \sqrt{3}))$ **how? ❷**

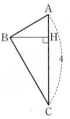

|3단계| 두 점 사이의 거리를 이용하여 t의 값 구하기

$\overline{AC}=2\overline{AB}$에서 $\overline{AB}=\dfrac{1}{2}\times\overline{AC}=\dfrac{1}{2}\times 4=2$이므로

$$\overline{AB}=\sqrt{(t-\sqrt{3}-t)^2+\{\log_2 16(t-\sqrt{3})-\log_2 16t\}^2}$$
$$=\sqrt{3+\left(\log_2\dfrac{t-\sqrt{3}}{t}\right)^2}$$
$$=2$$

$\sqrt{3+\left(\log_2\dfrac{t-\sqrt{3}}{t}\right)^2}=2$의 양변을 제곱하면

$$3+\left(\log_2\dfrac{t-\sqrt{3}}{t}\right)^2=4$$
$$\left(\log_2\dfrac{t-\sqrt{3}}{t}\right)^2=1$$
$$\therefore \log_2\dfrac{t-\sqrt{3}}{t}=\pm 1$$

이때 진수는 양수이고 $t>1$이므로 $0<\dfrac{t-\sqrt{3}}{t}<1$

따라서 $\log_2\dfrac{t-\sqrt{3}}{t}=-1$이므로 **why?❸**

$$\dfrac{t-\sqrt{3}}{t}=2^{-1}$$
$$\dfrac{t-\sqrt{3}}{t}=\dfrac{1}{2}$$
$$2(t-\sqrt{3})=t$$
$$\therefore t=2\sqrt{3}$$

|4단계| $a\times 2^b$의 값 구하기

따라서 $a=t-\sqrt{3}=\sqrt{3}$, $b=\log_2 16(t-\sqrt{3})=\log_2 16\sqrt{3}$이므로

$$a\times 2^b=\sqrt{3}\times 2^{\log_2 16\sqrt{3}}$$
$$=\sqrt{3}\times 16\sqrt{3}\ \ \textbf{how?❹}$$
$$=48$$

해설특강 ✎

how?❶ $\log_a M-\log_a N=\log_a\dfrac{M}{N}$, $\log_a a^m=m\ (a>0,\ a\neq 1)$

임을 이용하여 간단히 한다.

한편, 함수의 그래프의 평행이동을 이용하여 선분 AC의 길이를 구할 수도 있다.

→ $y=\log_2 16x=4+\log_2 x$이므로 곡선 $y=\log_2 16x$는 곡선 $y=\log_2 x$를 y축의 방향으로 4만큼 평행이동한 것이다.

즉, $\overline{AC}=4$임을 알 수 있다.

how?❷ 점 B의 x좌표는 점 A (또는 점 C)의 x좌표보다 선분 BH의 길이, 즉 $\sqrt{3}$만큼 작으므로 $t-\sqrt{3}$이다.

why?❸ $y=\log_2 a$에서 $a>1$이면 $y>0$이고 $0<a<1$이면 $y<0$이다.

즉, $\log_2\dfrac{t-\sqrt{3}}{t}$에서 $\dfrac{t-\sqrt{3}}{t}$과 1의 대소를 비교하여 그 값의 부호를 판별한다.

→ $\dfrac{t-\sqrt{3}}{t}>1$이면 $\log_2\dfrac{t-\sqrt{3}}{t}>0$

$0<\dfrac{t-\sqrt{3}}{t}<1$이면 $\log_2\dfrac{t-\sqrt{3}}{t}<0$

따라서 진수는 양수이고 $t>1$이므로 $t-\sqrt{3}<t$에서 $0<\dfrac{t-\sqrt{3}}{t}<1$

how?❹ $a^{\log_a m}=m\ (a>0,\ a\neq 1)$임을 이용한다.

출제영역 삼각함수의 그래프

삼각함수의 그래프의 주기와 두 함수의 그래프의 위치 관계를 이용하여 미지수의 값을 구할 수 있는지를 묻는 문제이다.

양수 a와 0이 아닌 정수 k에 대하여 두 함수
$$f(x)=4\sin ax,\ g(x)=k\cos(2ax-\pi)-k^2+14$$
❶
가 다음 조건을 만족시킨다.

㉮ 모든 실수 x에 대하여 $f(x+\pi)=f(x)$이다. **❷**
㉯ 함수 $y=g(x)$의 그래프는 직선 $y=2$와 만난다. **❸**

a의 최솟값을 p, 정수 k의 개수를 q라 할 때, $p+q$의 값을 구하시오. **❷** 6

출제코드 함수의 그래프가 x축에 평행한 직선과 만나도록 하는 미지수의 값의 범위 구하기

❶ 함수 $f(x)=4\sin ax$의 주기는 $\dfrac{2\pi}{|a|}$이다.

❷ 모든 실수 x에 대하여 $f(x+t)=f(x)$를 만족시키는 양수 t가 존재할 때, t의 최솟값이 함수 $f(x)$의 주기임을 이용한다.

❸ 함수 $y=g(x)$의 그래프가 직선 $y=2$와 만나므로 $(g(x)$의 최솟값$)\le 2\le(g(x)$의 최댓값$)$이어야 한다.

해설 **|1단계| 함수 $f(x)$의 주기를 이용하여 p의 값 구하기**

함수 $f(x)$의 주기는

$$\dfrac{2\pi}{|a|}=\dfrac{2\pi}{a}\ (\because a>0)$$

조건 ㉮에서 a의 값은 2, 4, 6, …이다.

즉, a의 최솟값 p는 2이다.

|2단계| 함수 $y=g(x)$의 그래프가 직선 $y=2$와 만나도록 하는 k의 값의 범위 구하기

조건 ㉯에서 함수 $y=g(x)$의 그래프가 직선 $y=2$와 만나야 한다.

(i) $k>0$일 때

$-k^2-k+14\le 2\le -k^2+k+14$이므로 **why?❶**

$-k^2+k+14\ge 2$에서

$k^2-k-12\le 0$

$(k+3)(k-4)\le 0$

$\therefore -3\le k\le 4$

이때 $k>0$이므로 $0<k\le 4$ ⋯⋯ ㉠

$-k^2-k+14\le 2$에서

$k^2+k-12\ge 0$

$(k+4)(k-3)\ge 0$

$\therefore k\le -4$ 또는 $k\ge 3$

이때 $k>0$이므로 $k\ge 3$ ⋯⋯ ㉡

㉠, ㉡의 공통범위는 $3\le k\le 4$

(ii) $k<0$일 때

$-k^2+k+14\le 2\le -k^2-k+14$이므로 **why?❶**

$-k^2-k+14\ge 2$에서

$k^2+k-12\le 0$

$(k+4)(k-3)\le 0$

$\therefore -4\le k\le 3$

이때 $k<0$이므로 $-4\le k<0$ ······ ㉢

$-k^2+k+14\le 2$에서

$k^2-k-12\ge 0$

$(k+3)(k-4)\ge 0$

$\therefore k\le -3$ 또는 $k\ge 4$

이때 $k<0$이므로 $k\le -3$ ······ ㉣

㉢, ㉣의 공통범위는 $-4\le k\le -3$

(i), (ii)에 의하여

$-4\le k\le -3$ 또는 $3\le k\le 4$

따라서 조건을 만족시키는 정수 k의 값은 -4, -3, 3, 4의 4개이다.

$\therefore q=4$

|3단계| $p+q$의 값 구하기

$\therefore p+q=2+4=6$

해설특강

why? ❶ $g(x)=k\cos(2ax-\pi)-k^2+14$의 최댓값은 $|k|-k^2+14$, 최솟값은 $-|k|-k^2+14$이다.

$\therefore -|k|-k^2+14\le 2\le |k|-k^2+14$

(i) $k>0$일 때

   $-k^2-k+14\le 2\le -k^2+k+14$

(ii) $k<0$일 때

   $-k^2+k+14\le 2\le -k^2-k+14$

4

|정답 ②

출제영역 사인법칙+코사인법칙+삼각형의 넓이

코사인법칙과 사인법칙을 이용하여 삼각형의 넓이를 구할 수 있는지를 묻는 문제이다.

그림과 같이 $\overline{AB}=3$, $\overline{AC}=4$인 삼각형 ABC가 원에 내접하고, ∠BAC의 이등분선이 원과 만나는 점 중 A가 아닌 점을 D라 하❶ 자. $\cos(\angle BAC)=-\dfrac{1}{3}$일 때, 삼각형 BDC의 넓이는?
❷

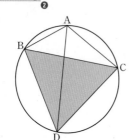

① $\dfrac{31\sqrt{2}}{4}$ ✔ ② $\dfrac{33\sqrt{2}}{4}$ ③ $\dfrac{35\sqrt{2}}{4}$

④ $\dfrac{37\sqrt{2}}{4}$ ⑤ $\dfrac{39\sqrt{2}}{4}$

출제코드 코사인법칙을 이용하여 삼각형의 각 변의 길이 구하기

❶ ∠BAD=∠CAD이므로 $\overline{BD}=\overline{CD}$임을 알 수 있다.

❷ $\cos(\angle BAC)$의 값을 이용하여 $\sin(\angle BAC)$를 구한다.

해설 **|1단계|** 코사인법칙을 이용하여 선분 BC의 길이를 구하고, 사인법칙을 이용하여 외접원의 반지름의 길이 구하기

삼각형 ABC에서 코사인법칙에 의하여

$\overline{BC}^2=\overline{AB}^2+\overline{AC}^2-2\times\overline{AB}\times\overline{AC}\times\cos(\angle BAC)$

$\qquad =3^2+4^2-2\times 3\times 4\times\left(-\dfrac{1}{3}\right)$

$\qquad =33$

$\therefore \overline{BC}=\sqrt{33}$

또, $\cos(\angle BAC)=-\dfrac{1}{3}$이므로

$\sin(\angle BAC)=\sqrt{1-\left(-\dfrac{1}{3}\right)^2}=\dfrac{2\sqrt{2}}{3}$

삼각형 ABC의 외접원의 반지름의 길이를 R라 하면 사인법칙에 의하여

$\dfrac{\overline{BC}}{\sin(\angle BAC)}=2R$, $\dfrac{\sqrt{33}}{\dfrac{2\sqrt{2}}{3}}=2R$

$\therefore R=\dfrac{3\sqrt{66}}{8}$

|2단계| 코사인법칙을 이용하여 선분 BD의 길이 구하기

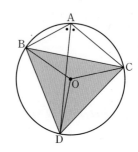

삼각형 ABC의 외접원의 중심을 O라 하면

$\angle BOD=2\angle BAD=\angle BAC$ ($\because \angle BAD=\angle CAD$)

삼각형 BOD에서 코사인법칙에 의하여

$\overline{BD}^2=\overline{OB}^2+\overline{OD}^2-2\times\overline{OB}\times\overline{OD}\times\cos(\angle BOD)$

$\qquad =\left(\dfrac{3\sqrt{66}}{8}\right)^2+\left(\dfrac{3\sqrt{66}}{8}\right)^2-2\times\dfrac{3\sqrt{66}}{8}\times\dfrac{3\sqrt{66}}{8}\times\left(-\dfrac{1}{3}\right)$

$\qquad =\dfrac{99}{4}$

$\therefore \overline{BD}=\sqrt{\dfrac{99}{4}}=\dfrac{3\sqrt{11}}{2}$

한편, $\triangle BOD\equiv\triangle COD$이므로 **why? ❶**

$\overline{CD}=\overline{BD}=\dfrac{3\sqrt{11}}{2}$

|3단계| 삼각형 BDC의 넓이 구하기

따라서 삼각형 BDC의 넓이는

$\dfrac{1}{2}\times\overline{BD}\times\overline{CD}\times\sin(\angle BDC)$

$=\dfrac{1}{2}\times\overline{BD}\times\overline{CD}\times\sin(\pi-\angle BAC)$

$=\dfrac{1}{2}\times\overline{BD}\times\overline{CD}\times\sin(\angle BAC)$

$=\dfrac{1}{2}\times\dfrac{3\sqrt{11}}{2}\times\dfrac{3\sqrt{11}}{2}\times\dfrac{2\sqrt{2}}{3}$

$=\dfrac{33\sqrt{2}}{4}$

why? ❶ 삼각형 COD에서

$\angle COD = 2\angle CAD = 2\angle BAD = \angle BOD$

즉, 삼각형 BOD와 삼각형 COD에서

$\overline{BO} = \overline{CO}$, $\overline{DO}$는 공통, $\angle BOD = \angle COD$

이므로

$\triangle BOD \equiv \triangle COD$ (SAS 합동)

---

5 |정답 **176**

등차수열의 합의 공식과 ∑의 뜻을 이용하여 등차수열의 일반항을 구할 수 있는지를 묻는 문제이다.

등차수열 $\{a_n\}$이 다음 조건을 만족시킨다.

(가) $a_1 + a_3 + a_5 = \dfrac{21}{2}$

(나) 임의의 자연수 m에 대하여 $\displaystyle\sum_{k=m}^{3m} a_k = p(6m^2 + m - 1)$ ❶

$a_9 \times a_{10} + p$의 값을 구하시오. (단, p는 상수이다.) **176**

출제코드 항등식의 성질 이용하기

❶ '임의의', '모든' 등의 표현이 있을 때는 항등식의 성질을 이용한다.

해설 |1단계| 등차수열의 정의와 주어진 조건을 이용하여 등차수열 $\{a_n\}$의 첫째항과 공차에 대한 관계식 구하기

등차수열 $\{a_n\}$의 공차를 d라 하면

$a_n = a_1 + (n-1)d$

조건 (가)에서 $a_1 + a_3 + a_5 = \dfrac{21}{2}$이므로

$a_1 + (a_1 + 2d) + (a_1 + 4d) = 3a_1 + 6d = \dfrac{21}{2}$

$\therefore a_1 + 2d = \dfrac{7}{2}$ ...... ㉠

|2단계| ∑의 뜻과 등차수열의 합의 공식을 이용하여 조건 (나)의 식 정리하기

또, 조건 (나)의 좌변에서

$\displaystyle\sum_{k=m}^{3m} a_k = \dfrac{(2m+1)[\{a_1 + (m-1)d\} + \{a_1 + (3m-1)d\}]}{2}$ **how? ❶**

$= \dfrac{(2m+1)(2a_1 + 4md - 2d)}{2}$

$= (2m+1)(a_1 + 2md - d)$

$= 4dm^2 + 2a_1m + a_1 - d$

|3단계| 항등식의 성질을 이용하여 a_n을 구한 후 $a_9 \times a_{10} + p$의 값 구하기

$4dm^2 + 2a_1m + a_1 - d = 6pm^2 + pm - p$가 m에 대한 항등식이므로

$4d = 6p$, $2a_1 = p$, $a_1 - d = -p$ **why? ❷**

즉, $2a_1 + 4d = 7p$이므로 ㉠에 의하여 $7p = 7$ $\therefore p = 1$

$4d = 6$이므로 $d = \dfrac{3}{2}$, $2a_1 = 1$이므로 $a_1 = \dfrac{1}{2}$

따라서 $a_n = \dfrac{1}{2} + (n-1) \times \dfrac{3}{2} = \dfrac{3}{2}n - 1$이므로

$a_9 = \dfrac{25}{2}$, $a_{10} = 14$

$\therefore a_9 \times a_{10} + p = \dfrac{25}{2} \times 14 + 1 = 176$

---

how? ❶ $\displaystyle\sum_{k=m}^{3m} a_k$는 첫째항이 a_m, 끝항이 a_{3m}, 항수가 $3m - m + 1 = 2m + 1$인 등차수열의 합이므로

$\displaystyle\sum_{k=m}^{3m} a_k = \dfrac{(2m+1)(a_m + a_{3m})}{2}$

$= \dfrac{(2m+1)[\{a_1 + (m-1)d\} + \{a_1 + (3m-1)d\}]}{2}$

why? ❷ 모든 실수 x에 대하여 등식 $ax^2 + bx + c = a'x^2 + b'x + c'$이 성립할 조건은 $a = a'$, $b = b'$, $c = c'$이다.

---

6 |정답 **78**

거듭제곱근의 뜻을 이해하고 거듭제곱근의 개수를 구할 수 있는지를 묻는 문제이다.

---

3 이상의 두 자연수 k, n에 대하여 $(n-2)(k-n)$의 n제곱근 중 ❶ 에서 실수인 것의 개수를 $f(n)$이라 하자. $\displaystyle\sum_{n=3}^{2k} f(n) = 152$일 때, k ❷ 의 값을 구하시오. **78**

출제코드 변화하는 값에 대한 거듭제곱근의 개수 구하기

❶ $(n-2)(k-n)$의 부호에 따라 n제곱근 중에서 실수인 것의 개수가 어떻게 변하는지 파악한다.

❷ n이 홀수일 때와 짝수일 때의 n제곱근 중에서 실수인 것의 개수가 어떻게 변하는지 파악한다.

해설 |1단계| n이 홀수일 때 $(n-2)(k-n)$의 n제곱근 중에서 실수인 것의 개수 구하기

$\displaystyle\sum_{n=3}^{2k} f(n) = \sum_{m=2}^{k} \{f(2m-1) + f(2m)\}$ **why? ❶**

$= \displaystyle\sum_{m=2}^{k} f(2m-1) + \sum_{m=2}^{k} f(2m)$

(i) $n = 2m - 1$ ($m = 2, 3, 4, \cdots, k$)일 때

n이 홀수이므로 $(n-2)(k-n)$의 값에 관계없이 $(n-2)(k-n)$의 n제곱근 중에서 실수인 것의 개수는 1, 즉 $f(n) = 1$이다.

이때 $n = 2m - 1$은 $(k-1)$개이므로

$\displaystyle\sum_{m=2}^{k} f(2m-1) = 1 \times (k-1) = k - 1$

|2단계| n이 짝수일 때 $(n-2)(k-n)$의 n제곱근 중에서 실수인 것의 개수 구하기

(ii) $n = 2m$ ($m = 2, 3, 4, \cdots, k$)일 때

$(n-2)(k-n) < 0$, 즉 $n > k$이면 $f(n) = 0$

$(n-2)(k-n) = 0$, 즉 $n = k$이면 $f(n) = 1$

$(n-2)(k-n) > 0$, 즉 $2 < n < k$이면 $f(n) = 2$

이제 $2 < n \leq k$인 짝수 n의 개수를 구하여 $f(n)$의 합을 구해 보자.

㉠ k가 홀수이면   └ $n > k$일 때 $f(n) = 0$이므로

    n은 짝수이므로 $n \neq k$ $\displaystyle\sum_{m=2}^{k} f(2m)$에 영향을 주지 않는다.

                                         따라서 $2 < n \leq k$인 경우만 생각한다.

$2 < n < k$인 짝수 n의 개수는

$$\frac{k-2-1}{2}=\frac{k-3}{2} \text{ how? ❷}$$

이므로 $2 < n < k$인 짝수 n에 대하여 $f(n)$의 합, 즉

$\displaystyle\sum_{m=2}^{k} f(2m)$의 값은 $2 \times \dfrac{k-3}{2}=k-3$

ⓛ k가 짝수이면

$2 < n < k$인 짝수 n의 개수는

$$\frac{k-2-1-1}{2}=\frac{k-4}{2} \text{ how? ❸}$$

이므로 $2 < n < k$인 짝수 n에 대하여 $f(n)$의 합, 즉

$\displaystyle\sum_{m=2}^{k} f(2m)$의 값은 $2 \times \dfrac{k-4}{2}=k-4$

또, $n=k$일 때 k가 짝수이므로 $f(n)=1$ how? ❹

따라서 $2 < n \leq k$인 짝수 n에 대하여 $f(n)$의 합은

$(k-4)+1=k-3$

㉠, ㉡에 의하여 k가 홀수이든 짝수이든 관계없이

$$\sum_{m=2}^{k} f(2m)=k-3$$

|3단계| 조건을 만족시키는 k의 값 구하기

(i), (ii)에 의하여 $\displaystyle\sum_{n=3}^{2k} f(n)=(k-1)+(k-3)=2k-4$

이때 $\displaystyle\sum_{n=3}^{2k} f(n)=152$이므로

$2k-4=152$, $2k=156$

$\therefore k=78$

해설특강

why? ❶ a의 n제곱근의 개수는 a의 부호와 n이 짝수인지 또는 홀수인지에 따라 달라지므로 먼저 n이 홀수일 때와 짝수일 때로 나누어 생각한다.

how? ❷ $2 < n < k$인 자연수 n의 개수는 $k-2-1=k-3$이고 $k-3$은 짝수이므로 순서대로 나열된 자연수 $(k-3)$개 중 짝수는 $\dfrac{k-3}{2}$개이다.

예를 들어 $2 < n < 7$인 경우 n의 값은 3, 4, 5, 6의 4개이고 이 중 짝수는 4, 6의 $\dfrac{4}{2}=2$(개)이다.

how? ❸ $2 < n < k$인 자연수 n의 개수는 $k-2-1=k-3$이고 $k-3$은 홀수이므로 $2 < n < k$, 즉 홀수인 3부터 시작하여 순서대로 나열된 자연수가 홀수 개이면 나열된 수 중 홀수가 짝수보다 1개 더 많다는 것을 알 수 있다. 따라서 k가 짝수일 때 $2 < n < k$인 짝수 n의 개수는 $\dfrac{k-3-1}{2}$이다.

예를 들어 $2 < n < 8$인 경우 n의 값은 3, 4, 5, 6, 7의 5개이고 이 중 짝수는 4, 6의 $\dfrac{5-1}{2}=2$(개)이다.

how? ❹ $n=k$일 때 $(n-2)(k-n)=0$이고 n이 짝수이므로 $(n-2)(k-n)=0$의 n제곱근의 개수는 1이다.

핵심개념 실수인 거듭제곱근

실수 a와 2 이상의 자연수 n에 대하여 a의 n제곱근 중 실수인 것은 다음과 같다.

	$a>0$	$a=0$	$a<0$
n이 홀수	$\sqrt[n]{a}$ (1개)	0 (1개)	$\sqrt[n]{a}$ (1개)
n이 짝수	$\sqrt[n]{a}$, $-\sqrt[n]{a}$ (2개)	0 (1개)	없다.

---

1 28	**2** 81	**3** 252	**4** ③	**5** 165	**6** ②

1
|정답 28

출제영역 삼각함수의 그래프 + 정삼각형의 높이와 넓이

삼각함수의 그래프 위의 세 점을 꼭짓점으로 하는 정삼각형의 높이와 넓이를 이용하여 미지수의 값을 구할 수 있는지를 묻는 문제이다.

그림과 같이 두 양수 a, b에 대하여 정의역이 $\left\{x \,\middle|\, 0 \leq x \leq \dfrac{2\pi}{b}\right\}$인 함수 $f(x)=a \sin \dfrac{b}{2} x$의 그래프가 직선 $y=a$와 만나는 점을 A, ❶ x축과 만나는 점 중에서 원점이 아닌 점을 B라 하자. 삼각형 AOB 가 정삼각형이고 그 넓이가 $6\sqrt{3}$일 때, ❷ $4\left(\sqrt{2}a+\dfrac{\sqrt{6}}{\pi}b\right)$의 값을 구하시오. (단, O는 원점이다.) 28

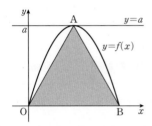

출제코드 삼각함수의 그래프 및 정삼각형의 높이와 넓이 공식을 이용하여 a, b에 대한 식 세우기

❶ 함수 $y=a \sin \dfrac{b}{2} x$ $(a>0, b>0)$의 주기가 $\dfrac{2\pi}{\frac{b}{2}}$임을 이용하여 두 점 A, B의 좌표를 a, b에 대하여 나타낸다.

❷ 정삼각형의 높이와 넓이 공식을 이용하여 a, b의 값을 구한다.

해설 **|1단계| 삼각함수의 그래프의 주기를 이용하여 두 점 A, B의 좌표 구하기**

함수 $f(x)=a \sin \dfrac{b}{2} x$의 주기는 $\dfrac{2\pi}{\frac{b}{2}}=\dfrac{4\pi}{b}$이므로

$A\left(\dfrac{\pi}{b}, a\right)$, $B\left(\dfrac{2\pi}{b}, 0\right)$

|2단계| 정삼각형 AOB의 높이를 이용하여 a, b에 대한 식 세우기

점 A에서 x축에 내린 수선의 발을 H라 하면

$\overline{AH}=a$

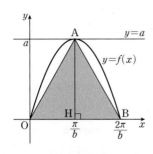

이때 삼각형 AOB는 한 변의 길이가 $\overline{OB}$인 정삼각형이고, $\overline{AH}$는 삼각형 AOB의 높이이므로

$\overline{AH}=\dfrac{\sqrt{3}}{2} \times \overline{OB}$

$$a=\frac{\sqrt{3}}{2}\times\frac{2\pi}{b} \qquad \therefore a=\frac{\sqrt{3}\pi}{b} \qquad \cdots\cdots \ \text{㉠}$$

|3단계| 정삼각형 AOB의 넓이를 이용하여 a, b의 값 구하기

또, 정삼각형 AOB의 넓이가 $6\sqrt{3}$이므로

$$\frac{\sqrt{3}}{4}\times\left(\frac{2\pi}{b}\right)^2=6\sqrt{3}, \ b^2=\frac{\pi^2}{6} \qquad \therefore b=\frac{\pi}{\sqrt{6}} \ (\because b>0)$$

$$\therefore a=3\sqrt{2} \ (\because \text{㉠})$$

|4단계| $4\left(\sqrt{2}\,a+\frac{\sqrt{6}}{\pi}b\right)$의 값 구하기

$$\therefore 4\left(\sqrt{2}\,a+\frac{\sqrt{6}}{\pi}b\right)=4\times\left(\sqrt{2}\times3\sqrt{2}+\frac{\sqrt{6}}{\pi}\times\frac{\pi}{\sqrt{6}}\right)$$
$$=4\times7=28$$

---

2 | 정답 81

수열의 합과 일반항 사이의 관계, 수열의 합을 이용하여 주어진 조건을 만족시키는 자연수의 최솟값을 구할 수 있는지를 묻는 문제이다.

> 모든 항이 양수인 수열 $\{a_n\}$의 첫째항부터 제 n항까지의 합을 S_n이라 하자.
> $$6S_n=a_n^2+3a_n-4 \ (n=1, 2, 3, \cdots) \quad \text{❶}$$
> 일 때, $\displaystyle\sum_{k=1}^{n}\frac{1}{a_k a_{k+1}}>\frac{5}{61}$를 만족시키는 n의 최솟값을 구하시오. 81
> $\qquad\qquad\qquad\qquad\qquad\qquad\qquad\qquad \text{❷}$

❶ 수열의 합과 일반항 사이의 관계를 이용하여 일반항을 구한다.
❷ 여러 가지 수열의 합을 이용하여 n에 대한 부등식을 세운다.

해설 **|1단계|** $a_1=S_1$임을 이용하여 a_1의 값 구하기

(ⅰ) $a_1=S_1$이므로 $6S_1=a_1^2+3a_1-4$에서

$$6a_1=a_1^2+3a_1-4$$
$$a_1^2-3a_1-4=0$$
$$(a_1+1)(a_1-4)=0$$

이때 $a_1+1>1$이므로 $a_1=4$ **why? ❶**

|2단계| 수열의 합과 일반항 사이의 관계를 이용하여 수열 $\{a_n\}$의 일반항 구하기

(ⅱ) $6S_n=a_n^2+3a_n-4 \qquad \cdots\cdots \ \text{㉠}$

㉠에 n 대신 $n+1$을 대입하면

$$6S_{n+1}=a_{n+1}^2+3a_{n+1}-4 \qquad \cdots\cdots \ \text{㉡}$$

㉡$-$㉠을 하면

$$6a_{n+1}=a_{n+1}^2-a_n^2+3a_{n+1}-3a_n \ \text{why? ❷}$$
$$(a_{n+1}+a_n)(a_{n+1}-a_n)-3(a_{n+1}+a_n)=0$$
$$(a_{n+1}+a_n)(a_{n+1}-a_n-3)=0$$

$a_{n+1}+a_n>0$이므로

$$a_{n+1}-a_n=3$$

(ⅰ), (ⅱ)에 의하여 수열 $\{a_n\}$은 첫째항이 4, 공차가 3인 등차수열이므로

$$a_n=4+(n-1)\times3=3n+1$$

|3단계| 주어진 부등식을 만족시키는 n의 최솟값 구하기

$$\sum_{k=1}^{n}\frac{1}{a_k a_{k+1}}=\sum_{k=1}^{n}\frac{1}{(3k+1)(3k+4)}=\frac{1}{3}\sum_{k=1}^{n}\left(\frac{1}{3k+1}-\frac{1}{3k+4}\right)$$
$$=\frac{1}{3}\left\{\left(\frac{1}{4}-\frac{1}{7}\right)+\left(\frac{1}{7}-\frac{1}{10}\right)+\cdots+\left(\frac{1}{3n+1}-\frac{1}{3n+4}\right)\right\}$$
$$=\frac{1}{3}\left(\frac{1}{4}-\frac{1}{3n+4}\right)=\frac{n}{4(3n+4)}$$

$\displaystyle\sum_{k=1}^{n}\frac{1}{a_k a_{k+1}}>\frac{5}{61}$에서 $\dfrac{n}{4(3n+4)}>\dfrac{5}{61}$

$$61n>20(3n+4), \ 61n>60n+80$$
$$\therefore n>80$$

따라서 구하는 n의 최솟값은 81이다.
$\qquad\qquad\overset{\llcorner \text{자연수}}{}$

해설 특강

why? ❶ 수열 $\{a_n\}$의 모든 항이 양수라는 조건으로부터 $a_1>0$임을 알 수 있다.

why? ❷ $S_{n+1}-S_n=a_{n+1}$임을 이용한다.

---

3 | 정답 252

절댓값 기호가 있는 지수함수의 그래프와 또 다른 지수함수의 그래프의 교점이 조건을 만족시키도록 하는 미지수의 값의 범위를 구할 수 있는지를 묻는 문제이다.

> 좌표평면 위의 두 함수 $y=|4^x-2|$와 $y=a^x+b \ (1<a<4)$의 $\qquad\text{❶}\qquad\qquad\qquad\qquad\text{❷}$
> 그래프가 오직 한 점에서 만나고, 그 점의 x좌표가 $\dfrac{1}{2}<x\le4$를 $\qquad\qquad\qquad\qquad\qquad\qquad\qquad\qquad\qquad\text{❸}$
> 만족시킨다. 양수 b가 최솟값 B를 가질 때, 실수 a의 최댓값을 A라 하자. A^{2B}의 값을 구하시오. 252

❶ 절댓값 기호가 있는 식은 먼저 절댓값 기호를 없앤 후 생각한다.

➡ $y=|4^x-2|$에서 $4^x-2=0$이 되게 하는 $x=\dfrac{1}{2}$을 경계로 구간을 나눈다.

❷ 함수 $y=a^x+b$의 그래프의 개형을 파악한다.

➡ $1<a<4$에서 (밑)>1이므로 함수 $y=a^x+b$의 그래프는 점 $(0, b+1)$을 지나고 x의 값이 증가할 때 y의 값도 증가한다.

❸ 함수 $y=a^x+b$의 그래프가

(ⅰ) $x\le\dfrac{1}{2}$에서 함수 $y=|4^x-2|$의 그래프와 만나지 않으려면 함수 $y=a^x+b$의 그래프는 함수 $y=-4^x+2$의 그래프보다 항상 위쪽에 존재해야 한다.

(ⅱ) $\dfrac{1}{2}<x\le4$에서 함수 $y=|4^x-2|$의 그래프와 만나려면 $x=4$일 때 함수 $y=a^x+b$의 그래프는 함수 $y=4^x-2$의 그래프와 만나거나 아래쪽에 있어야 한다.

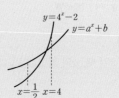

|1단계| 함수 $y=|4^x-2|$의 그래프 그리기

$$y=|4^x-2|=\begin{cases} 4^x-2 & \left(x\geq\dfrac{1}{2}\right) \\ -4^x+2 & \left(x<\dfrac{1}{2}\right) \end{cases}$$ **how?❶**

이므로 함수 $y=|4^x-2|$의 그래프는 다음 그림과 같다.

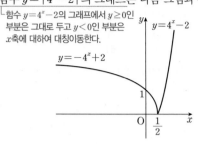

함수 $y=4^x-2$의 그래프에서 $y\geq0$인 부분은 그대로 두고 $y<0$인 부분은 x축에 대하여 대칭이동한다.

|2단계| $\dfrac{1}{2}<x\leq4$에서 두 함수 $y=|4^x-2|$, $y=a^x+b$의 그래프가 한 점에서 만나도록 하는 b의 값의 범위 구하기

$f(x)=a^x+b$, $g(x)=|4^x-2|$라 할 때, 두 함수 $y=f(x)$, $y=g(x)$의 그래프가 오직 한 점에서 만나고 그 점의 x좌표가 $\dfrac{1}{2}<x\leq4$인 경우는 다음 그림과 같다.

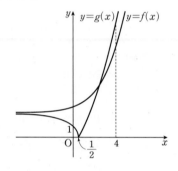

즉, $x\leq\dfrac{1}{2}$에서 두 함수 $y=f(x)$와 $y=g(x)$의 그래프가 만나지 않아야 하므로 함수 $y=f(x)$의 그래프의 점근선이 함수 $y=-4^x+2$의 그래프의 점근선과 같거나 위쪽에 있어야 한다.

이때 $a>0$이므로 함수 $y=f(x)$의 그래프의 점근선은 직선 $y=g(4)$보다 아래쪽에 있어야 한다.

$y=-4^x+2<2$, $y=a^x+b>b$이고, **why?❷**

$g(4)=|4^4-2|=254$이므로 두 함수 $y=f(x)$와 $y=g(x)$의 그래프가 $x\leq\dfrac{1}{2}$에서 만나지 않기 위한 b의 값의 범위는

$2\leq b<254$

또, $\dfrac{1}{2}<x\leq4$에서 두 함수 $y=f(x)$와 $y=g(x)$의 그래프가 한 점에서 만나려면 $f(4)\leq g(4)$이어야 하므로 **why?❸**

$a^4+b\leq|4^4-2|=254$

$a^4\leq254-b\leq254-2=252$ ($\because 2\leq b<254$)

$\therefore 1<a\leq\sqrt[4]{252}$ ($\because a>1$) **how?❹**

|3단계| A^{2B}의 값 구하기

따라서 b의 최솟값이 2일 때, a의 최댓값은 $\sqrt[4]{252}$이므로

$A=\sqrt[4]{252}$, $B=2$

$\therefore A^{2B}-(\sqrt[4]{252})^4=252$

---

how?❶ 함수 $y=|4^x-2|$의 그래프와 x축의 교점의 x좌표는 $4^x-2=0$에서

$4^x=2$, $2^{2x}=2$

$2x=1$ $\quad\therefore x=\dfrac{1}{2}$

why?❷ $a>1$일 때, 모든 실수 x에 대하여 $a^x>0$이므로

$y=a^x+b>b$

→ 함수 $y=a^x$의 그래프의 점근선은 직선 $y=0$(x축)이므로 함수 $y=a^x+b$의 그래프의 점근선은 직선 $y=b$이다.

why?❸ $x>\dfrac{1}{2}$에서 두 함수 $y=f(x)$, $y=g(x)$의 그래프의 교점의 x좌표가 $x\leq4$이려면 $x=4$일 때 함수 $y=f(x)$의 그래프는 함수 $y=g(x)$의 그래프와 만나거나 아래쪽에 있어야 한다.

how?❹ $a^4\leq252$에서 $(a^2+\sqrt{252})(a^2-\sqrt{252})\leq0$이므로

$a^2-\sqrt{252}\leq0$ ($\because a^2+\sqrt{252}>0$)

$\therefore -\sqrt[4]{252}\leq a\leq\sqrt[4]{252}$

이때 $a>1$이므로

$1<a\leq\sqrt[4]{252}$

4

출제영역 코사인법칙+삼각형의 넓이

코사인법칙을 이용하여 삼각형의 변의 길이를 구할 수 있는지를 묻는 문제이다.

그림과 같이 길이가 4인 선분 AB를 지름으로 하는 반원의 호 AB 위에 점 C가 있다. 선분 AB의 중점을 O, ∠CAB를 이등분❶하는 직선이 두 선분 OC, BC와 만나는 점을 각각 D, E라 하자.❷

$\overline{AC}>\overline{BC}$이고 삼각형 ABC의 넓이는 $\dfrac{3\sqrt{7}}{2}$일 때, $\overline{DE}^2$의 값은?

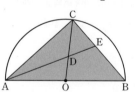

① $\dfrac{142}{175}$ ② $\dfrac{152}{175}$ ✓③ $\dfrac{162}{175}$

④ $\dfrac{26}{25}$ ⑤ $\dfrac{192}{175}$

출제코드 코사인법칙을 이용하여 삼각형 CDE의 각 변의 길이 구하기

❶ 삼각형 ABC에서 $\angle ACB=\dfrac{\pi}{2}$임을 알 수 있다.

❷ 삼각형 ABC에서 $\angle CAE=\angle BAE$이므로 $\overline{AB}:\overline{AC}=\overline{BE}:\overline{CE}$임을 알 수 있다.

|1단계| 삼각형 ABC의 넓이를 이용하여 두 선분 AC, BC의 길이 각각 구하기

삼각형 ABC에서 $\angle ACB=\dfrac{\pi}{2}$이므로 $\overline{AC}=a$라 하면

$\overline{BC}=\sqrt{16-a^2}$

반원에 대한 원주각의 크기는 90°이다.

이때 직각삼각형 ABC의 넓이가 $\dfrac{3\sqrt{7}}{2}$이므로

$$\dfrac{1}{2} \times a \times \sqrt{16-a^2} = \dfrac{3\sqrt{7}}{2}$$

$$a\sqrt{16-a^2}=3\sqrt{7}, \quad a^2(16-a^2)=63$$

$$a^4-16a^2+63=0$$

$$(a^2-7)(a^2-9)=0$$

$$\therefore a=\sqrt{7} \text{ 또는 } a=3 \ (\because a>0)$$

$\overline{AC}=\sqrt{7}$일 때, $\overline{BC}=3$

$\overline{AC}=3$일 때, $\overline{BC}=\sqrt{7}$

이때 $\overline{AC}>\overline{BC}$이므로

$\overline{AC}=3, \ \overline{BC}=\sqrt{7}$

|2단계| 두 선분 CE, CD의 길이 각각 구하기

한편, 삼각형 ABC에서 $\angle CAE=\angle BAE$이므로

$$\overline{AB}:\overline{AC}=\overline{BE}:\overline{CE}$$

즉, $\overline{BE}:\overline{CE}=4:3$이므로

$$\overline{CE}=\dfrac{3}{7}\times\overline{BC}=\dfrac{3\sqrt{7}}{7}$$

또, 삼각형 AOC에서 $\angle CAD=\angle OAD$이므로

$$\overline{AO}:\overline{AC}=\overline{OD}:\overline{CD}$$

즉, $\overline{OD}:\overline{CD}=2:3$이므로

$$\overline{CD}=\dfrac{3}{5}\times 2=\dfrac{6}{5}$$

|3단계| 삼각형 CDE에서 코사인법칙을 이용하여 $\overline{DE}^2$의 값 구하기

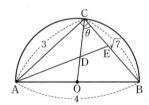

$\angle DCE=\theta$라 하면 $\angle DCE=\angle ABC$이므로 **why?❶**

직각삼각형 ABC에서

$$\cos\theta=\dfrac{\sqrt{7}}{4}$$

따라서 삼각형 CDE에서 코사인법칙에 의하여

$$\overline{DE}^2=\overline{CD}^2+\overline{CE}^2-2\times\overline{CD}\times\overline{CE}\times\cos\theta$$

$$=\left(\dfrac{6}{5}\right)^2+\left(\dfrac{3\sqrt{7}}{7}\right)^2-2\times\dfrac{6}{5}\times\dfrac{3\sqrt{7}}{7}\times\dfrac{\sqrt{7}}{4}$$

$$=\dfrac{162}{175}$$

해설특강 ✏️

why?❶ 삼각형 OBC는 $\overline{OB}=\overline{OC}$인 이등변삼각형이므로
$$\angle OCB=\angle OBC$$
즉, $\angle DCE=\angle ABC$

출제영역 등차수열의 일반항+등차수열의 합+정수 조건의 부정방정식

등차수열의 합을 이용하여 정수 조건의 부정방정식을 풀고 조건을 만족시키는 값을 구할 수 있는지를 묻는 문제이다.

첫째항이 50이고 공차가 정수인 등차수열 $\{a_n\}$의 첫째항부터 제 n항까지의 합을 S_n이라 할 때, 자연수 k에 대하여 $S_k=6$이다.❶ $a_n>0$을 만족시키는 모든 항의 합을 T라 할 때, T의 최댓값을❷ 구하시오. 165

출제코드 공차가 정수라는 조건과 $S_k=6$임을 이용하여 정수 조건의 부정방정식으로부터 공차 d의 값 찾기

❶ 등차수열의 합의 공식을 이용하여 등차수열의 첫째항부터 제 k항까지의 합을 구한다.
❷ 양수인 항들만의 합을 의미한다.

해설 **|1단계|** $S_k=6$으로부터 등차수열 $\{a_n\}$의 정수인 공차 찾기

등차수열 $\{a_n\}$의 첫째항이 50이므로 공차를 d라 하면

$$S_k=\dfrac{k\{2\times 50+(k-1)d\}}{2}=6$$

$$\therefore k\{100+(k-1)d\}=12$$

이때 k는 자연수, d는 정수이므로 $k\{100+(k-1)d\}=12$이려면 k와 $100+(k-1)d$의 값은 모두 12의 양의 약수이어야 한다.

$k\{100+(k-1)d\}=12$를 만족시키는 k와 $100+(k-1)d$의 값과 그때의 d의 값을 표로 나타내면 다음과 같다. **how?❶**

k	$100+(k-1)d$	d
12	1	-9
6	2	$-\dfrac{98}{5}$
4	3	$-\dfrac{97}{3}$
3	4	-48
2	6	-94
1	12	없다.

|2단계| $a_n>0$을 만족시키는 자연수 n의 값의 범위 구하기

위의 표에서 공차 d는 음수이므로 $|d|$의 값이 작을수록 $a_n>0$을 만족시키는 모든 항의 합 T는 커진다.

이때 공차가 정수이므로 $d=-9$일 때 T는 최댓값을 갖는다. **why?❷**

$$a_n=50+(n-1)\times(-9)=-9n+59$$

이므로 $a_n>0$에서

$$-9n+59>0$$

$$n<\dfrac{59}{9}=6.5\times\times\times \qquad \therefore n\le 6$$

|3단계| T의 최댓값 구하기

따라서 구하는 T의 최댓값은

$$a_1+a_2+a_3+a_4+a_5+a_6=50+41+32+23+14+5$$

$$=\dfrac{6(50+5)}{2}=165$$

how? ❶ 12의 양의 약수인 k와 $100+(k-1)d$의 곱이 12가 되는 경우를 모두 찾는다.

why? ❷ 공차가 각각 -9, -48, -94인 등차수열 $\{a_n\}$ 중에서 $|-9|<|-48|<|-94|$이므로 $a_n>0$을 만족시키는 모든 항의 합이 가장 큰 경우는 $d=-9$일 때이다.

핵심 개념 **등차수열의 합**

(1) 공차가 주어질 때

첫째항이 a, 공차가 d인 등차수열의 첫째항부터 제 n항까지의 합 S_n은

$$S_n=\frac{n\{2a+(n-1)d\}}{2}$$

(2) 첫째항과 끝항이 주어질 때

첫째항이 a, 제 n항이 l인 등차수열의 첫째항부터 제 n항까지의 합 S_n은

$$S_n=\frac{n(a+l)}{2}$$

6

|정답 ②

출제영역 **지수와 로그의 성질**

지수와 로그의 성질을 이용하여 주어진 조건을 만족시키는 값을 구할 수 있는지를 묻는 문제이다.

$1<a<b$인 두 자연수 a, b가 다음 조건을 만족시킬 때, $\log_2 b-\log_2 a$의 값은?

(가) 세 수 $\log_2 a$, $\log_2 b$, $\frac{1}{2}+\log_4 a \log_b 4$는 모두 자연수이다. ❶

(나) $\log_4 ab=\log_{16} a\times\log_4 b$ ❷

① 5 ✔ ② 6 ③ 7
④ 8 ⑤ 9

출제코드 로그의 성질을 이용하여 조건을 만족시키는 두 자연수 a, b의 값 구하기

❶ 두 수 $\log_2 a$, $\log_2 b$가 모두 자연수이므로
$\log_2 a=x$, $\log_2 b=y$ (x, y는 자연수)로 놓을 수 있다.
❷ 로그의 밑의 변환을 이용하여 이 식을 간단히 한다.

해설 **|1단계|** 조건 (가)를 만족시키는 a, b의 조건 찾기

조건 (가)에서 두 수 $\log_2 a$, $\log_2 b$가 모두 자연수이므로

$\log_2 a=x$, $\log_2 b=y$ (x, y는 자연수)

로 놓을 수 있다.

$\log_2 a=x$에서 $a=2^x$

$\log_2 b=y$에서 $b=2^y$

이때 $a<b$이므로 $2^x<2^y$

$\therefore x<y$ **why? ❶**

|2단계| 조건 (나)를 만족시키는 a, b의 조건 찾기

조건 (나)에서 $\log_4 ab=\log_{16} a\times\log_4 b$이므로

$\log_4 2^x 2^y=\log_{16} 2^x\times\log_4 2^y$

$\log_{2^2} 2^{x+y}=\log_{2^4} 2^x\times\log_{2^2} 2^y$

$\frac{x+y}{2}=\frac{x}{4}\times\frac{y}{2}$

$4x+4y-xy=0$

$(x-4)(y-4)=16$

이때 $x<y$이고, x, y가 자연수이므로

$x-4=2$, $y-4=8$ 또는 $x-4=1$, $y-4=16$

$\therefore x=6$, $y=12$ 또는 $x=5$, $y=20$

|3단계| a, b의 값 구하기

(i) $x=6$, $y=12$일 때

$a=2^6$, $b=2^{12}$이므로

$\frac{1}{2}+\log_4 a \log_b 4=\frac{1}{2}+\log_b a$ **how? ❷**

$\qquad=\frac{1}{2}+\log_{2^{12}} 2^6$

$\qquad=\frac{1}{2}+\frac{1}{2}=1$

(ii) $x=5$, $y=20$일 때

$a=2^5$, $b=2^{20}$이므로

$\frac{1}{2}+\log_4 a \log_b 4=\frac{1}{2}+\log_b a$

$\qquad=\frac{1}{2}+\log_{2^{20}} 2^5$

$\qquad=\frac{1}{2}+\frac{1}{4}=\frac{3}{4}$

이는 조건 (가)를 만족시키지 않는다.

(i), (ii)에 의하여

$a=2^6$, $b=2^{12}$

|4단계| $\log_2 b-\log_2 a$의 값 계산하기

$\therefore \log_2 b-\log_2 a=\log_2 2^{12}-\log_2 2^6$

$\qquad=12-6=6$

해설특강 ✏️

why? ❶ $0<p<1$일 때, $p^x<p^y$이면 $x>y$
$p>1$일 때, $p^x<p^y$이면 $x<y$
→ $2>1$이므로 $2^x<2^y$에서 $x<y$

how? ❷ $\frac{1}{2}+\log_4 a \log_b 4=\frac{1}{2}+\frac{\log a}{\log 4}\times\frac{\log 4}{\log b}$

$\qquad=\frac{1}{2}+\frac{\log a}{\log b}$

$\qquad=\frac{1}{2}+\log_b a$

핵심 개념 **로그의 밑의 변환**

$a>0$, $a\neq 1$, $b>0$, $c>0$, $c\neq 1$일 때

(1) $\log_a b=\dfrac{\log_c b}{\log_c a}$

(2) $\log_a b=\dfrac{1}{\log_b a}$ (단, $b\neq 1$)

(3) $\log_{a^m} b^n=\dfrac{n}{m}\log_a b$ (단, m, n은 실수, $m\neq 0$)

1 7	2 ③	3 3	4 ③	5 ④	6 ③

1

| 정답 7

출제영역 거듭제곱근＋로그의 밑의 변환

거듭제곱근과 로그의 성질을 이해하고 주어진 식을 변형하여 문제에서 요구하는 자연수의 값을 구할 수 있는지를 묻는 문제이다.

a의 세제곱근 중 실수인 것이 3이고, b의 네제곱근 중 양수인 것 **❶**
이 4이다. 2 이상의 자연수 n에 대하여
$$\log_n \sqrt{a} \times \log_3 \sqrt[3]{b} \times \log_2 10$$ **❷**
의 값이 자연수가 되도록 하는 모든 n의 값의 곱을 k라 할 때,
$\log k$의 값을 구하시오. 7

출제코드 거듭제곱근과 로그의 성질을 이용하여 식 간단히 하기

❶ $\sqrt[3]{a}=3$, $\sqrt[4]{b}=4$이므로 식을 정리하여 a, b의 값을 구한다.
❷ 로그의 밑의 변환을 이용하여 이 식을 간단히 한다.

해설 |1단계| 거듭제곱근의 정의를 이용하여 a, b의 값 구하기

a의 세제곱근 중에서 실수인 것이 3이므로
$\sqrt[3]{a}=3$
$\therefore a=3^3=27$
b의 네제곱근 중에서 양수인 것이 4이므로
$\sqrt[4]{b}=4$
$\therefore b=4^4=256$

|2단계| 로그의 밑의 변환을 이용하여 주어진 식 간단히 하기

$\log_n \sqrt{a} \times \log_3 \sqrt[3]{b} \times \log_2 10$
$=\log_n \sqrt{27} \times \log_3 \sqrt[3]{256} \times \log_2 10$
$=\log_n \sqrt{3^3} \times \log_3 \sqrt[3]{2^8} \times \log_2 10$
$=\log_n 3^{\frac{3}{2}} \times \log_3 2^{\frac{8}{3}} \times \log_2 10$
$=\frac{3}{2} \log_n 3 \times \frac{8}{3} \log_3 2 \times \log_2 10$
$=4 \log_n 3 \times \log_3 2 \times \log_2 10$
$=4 \times \frac{\log 3}{\log n} \times \frac{\log 2}{\log 3} \times \frac{1}{\log 2}$
$=\frac{4}{\log n}$

|3단계| 조건을 만족시키는 자연수 n의 값 구하기

$\log_n \sqrt{a} \times \log_3 \sqrt[3]{b} \times \log_2 10$의 값이 자연수가 되려면 $\frac{4}{\log n}$의 값이 자연수이어야 하므로 $\log n$은 4의 양의 약수이어야 한다.
즉, $\log n=1$ 또는 $\log n=2$ 또는 $\log n=4$이므로
$n=10$ 또는 $n=10^2$ 또는 $n=10^4$

|4단계| $\log k$의 값 구하기

따라서 모든 n의 값의 곱은
$k=10 \times 10^2 \times 10^4 = 10^7$
$\therefore \log k=\log 10^7=7$

2

| 정답 ③

출제영역 지수함수의 그래프

절댓값 기호가 포함된 지수함수의 그래프와 이차함수의 그래프의 교점의 개수를 이용하여 미지수의 값을 구할 수 있는지를 묻는 문제이다.

함수 $f(x)=\left(\frac{1}{2}\right)^{2x-6}-32$에 대하여 함수 $y=|f(x)|$의 그래프 **❶**
와 이차함수 $y=a(x-2)^2$의 그래프가 제1사분면 위의 서로 다른
세 점에서 만나도록 하는 자연수 a의 최댓값은? **❷**❸

① 5　　　　② 6　　　　✓ ③ 7
④ 8　　　　⑤ 9

출제코드 함수 $y=\left|\left(\frac{1}{2}\right)^{2x-6}-32\right|$의 그래프 그리기

❶ 함수 $y=\left|\left(\frac{1}{2}\right)^{2x-6}-32\right|$에서 절댓값 기호 안의 식을 0이 되게 하는 x의
값을 기준으로 구간을 나눈다.
➡ $x<\frac{1}{2}$일 때와 $x\geq\frac{1}{2}$일 때로 나누어 생각한다.
❷ 함수 $y=a(x-2)^2$의 그래프는 꼭짓점의 좌표가 $(2, 0)$이고 $a>0$이므로
x축에 접하는 아래로 볼록한 포물선이다.
❸ 두 함수 $y=|f(x)|$의 그래프와 $y=a(x-2)^2$의 그래프의 개형을 좌표평
면에 나타내어 교점이 생기는 위치를 파악하고, 제1사분면 위의 교점이 3개
이기 위한 조건을 따진다.
➡ $x\geq\frac{1}{2}$에서 두 함수 $y=|f(x)|$와 $y=a(x-2)^2$의 그래프는 2개의
교점을 갖는다.

해설 |1단계| 함수 $y=|f(x)|$의 그래프 그리기

$y=\left|\left(\frac{1}{2}\right)^{2x-6}-32\right|$
$=\begin{cases} \left(\frac{1}{2}\right)^{2x-6}-32 & \left(x<\frac{1}{2}\right) \\ -\left(\frac{1}{2}\right)^{2x-6}+32 & \left(x\geq\frac{1}{2}\right) \end{cases}$

이므로 함수 $y=|f(x)|$의 그래프는 다음 그림과 같다. **how?❶**
└ $y=f(x)$의 그래프에서 $y\geq0$인 부분은 그대로 두고 $y<0$인 부분은
x축에 대하여 대칭이동한다.

|2단계| 이차함수 $y=a(x-2)^2$의 그래프와 함수 $y=|f(x)|$의 그래프가 제1
사분면 위의 서로 다른 세 점에서 만날 조건 구하기

이차함수 $y=a(x-2)^2$ $(a>0)$의 그래
프는 꼭짓점의 좌표가 $(2, 0)$이고, 직
선 $x=2$를 축으로 하는 아래로 볼록한
포물선이므로 오른쪽 그림과 같이
$x\geq\frac{1}{2}$에서 두 함수 $y=a(x-2)^2$과
$y=|f(x)|$의 그래프는 서로 다른 두
점에서 만난다.

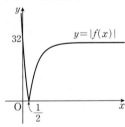

따라서 두 함수 $y=a(x-2)^2$과 $y=|f(x)|$의 그래프가 제1사분면 위의 서로 다른 세 점에서 만나려면 $0<x<\dfrac{1}{2}$에서 두 함수의 그래프는 한 점에서 만나야 한다.

|3단계| 자연수 a의 최댓값 구하기

$g(x)=a(x-2)^2$이라 할 때, $0<x<\dfrac{1}{2}$에서 두 함수 $y=|f(x)|$, $y=g(x)$의 그래프가 한 점에서 만나려면

$0<g(0)<32$ **why?❷**

이어야 한다.

즉, $0<4a<32$이므로

$0<a<8$

따라서 조건을 만족시키는 자연수 a의 최댓값은 7이다.

참고 함수

$$f(x)=\left(\dfrac{1}{2}\right)^{2x-6}-32$$
$$=\left(\dfrac{1}{2}\right)^{2(x-3)}-32$$

의 그래프는 함수 $y=\left(\dfrac{1}{2}\right)^{2x}$의 그래프를 x축의 방향으로 3만큼, y축의 방향으로 -32만큼 평행이동한 것이므로 다음 그림과 같다.

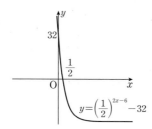

따라서 함수 $y=|f(x)|$에서

(i) $x<\dfrac{1}{2}$일 때, $f(x)=\left(\dfrac{1}{2}\right)^{2x-6}-32$

(ii) $x\geq\dfrac{1}{2}$일 때, $f(x)=-\left(\dfrac{1}{2}\right)^{2x-6}+32$

이다.

해설특강 ✏️

how?❶ 함수 $y=|f(x)|$의 그래프와

　(i) x축과의 교점의 x좌표는 $\left(\dfrac{1}{2}\right)^{2x-6}-32=0$에서

　　　$\left(\dfrac{1}{2}\right)^{2x-6}=32$

　　　$2^{-(2x-6)}=2^5$

　　　$-2x+6=5$

　　　$\therefore x=\dfrac{1}{2}$

　(ii) y축과의 교점의 y좌표는 $y=\left(\dfrac{1}{2}\right)^{2x-6}-32$에 $x=0$을 대입하면

　　　$y=\left(\dfrac{1}{2}\right)^{-6}-32=64-32$

　　　　$=32$

why?❷ $0<x<\dfrac{1}{2}$에서 함수 $|f(x)|$는 감소하고, 함수 $g(x)$도 감소한다. 이 때 $0<|f(x)|<32$이므로 $g(0)$의 값이 0과 32 사이에 있으면 두 함수 $y=|f(x)|$, $y=g(x)$의 그래프는 한 점에서 만나게 된다.

출제영역 삼각함수의 성질＋삼각함수가 포함된 방정식

삼각함수의 성질과 삼각함수의 그래프를 이용하여 삼각함수가 포함된 방정식의 해를 구할 수 있는지를 묻는 문제이다.

$0\leq x<2\pi$일 때, 두 함수 $y=2\sin(\pi+x)+a$, $y=\cos\left(\dfrac{\pi}{2}-x\right)-a$의 그래프가 한 점에서 만나도록 하는 실수 a의 최댓값을 k라 하고, 방정식 **❶❷**

$$\sin(\pi-x)+k=-4\cos\left(\dfrac{\pi}{2}+x\right)-k$$ **❸**

의 실근을 $x=\alpha$라 하자. $\dfrac{k\pi}{\alpha}$의 값을 구하시오. 3

출제코드 삼각함수의 성질을 이용하여 주어진 식 간단히 하기

❶ $\sin(\pi+x)=-\sin x$, $\cos\left(\dfrac{\pi}{2}-x\right)=\sin x$임을 이용하여 주어진 식을 간단히 한다.

❷ 삼각함수가 포함된 방정식을 세우고 그래프를 이용하여 k의 값을 구한다.

❸ $\sin(\pi-x)=\sin x$, $\cos\left(\dfrac{\pi}{2}+x\right)=-\sin x$임을 이용하여 주어진 식을 간단히 하고, 방정식의 해를 구한다.

해설 **|1단계| 삼각함수의 성질과 그래프를 이용하여 k의 값 구하기**

$y=2\sin(\pi+x)+a=-2\sin x+a$

$y=\cos\left(\dfrac{\pi}{2}-x\right)-a=\sin x-a$

$0\leq x<2\pi$일 때, 두 함수 $y=2\sin(\pi+x)+a$, $y=\cos\left(\dfrac{\pi}{2}-x\right)-a$의 그래프가 한 점에서 만나려면 방정식

$-2\sin x+a=\sin x-a$, 즉 $\sin x=\dfrac{2}{3}a$

의 실근이 1개이어야 한다.

함수 $y=\sin x\ (0\leq x<2\pi)$의 그래프가 다음 그림과 같으므로

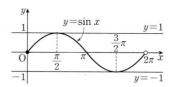

$\dfrac{2}{3}a=1$ 또는 $\dfrac{2}{3}a=-1$ **why?❶**

따라서 $a=\dfrac{3}{2}$ 또는 $a=-\dfrac{3}{2}$이므로 실수 a의 최댓값 k는

$k=\dfrac{3}{2}$

|2단계| 삼각함수의 성질을 이용하여 α의 값 구하기

한편, 방정식 $\sin(\pi-x)+\dfrac{3}{2}=-4\cos\left(\dfrac{\pi}{2}+x\right)-\dfrac{3}{2}$에서

$\sin x+\dfrac{3}{2}=4\sin x-\dfrac{3}{2}$ **how?❷**

$3\sin x=3$

$\therefore \sin x=1$

$0\leq x<2\pi$에서 $x=\dfrac{\pi}{2}$이므로

$\alpha=\dfrac{\pi}{2}$

|3단계| $\dfrac{k\pi}{\alpha}$의 값 구하기

$$\therefore \dfrac{k\pi}{\alpha} = \dfrac{\dfrac{3}{2}\pi}{\dfrac{\pi}{2}} = 3$$

해설특강 ✎

why? ❶ 방정식 $f(x) = g(x)$의 실근의 개수는 두 함수 $y = f(x)$, $y = g(x)$의 그래프의 교점의 개수와 같으므로 두 함수 $y = \sin x$, $y = \dfrac{2}{3}a$의 그래프의 교점의 개수가 1인 경우를 찾는다.

how? ❷ $\sin(\pi - x) = \sin x$, $\cos\left(\dfrac{\pi}{2} + x\right) = -\sin x$이므로

$$\sin x + \dfrac{3}{2} = -4 \times (-\sin x) - \dfrac{3}{2}$$

$$\therefore \sin x + \dfrac{3}{2} = 4\sin x - \dfrac{3}{2}$$

핵심 개념 여러 가지 각에 대한 삼각함수의 성질

(1) $\dfrac{\pi}{2} \pm \theta$의 삼각함수

  ① $\sin\left(\dfrac{\pi}{2} \pm \theta\right) = \cos\theta$

  ② $\cos\left(\dfrac{\pi}{2} \pm \theta\right) = \mp\sin\theta$ (복부호 동순)

(2) $\pi \pm \theta$의 삼각함수

  ① $\sin(\pi \pm \theta) = \mp\sin\theta$ (복부호 동순)

  ② $\cos(\pi \pm \theta) = -\cos\theta$

4

|정답 ③

출제영역 수열의 합 + 이차함수의 그래프 + 이차방정식의 근과 계수의 관계

이차함수의 그래프의 대칭성과 이차방정식의 근과 계수의 관계를 이용하여 수열의 합을 구할 수 있는지를 묻는 문제이다.

최고차항의 계수가 1인 이차함수 $y = f(x)$가 다음 조건을 만족시킨다.

> (가) 모든 실수 x에 대하여 $f(2-x) = f(2+x)$이다. **❶**
> (나) $f(-1) = 3$

자연수 n에 대하여 직선 $y = 2n^2 + 3$이 곡선 $y = f(x)$와 만나는 **❷** 서로 다른 두 점의 x좌표를 각각 α_n, β_n이라 할 때, $\displaystyle\sum_{n=1}^{10}(\alpha_n + \beta_n - \alpha_n\beta_n)$의 값은? **❸**

① 850   ② 855   ✓ ③ 860

④ 865   ⑤ 870

출제코드 함수의 그래프의 대칭성과 함숫값을 이용하여 이차함수 $f(x)$의 식 구하기

❶ 함수 $y = f(x)$의 그래프가 직선 $x = 2$에 대하여 대칭임을 알 수 있다.

❷ 두 함수 $y = f(x)$, $y = g(x)$의 그래프의 교점의 x좌표는 방정식 $f(x) = g(x)$의 실근임을 이용한다.

❸ 이차방정식의 근과 계수의 관계를 이용한다.

해설 |1단계| 조건 (가), (나)로부터 이차함수 $f(x)$의 식 구하기

조건 (가)에서 최고차항의 계수가 1인 이차함수 $y = f(x)$의 그래프가 직선 $x = 2$에 대하여 대칭이므로 ⎿축의 방정식이 $x = 2$이다.

$$f(x) = (x-2)^2 + k \ (k\text{는 상수})$$

로 나타낼 수 있다.

조건 (나)에서 $f(-1) = 3$이므로

$$f(-1) = (-1-2)^2 + k = 3$$

$$9 + k = 3$$

$$\therefore k = -6$$

$$\therefore f(x) = (x-2)^2 - 6$$

$$= x^2 - 4x - 2$$

|2단계| $\alpha_n + \beta_n$, $\alpha_n\beta_n$을 수 또는 식으로 나타내기

α_n, β_n은 이차방정식

$$2n^2 + 3 = f(x), \ \text{즉} \ x^2 - 4x - (2n^2 + 5) = 0 \ \textbf{how? ❶}$$

의 두 실근이므로 이차방정식의 근과 계수의 관계에 의하여

$$\alpha_n + \beta_n = 4, \ \alpha_n\beta_n = -(2n^2 + 5)$$

|3단계| $\displaystyle\sum_{n=1}^{10}(\alpha_n + \beta_n - \alpha_n\beta_n)$의 값 구하기

$$\therefore \sum_{n=1}^{10}(\alpha_n + \beta_n - \alpha_n\beta_n) = \sum_{n=1}^{10}(4 + 2n^2 + 5)$$

$$= \sum_{n=1}^{10}(2n^2 + 9)$$

$$= 2\sum_{n=1}^{10}n^2 + \sum_{n=1}^{10}9$$

$$= 2 \times \dfrac{10 \times 11 \times 21}{6} + 9 \times 10 \ \textbf{how? ❷}$$

$$= 770 + 90 = 860$$

해설특강 ✎

how? ❶ $2n^2 + 3 = f(x)$에서

$$2n^2 + 3 = x^2 - 4x - 2$$

$$x^2 - 4x - 2n^2 - 5 = 0$$

$$x^2 - 4x - (2n^2 + 5) = 0$$

이때 $2n^2 + 3$은 상수임에 유의한다.

how? ❷ 자연수의 거듭제곱의 합 공식

$$\sum_{k=1}^{n}k = \dfrac{n(n+1)}{2}, \ \sum_{k=1}^{n}k^2 = \dfrac{n(n+1)(2n+1)}{6}$$

임을 이용하여 식을 계산한다.

핵심 개념 대칭인 함수와 주기함수의 비교

p가 상수일 때

(1) 직선 $x = p$에 대하여 대칭인 함수: $f(p-x) = f(p+x)$

(2) 주기가 p인 주기함수: $f\left(x - \dfrac{p}{2}\right) = f\left(x + \dfrac{p}{2}\right) \Longleftrightarrow f(x) = f(x+p)$

수학적 귀납법을 이용하여 수열에 대한 명제를 증명할 수 있는지를 묻는 문제이다.

다음은 모든 자연수 n에 대하여

$$\sum_{k=1}^{n}(k \times 3^{k-1}) = \frac{1}{4}\{(2n-1) \times 3^n + 1\} \quad \cdots\cdots (*)$$

이 성립함을 수학적 귀납법을 이용하여 증명한 것이다.

─────────────── | 증명 | ───────────────

(i) $n=1$일 때,

(좌변)$=1 \times 3^0 = 1$,

(우변)$=\dfrac{1}{4}\{(2 \times 1 - 1) \times 3^1 + 1\} = 1$

이므로 $(*)$이 성립한다.

(ii) $n=m$일 때, $(*)$이 성립한다고 가정하면

$\displaystyle\sum_{k=1}^{m}(k \times 3^{k-1}) = \frac{1}{4}\{(2m-1) \times 3^m + 1\}$이다.

$n=m+1$일 때,

$$\sum_{k=1}^{m+1}(k \times 3^{k-1}) = \sum_{k=1}^{m}(k \times 3^{k-1}) + (\boxed{(가)}) \times 3^m \quad ❶$$

$$= \frac{1}{4}\{(2m-1) \times 3^m + 1\} + (\boxed{(가)}) \times 3^m$$

$$= \boxed{(나)} \times 3^{m+1} + \frac{1}{4} \quad ❷$$

이므로 $n=m+1$일 때도 $(*)$이 성립한다.

(i), (ii)에 의하여 모든 자연수 n에 대하여 $(*)$이 성립한다.

위의 (가), (나)에 알맞은 식을 각각 $f(m)$, $g(m)$이라 할 때, $f(7) \times g(5)$의 값은? ❸

① 16   ② 18   ③ 20

✓ ④ 22   ⑤ 24

출제코드 증명 과정에서 빈칸의 앞뒤 관계를 파악하여 알맞은 식 구하기

❶ $\displaystyle\sum_{k=1}^{m+1}a_k = \sum_{k=1}^{m}a_k + a_{m+1}$임을 이용하여 (가)에 알맞은 식을 구한다.

❷ 앞의 식을 정리하여 (나)에 알맞은 식을 구한다.

❸ ❶, ❷를 이용하여 $f(7) \times g(5)$의 값을 구한다.

해설 |1단계| (가), (나)에 알맞은 식 구하기

(ii) $n=m$일 때, $(*)$이 성립한다고 가정하면

$\displaystyle\sum_{k=1}^{m}(k \times 3^{k-1}) = \frac{1}{4}\{(2m-1) \times 3^m + 1\}$이다.

$n=m+1$일 때,

$\displaystyle\sum_{k=1}^{m+1}(k \times 3^{k-1}) = \sum_{k=1}^{m}(k \times 3^{k-1}) + (\boxed{m+1}) \times 3^m$ how? ❶
$\quad\quad\quad\quad\quad\quad\quad\quad\quad\quad\quad\quad\quad\quad\quad {}^{\underbrace{}_{3^{(m+1)-1}=3^m}}$

$\quad = \dfrac{1}{4}\{(2m-1) \times 3^m + 1\} + (\boxed{m+1}) \times 3^m$

$\quad = \dfrac{1}{4}\underset{=6m+3}{\{(2m-1) + 4(m+1)\}} \times 3^m + \dfrac{1}{4}$

$\quad = \dfrac{1}{4} \times 3(2m+1) \times 3^m + \dfrac{1}{4}$

$\quad = \boxed{\dfrac{1}{4}(2m+1)} \times 3^{m+1} + \dfrac{1}{4}$

$\quad = \dfrac{1}{4}[\{2(m+1)-1\} \times 3^{m+1} + 1]$

이므로 $n=m+1$일 때도 $(*)$이 성립한다.

|2단계| $f(m)$, $g(m)$을 구한 후 $f(7) \times g(5)$의 값 구하기

따라서 $f(m)=m+1$, $g(m)=\dfrac{1}{4}(2m+1)$이므로

$$f(7) \times g(5) = 8 \times \frac{11}{4} = 22$$

해설특강

how? ❶ $\displaystyle\sum_{k=1}^{m+1}a_k = \sum_{k=1}^{m}a_k + a_{m+1}$임을 유의하여 식을 계산한다.

이때 a_k가 k에 대한 식으로 주어졌으면 a_{m+1}항을 따로 쓸 때 k 대신 $m+1$을 대입해야 함을 주의한다.

➡ $\displaystyle\sum_{k=1}^{m+1}(k \times 3^{k-1}) = \sum_{k=1}^{m}(k \times 3^{k-1}) + (m+1) \times 3^m$

등차수열과 등비수열의 일반항을 이용하여 주어진 조건을 만족시키는 미지수의 값을 구할 수 있는지를 묻는 문제이다.

공차가 p인 등차수열 $\{a_n\}$과 $b_1=12$이고 공비가 p인 등비수열 $\{b_n\}$이 다음 조건을 만족시킨다.

(가) $a_7 a_8 < 0$ ❶
(나) 수열 $\{b_n\}$에서 세 항 b_1, b_2, b_3만 정수이고, $12 < b_3 < 48$이다.

a_1이 자연수일 때, $a_1 \times p$의 값은? ❷

① -9 ② -12 ✓ ③ -15

④ -18 ⑤ -21

출제코드 조건을 만족시키는 등차수열 $\{a_n\}$의 공차 p의 부호 찾기

❶ $a_7 > 0$, $a_8 < 0$ 또는 $a_7 < 0$, $a_8 > 0$임을 알 수 있다.

❷ $a_1 > 0$임을 알 수 있다.

해설 |1단계| 조건 (가)를 만족시키는 조건 찾기

조건 (가)에서 $a_7 a_8 < 0$이고, $a_1 > 0$이므로

$a_8 < 0 < a_7$, $p < 0$ why? ❶

이때 $a_n = a_1 + (n-1)p$이므로

$a_7 = a_1 + 6p > 0$, $a_8 = a_1 + 7p < 0$에서

$-6p < a_1 < -7p \quad \cdots\cdots ㉠$

|2단계| 조건 (나)를 이용하여 p의 값 구하기

한편, $b_n = 12p^{n-1}$이고, 조건 (나)에서 $12 < b_3 < 48$이므로

$12 < 12p^2 < 48$

$1 < p^2 < 4$

$\therefore -2 < p < -1$ $(\because p < 0)$

또, $b_1 = 12 = 2^2 \times 3$이고, b_1, b_2, b_3만 정수이므로

$p = -\dfrac{2q-1}{2}$ (q는 자연수) $\quad \cdots\cdots ㉡$

로 놓을 수 있다. why? ❷

즉, $-2<-\dfrac{2q-1}{2}<-1$에서

$1<\dfrac{2q-1}{2}<2$, $2<2q-1<4$

$\therefore \dfrac{3}{2}<q<\dfrac{5}{2}$

이때 q는 자연수이므로 $q=2$

$q=2$를 ⓒ에 대입하면

$p=-\dfrac{3}{2}$

|3단계| a_1의 값을 구하여 $a_1 \times p$의 값 구하기

$p=-\dfrac{3}{2}$을 ㉠에 대입하면

$-6\times\left(-\dfrac{3}{2}\right)<a_1<-7\times\left(-\dfrac{3}{2}\right)$

$\therefore 9<a_1<\dfrac{21}{2}$

이때 a_1이 자연수이므로

$a_1=10$

$\therefore a_1\times p=10\times\left(-\dfrac{3}{2}\right)=-15$

해설특강 ✏️

why? ❶ $a_7 a_8<0$이므로 a_7과 a_8의 부호는 서로 반대이다. 이때 $\{a_n\}$은 $a_1>0$이고 공차가 p인 등차수열이므로 a_7과 a_8의 부호가 서로 반대이려면 $p<0$

따라서 $a_7>0$, $a_8<0$이므로 $a_8<0<a_7$

why? ❷ $-2<p<-1$인 p에 대하여 수열

$\{b_n\}$: $12, 12p, 12p^2, 12p^3, 12p^4, \cdots$

에서 $12, 12p, 12p^2$만 정수이려면 p는 $-\dfrac{(홀수)}{2}$ 꼴이어야 한다.

만약 p가 $-\dfrac{(짝수)}{2}$ 꼴이면 p가 정수가 되어 수열 $\{b_n\}$의 모든 항이 정수가 되므로 조건을 만족시키지 않는다.

핵심 개념 등차수열과 등비수열의 일반항

(1) 첫째항이 a, 공차가 d인 등차수열의 일반항 a_n은
$a_n=a+(n-1)d$

(2) 첫째항이 a, 공비가 r $(r\neq0)$인 등비수열의 일반항 a_n은
$a_n=ar^{n-1}$

---

1 | 정답 **243**

출제영역 사인법칙＋코사인법칙＋삼각형의 넓이

코사인법칙과 사인법칙을 이용하여 삼각형의 넓이와 삼각형의 외접원의 반지름의 길이를 구할 수 있는지를 묻는 문제이다.

그림과 같이 $\overline{AB}=\overline{BC}=2$, $\angle ABC=\dfrac{2}{3}\pi$인 삼각형 ABC의 외접원을 O라 하자. 점 B를 포함하지 않는 호 AC 위의 점 P에 대하여 $2\overline{AP}=3\overline{CP}$이다. 삼각형 ACP의 넓이를 S, 원 O의 반지름의 길이를 R라 할 때, $\left(\dfrac{7S}{R}\right)^2$의 값을 구하시오. 243

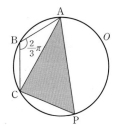

출제코드 사인법칙과 코사인법칙을 이용하여 선분의 길이 구하기

❶ 삼각형 ABC에서 $\angle$B의 크기가 주어졌으므로 $\dfrac{\overline{AC}}{\sin B}=2R$임을 이용하여 외접원 O의 반지름의 길이를 구한다.

❷ 원에 내접하는 사각형의 한 쌍의 대각의 크기의 합은 π임을 이용하여 $\angle$APC의 크기를 구한다.

❸ ❷에서 구한 각의 크기와 코사인법칙을 이용하여 두 선분 AP, CP의 길이를 구한다.

해설 |1단계| 코사인법칙과 사인법칙을 이용하여 선분 AC의 길이를 구하고, 원 O의 반지름의 길이 구하기

삼각형 ABC에서 코사인법칙에 의하여

$\overline{AC}^2=2^2+2^2-2\times2\times2\times\cos\dfrac{2}{3}\pi=12$

$\therefore \overline{AC}=2\sqrt{3}$ $(\because \overline{AC}>0)$

삼각형 ABC는 원 O에 내접하므로 사인법칙에 의하여

$\dfrac{\overline{AC}}{\sin B}=\dfrac{2\sqrt{3}}{\sin\dfrac{2}{3}\pi}=2R$

$\therefore R=\dfrac{1}{2}\times\dfrac{2\sqrt{3}}{\dfrac{\sqrt{3}}{2}}=2$

|2단계| 원에 내접하는 사각형의 성질을 이용하여 $\angle$APC의 크기를 구하고, 삼각형 ACP의 넓이 구하기

한편, 사각형 ABCP가 원 O에 내접하므로

$\angle ABC+\angle APC=\pi$

$\therefore \angle APC=\pi-\dfrac{2}{3}\pi=\dfrac{\pi}{3}$

삼각형 ACP에서 $\overline{AP}=3x$, $\overline{CP}=2x$ $(x>0)$로 놓으면 **why? ❶**

코사인법칙에 의하여

$(2\sqrt{3})^2=(3x)^2+(2x)^2-2\times3x\times2x\times\cos\dfrac{\pi}{3}$

$$12=4x^2+9x^2-6x^2$$

$$7x^2=12, \quad x^2=\frac{12}{7} \qquad \therefore x=\frac{2\sqrt{21}}{7} \ (\because x>0)$$

$$\therefore \overline{AP}=\frac{6\sqrt{21}}{7}, \quad \overline{CP}=\frac{4\sqrt{21}}{7}$$

따라서 삼각형 ACP의 넓이 S는

$$S=\frac{1}{2}\times\overline{AP}\times\overline{CP}\times\sin(\angle APC)$$

$$=\frac{1}{2}\times\frac{6\sqrt{21}}{7}\times\frac{4\sqrt{21}}{7}\times\sin\frac{\pi}{3}=\frac{18\sqrt{3}}{7}$$

|3단계| $\left(\dfrac{7S}{R}\right)^2$의 값 구하기

$$\therefore \left(\frac{7S}{R}\right)^2=\left(7\times\frac{18\sqrt{3}}{7}\times\frac{1}{2}\right)^2=243$$

해설특강 ✎

why? ❶ $2\overline{AP}=3\overline{CP}$에서 $\overline{AP}:\overline{CP}=3:2$이므로 양수 x에 대하여
$\overline{AP}=3x, \overline{CP}=2x$
로 놓을 수 있다.

---

2 |정답 11

출제영역 지수함수의 부등식에의 활용
두 지수함수의 그래프와 한 직선이 만나는 두 점이 주어진 조건을 만족시키도록 하는 미지수의 값을 구할 수 있는지를 묻는 문제이다.

1보다 큰 양수 k와 자연수 m에 대하여 두 곡선 $y=2^{x-m}$, $y=2^x$과 직선 $y=-x+k$가 만나는 점을 각각 A, B라 할 때, $\overline{AB}=4\sqrt{2}$이 **②** 다. m의 값이 최소일 때, k의 값을 구하시오. **❶** 11 **❸**

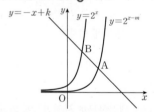

출제코드 점 B의 x좌표의 값의 범위에 따른 m의 값의 범위 구하기

❶ 두 점 A, B가 직선 $y=-x+k$ 위의 점임을 이용하여 두 점의 좌표를 미지수로 놓는다.
❷ 두 점 A, B가 각각 두 곡선 $y=2^{x-m}$, $y=2^x$ 위의 점임을 이용하여 식을 세운다.
❸ 점 B의 x좌표를 이용하여 m에 대한 식을 나타낸 후 m의 값의 범위를 구한다.
➡ 점 B의 x좌표를 구하면 y좌표를 구할 수 있고, 이를 이용하여 k의 값을 구할 수 있다.

해설 |1단계| 두 점 A, B의 좌표를 미지수로 놓고, 점 B의 x좌표를 이용하여 m에 대한 관계식으로 나타내기

두 점 A, B의 좌표를
$A(a, -a+k), B(b, -b+k) \ (a>b>0)$
로 놓으면

$$\overline{AB}=\sqrt{(b-a)^2+(-b+k+a-k)^2}$$
$$=\sqrt{2}(a-b) \ (\because a>b)$$

$\overline{AB}=4\sqrt{2}$이므로

$\sqrt{2}(a-b)=4\sqrt{2}$에서

$a-b=4$

$\therefore a=b+4 \qquad \cdots\cdots \ \bigcirc$

한편, 두 점 A, B는 각각 두 곡선 $y=2^{x-m}$, $y=2^x$ 위의 점이므로
$A(a, 2^{a-m}), B(b, 2^b)$
으로 놓으면 두 점 A, B의 y좌표의 차가 4이므로 **why? ❶**

$2^b-2^{a-m}=4$

$\bigcirc$을 위의 식에 대입하면

$2^b-2^{b+4-m}=4$

$\therefore 2^b(1-2^{4-m})=4 \qquad \cdots\cdots \ \bigcirc\!\!\bigcirc$

|2단계| m의 값의 범위를 구하여 m의 최솟값 구하기

$\bigcirc\!\!\bigcirc$에서 $2^b>0$이므로

$1-2^{4-m}>0$

즉, $2^{4-m}<1$에서 $2^{4-m}<2^0$이므로

$4-m<0$

$\therefore m>4$

이때 m은 자연수이므로 m의 최솟값은 5이고, $m=5$를 $\bigcirc\!\!\bigcirc$에 대입하면

$2^b(1-2^{-1})=4$

$2^b\times\frac{1}{2}=4, \ 2^b=2^3$

$\therefore b=3$

$b=3$을 $\bigcirc$에 대입하면

$a=7$

|3단계| k의 값 구하기

따라서 점 B의 좌표는 $B(3, 8)$이고, **how? ❷**

점 B가 직선 $y=-x+k$ 위의 점이므로

$8=-3+k$

$\therefore k=11$

해설특강 ✎

why? ❶ 점 A를 지나고 x축에 평행한 직선과 점 B를 지나고 y축에 평행한 직선의 교점을 H라 하면 삼각형 ABH는 직각이등변삼각형이므로 두 점 A, B의 y좌표의 차는 4이다.

how? ❷ m의 값이 최소일 때 점 B의 x좌표는 $b=3$이고, 점 B는 곡선 $y=2^x$ 위의 점이므로 $B(3, 8)$

3

출제영역 삼각함수의 그래프의 활용

삼각함수의 그래프의 대칭성을 이용하여 그래프 위의 점의 좌표를 구한 후 미지수의 값을 구할 수 있는지를 묻는 문제이다.

$0<x<4$일 때, 양수 a에 대하여 그림과 같이 함수 $f(x)=a\sin\dfrac{\pi x}{2}$ ➊ 의 그래프와 x축이 만나는 점을 A, 점 A를 지나고 기울기가 음수인 직선이 함수 $y=f(x)$의 그래프와 만나는 점 중 A가 아닌 두 점을 각각 B, C, 점 B를 지나고 x축에 평행한 직선이 함수 ➋ $y=f(x)$의 그래프와 만나는 점 중 B가 아닌 점을 D라 하자. ➌ $\overline{BD}=\dfrac{4}{3}$이고 삼각형 BCD의 넓이가 3이다. 두 직선 OB, OC의 기울기를 각각 m_1, m_2라 할 때, $a+\left|\dfrac{m_1}{m_2}\right|$의 값은?

(단, O는 원점이고, 점 B는 제1사분면 위의 점이다.)

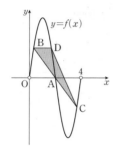

① $\dfrac{27}{2}$ ✓② $\dfrac{31}{2}$ ③ $\dfrac{35}{2}$

④ $\dfrac{39}{2}$ ⑤ $\dfrac{43}{2}$

출제코드 삼각함수의 그래프의 대칭성을 이용하여 그래프 위의 점의 좌표 구하기

➊ 함수 $f(x)$의 주기는 $\dfrac{2\pi}{\dfrac{\pi}{2}}=4$임을 알 수 있다.

➋ 두 점 B, C는 점 A에 대하여 대칭임을 이용한다.

➌ 두 점 B, D는 직선 $x=1$에 대하여 대칭임을 이용한다.

해설 **|1단계|** 점 A의 좌표 구하기

함수 $f(x)=a\sin\dfrac{\pi x}{2}$의 주기는 $\dfrac{2\pi}{\dfrac{\pi}{2}}=4$이므로

$A(2,\ 0)$

|2단계| 두 점 B, C의 좌표 구하기

두 점 B, D의 x좌표를 각각 x_1, x_2라 하면 두 점 B, D는 직선 $x=1$에 대하여 대칭이므로

$\dfrac{x_1+x_2}{2}=1$

$\therefore x_2=2-x_1$ ······ ㉠

이때 $\overline{BD}=\dfrac{4}{3}$이므로

$x_2-x_1=\dfrac{4}{3}$ ······ ㉡ **why? ➊**

㉠을 ㉡에 대입하면

$(2-x_1)-x_1=\dfrac{4}{3}$

$2-2x_1=\dfrac{4}{3}$

$\therefore x_1=\dfrac{1}{3}$

두 점 B, C는 함수 $y=f(x)$의 그래프 위의 점이므로

$B\left(\dfrac{1}{3},\ \dfrac{a}{2}\right)$, $C\left(\dfrac{11}{3},\ -\dfrac{a}{2}\right)$ **how? ➋**

또, 삼각형 BCD의 넓이가 3이므로

$\dfrac{1}{2}\times\dfrac{4}{3}\times\left\{\dfrac{a}{2}-\left(-\dfrac{a}{2}\right)\right\}=3$

$\therefore a=\dfrac{9}{2}$

|3단계| m_1, m_2의 값을 구하여 $a+\left|\dfrac{m_1}{m_2}\right|$의 값 구하기

즉, $B\left(\dfrac{1}{3},\ \dfrac{9}{4}\right)$, $C\left(\dfrac{11}{3},\ -\dfrac{9}{4}\right)$이므로

$m_1=\dfrac{\dfrac{9}{4}}{\dfrac{1}{3}}=\dfrac{27}{4}$, $m_2=\dfrac{-\dfrac{9}{4}}{\dfrac{11}{3}}=-\dfrac{27}{44}$

$\therefore a+\left|\dfrac{m_1}{m_2}\right|=\dfrac{9}{2}+\left|\dfrac{\dfrac{27}{4}}{-\dfrac{27}{44}}\right|=\dfrac{9}{2}+11=\dfrac{31}{2}$

해설특강

why? ➊ 두 점 B, D의 y좌표가 같으므로 선분 BD의 길이는 두 점 B, D의 x좌표의 차와 같다.

how? ➋ 점 B의 y좌표는 $f\left(\dfrac{1}{3}\right)=a\sin\dfrac{\pi}{6}=\dfrac{a}{2}$이므로

$B\left(\dfrac{1}{3},\ \dfrac{a}{2}\right)$

한편, 점 C의 x좌표는 $4-\dfrac{1}{3}=\dfrac{11}{3}$,

y좌표는 $f\left(\dfrac{11}{3}\right)=a\sin\dfrac{11}{6}\pi=-\dfrac{a}{2}$이므로

$C\left(\dfrac{11}{3},\ -\dfrac{a}{2}\right)$

핵심 개념 삼각함수의 주기

삼각함수	주기
$y=a\sin(bx+c)+d$	$\dfrac{2\pi}{\|b\|}$
$y=a\cos(bx+c)+d$	$\dfrac{2\pi}{\|b\|}$
$y=a\tan(bx+c)+d$	$\dfrac{\pi}{\|b\|}$

1등급 모의고사 4회 **17**

출제영역 등차수열의 합+등비수열+지수법칙+로그의 성질

등차수열의 합과 등비수열의 일반항 공식을 이용하여 등차수열의 각 항의 절댓값의 합을 구할 수 있는지를 묻는 문제이다.

두 수열 $\{a_n\}$, $\{b_n\}$이 모든 자연수 n에 대하여
$$b_n = \log_2 (a_n a_{n+2})$$ ❷
를 만족시킨다. 수열 $\{a_n\}$은 모든 항이 양수인 등비수열이고,
$a_3 = 4$, $a_6 = \dfrac{1}{2}$일 때, $|b_1| + |b_2| + |b_3| + \cdots + |b_{19}|$ ❸의 값을 구하시오. **252** ❶

출제코드 등비수열의 일반항 공식을 이용하여 등비수열 $\{a_n\}$의 첫째항과 공비 구하기

❶ 등비수열 $\{a_n\}$의 두 항의 값을 이용하여 일반항 a_n을 구한다.

❷ 일반항 a_n을 이 식에 대입하여 수열 $\{b_n\}$의 일반항을 구한다.

❸ n의 값에 따라 b_n의 부호가 어떻게 변하는지 조사한다.

해설 |1단계| 등비수열 $\{a_n\}$의 두 항의 값을 이용하여 일반항 a_n 구하기

등비수열 $\{a_n\}$의 첫째항을 a, 공비를 r라 하면
$$a_n = ar^{n-1}$$
$a_3 = 4$에서 $ar^2 = 4$ ······ ㉠
$a_6 = \dfrac{1}{2}$에서 $ar^5 = \dfrac{1}{2}$ ······ ㉡

㉡÷㉠을 하면 $r^3 = \dfrac{1}{8}$

$\therefore r = \dfrac{1}{2}$ ($\because r$는 양수) **why?❶**

$r = \dfrac{1}{2}$을 ㉠에 대입하면 $\dfrac{1}{4}a = 4$ $\therefore a = 16$

$\therefore a_n = 16 \times \left(\dfrac{1}{2}\right)^{n-1} = 2^4 \times 2^{-n+1} = 2^{-n+5}$

|2단계| a_n, a_{n+2}를 이용하여 수열 $\{b_n\}$의 일반항 구하기

$a_{n+2} = 2^{-(n+2)+5} = 2^{-n+3}$이므로
$$a_n a_{n+2} = 2^{-n+5} \times 2^{-n+3} = 2^{-2n+8}$$
$$\therefore b_n = \log_2(a_n a_{n+2}) = \log_2 2^{-2n+8} = -2n+8$$

|3단계| $|b_1| + |b_2| + |b_3| + \cdots + |b_{19}|$ 의 값 구하기

$\{b_n\}$: $6, 4, 2, 0, -2, -4, -6, \cdots$

$b_{19} = -2 \times 19 + 8 = -30$이므로

$|b_1| + |b_2| + |b_3| + \cdots + |b_{19}|$
$= b_1 + b_2 + b_3 + b_4 - (b_5 + b_6 + b_7 + \cdots + b_{19})$ **why?❷**
$= (6+4+2+0) - \dfrac{15\{-2 + (-30)\}}{2}$
$= 12 + 240 = 252$

해설특강 ✎

why? ❶ 수열 $\{a_n\}$의 모든 항은 양수이므로 r도 양수이어야 한다.

why? ❷ $b_n < 0$에서 $-2n + 8 < 0$
$\therefore n > 4$
따라서 수열 $\{b_n\}$은 첫째항부터 제4항까지 양수 또는 0이고, 제5항부터 음수이므로 $1 \le n \le 4$일 때 $|b_n| = b_n$, $n \ge 5$일 때 $|b_n| = -b_n$이다.

출제영역 마름모의 성질+수열의 합

마름모의 성질을 이용하여 원의 지름의 길이에 대한 식을 구한 후 수열의 합을 구할 수 있는지를 묻는 문제이다.

자연수 n에 대하여 그림과 같이 $\overline{OA} = \overline{OC} = 2n$, $\overline{AC} = n+1$인 평행사변형 OABC의 네 변에 모두 접하는 원의 지름의 길이를 ❶ a_n이라 할 때, $\displaystyle\sum_{n=1}^{10} \left(\dfrac{4n}{n+1} a_n\right)^2$ ❷의 값은?

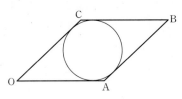

① 5640   ② 5645   ③ 5650

✓ ④ 5655   ⑤ 5660

출제코드 마름모의 성질을 이용하여 a_n을 n에 대한 식으로 나타내기

❶ 평행사변형 OABC의 네 변의 길이가 모두 같으므로 평행사변형 OABC는 마름모임을 확인한다.

❷ 마름모의 두 대각선은 서로 다른 것을 수직이등분한다는 성질을 이용하여 a_n을 구한다.

해설 |1단계| 두 대각선의 교점을 M이라 하고 선분 CM의 길이를 n에 대한 식으로 나타내기

$\overline{OA} = \overline{OC} = 2n$이므로 평행사변형 OABC는 한 변의 길이가 $2n$인 마름모이다. 이때 마름모의 두 대각선 OB, AC는 서로 다른 것을 수직이등분하므로 두 대각선의 교점을 M이라 하면

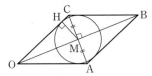

$$\overline{CM} = \dfrac{1}{2}\overline{AC} = \dfrac{n+1}{2}$$

|2단계| a_n 구하기

점 M에서 변 OC에 내린 수선의 발을 H라 하면 $\overline{MH} = \dfrac{a_n}{2}$이므로 직각삼각형 OMC에서

$$\triangle OMC = \dfrac{1}{2} \times \overline{OC} \times \overline{MH} = \dfrac{1}{2} \times \overline{OM} \times \overline{CM}$$ **why?❶**

즉, $2n \times \dfrac{a_n}{2} = \sqrt{(2n)^2 - \left(\dfrac{n+1}{2}\right)^2} \times \dfrac{n+1}{2}$에서

$$na_n = \sqrt{\dfrac{15n^2 - 2n - 1}{4}} \times \dfrac{n+1}{2} = \dfrac{(n+1)\sqrt{15n^2 - 2n - 1}}{4}$$

$$\therefore a_n = \dfrac{(n+1)\sqrt{15n^2 - 2n - 1}}{4n}$$

|3단계| 주어진 수열의 합 구하기

$$\therefore \sum_{n=1}^{10}\left(\dfrac{4n}{n+1}a_n\right)^2 = \sum_{n=1}^{10}\left(\sqrt{15n^2 - 2n - 1}\right)^2 = \sum_{n=1}^{10}(15n^2 - 2n - 1)$$
$$= 15\sum_{n=1}^{10}n^2 - 2\sum_{n=1}^{10}n - \sum_{n=1}^{10}1$$
$$= 15 \times \dfrac{10 \times 11 \times 21}{6} - 2 \times \dfrac{10 \times 11}{2} - 1 \times 10$$
$$= 15 \times 385 - 110 - 10 = 5655$$

해설특강 ✏️

why? ➊ 오른쪽 그림과 같은 직각삼각형 ABC의
넓이를 다음과 같이 두 가지 방법으로 구
할 수 있다.

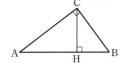

$$\triangle ABC = \frac{1}{2} \times \overline{AB} \times \overline{CH}$$
$$= \frac{1}{2} \times \overline{AC} \times \overline{BC}$$

핵심 개념 **평행사변형이 마름모가 되는 조건 (중등 수학)**

평행사변형 ABCD가 다음 중 어느 한 조건을 만족하면 마름모가 된다.

(1) 두 대각선이 직교한다. ($\overline{AC} \perp \overline{BD}$)

(2) 이웃하는 두 변의 길이가 같다. ($\overline{AB} = \overline{BC}$)

참고 이웃하는 두 변의 길이가 같으면 평행사변형의 성질에 의하여 네 변의 길
이가 모두 같게 된다.

---

6 | 정답 **10**

출제영역 지수의 성질＋점과 직선 사이의 거리

지수의 성질을 이해하고, 점과 직선 사이의 거리를 이용하여 조건을 만족시키는 자
연수를 구할 수 있는지를 묻는 문제이다.

자연수 n에 대하여 두 원 $C_1: (x+2^n)^2+(y+2^n)^2=1$,
$C_2: (x-2^{n+1})^2+(y-2^{n+1})^2=1$이 있다. 두 원 C_1, C_2 위를 움직
이는 점을 각각 P, Q라 하고, 두 점 P, Q와 직선 $x+y=2^n$ 사이
의 거리의 최솟값을 각각 m_1, m_2라 하자. $f(n)=m_1 m_2$라 할 때,
부등식

$$1+\sqrt{f(n)} \le \frac{\sqrt{2} \times 3^{n+1}}{2^{n-1}}$$ ➋

을 만족시키는 모든 자연수 n의 값의 합을 구하시오. 10

출제코드 점과 직선 사이의 거리를 이용하여 함수 $f(n)$의 식 구하기

➊ 두 원 C_1, C_2의 중심의 좌표를 이용하여 두 점 P, Q와 직선 $x+y=2^n$
사이의 거리의 최솟값을 구한다.

➋ $f(n)$을 대입하여 부등식을 만족시키는 자연수 n의 값을 구한다.

해설 **|1단계|** 점과 직선 사이의 거리를 이용하여 m_1, m_2의 값을 구하고, $f(n)$
의 식 구하기

원 C_1의 중심의 좌표가 $(-2^n, -2^n)$이므로 원 C_1의 중심과 직선
$x+y=2^n$, 즉 $x+y-2^n=0$ 사이의 거리는

$$\frac{|-2^n-2^n-2^n|}{\sqrt{1^2+1^2}} = \frac{3 \times 2^n}{\sqrt{2}}$$

원 C_1의 반지름의 길이가 1이므로 원 위의 점 P와 직선 $x+y=2^n$ 사
이의 거리의 최솟값은

$$m_1 = \frac{3 \times 2^n}{\sqrt{2}} - 1 \text{ why? ➊}$$

또, 원 C_2의 중심의 좌표가 $(2^{n+1}, 2^{n+1})$이므로 원 C_2의 중심과 직선
$x+y=2^n$, 즉 $x+y-2^n=0$ 사이의 거리는

$$\frac{|2^{n+1}+2^{n+1}-2^n|}{\sqrt{1^2+1^2}} = \frac{2^n(2+2-1)}{\sqrt{2}} = \frac{3 \times 2^n}{\sqrt{2}}$$

원 C_2의 반지름의 길이가 1이므로 원 위의 점 Q와 직선 $x+y=2^n$ 사
이의 거리의 최솟값은

$$m_2 = \frac{3 \times 2^n}{\sqrt{2}} - 1$$

$$\therefore f(n) = m_1 m_2 = \left(\frac{3 \times 2^n}{\sqrt{2}} - 1 \right)^2$$

|2단계| 주어진 부등식에 **|1단계|**에서 구한 $f(n)$을 대입하여 간단히 하기

부등식 $1+\sqrt{f(n)} \le \dfrac{\sqrt{2} \times 3^{n+1}}{2^{n-1}}$에서

$$1+\sqrt{\left(\frac{3 \times 2^n}{\sqrt{2}} - 1 \right)^2} \le \frac{\sqrt{2} \times 3^{n+1}}{2^{n-1}}$$

$$1+3\sqrt{2} \times 2^{n-1}-1 \le \frac{\sqrt{2} \times 3^{n+1}}{2^{n-1}} \ (\because n \text{은 자연수}) \text{ how? ➋}$$

$$\therefore 2^{2n-2} \le 3^n, \text{ 즉 } 4^{n-1} \le 3^n \quad \cdots\cdots \ \bigcirc$$

|3단계| 자연수 n의 값에 따라 경우를 나누어 조건을 만족시키는 n의 값의 합 구하기

(ⅰ) $n=1$일 때, $1 \le 3$이므로 부등식 ㉠이 성립한다.

(ⅱ) $n=2$일 때, $4 \le 9$이므로 부등식 ㉠이 성립한다.

(ⅲ) $n=3$일 때, $16 \le 27$이므로 부등식 ㉠이 성립한다.

(ⅳ) $n=4$일 때, $64 \le 81$이므로 부등식 ㉠이 성립한다.

(ⅴ) $n \ge 5$일 때, $4^{n-1} > 3^n$이므로 부등식은 성립하지 않는다.

(ⅰ)～(ⅴ)에 의하여 조건을 만족시키는 자연수 n의 값은 1, 2, 3, 4이고
그 합은

$$1+2+3+4=10$$

해설특강 ✏️

why? ➊ 중심이 O이고 반지름의 길이가 r인 원 위의 점
P와 원 밖의 점 A에 대하여

$$\overline{AP_1} \le \overline{AP} \le \overline{AP_2}$$

$$\therefore \underset{\text{최솟값}}{\overline{AO}-r} \le \overline{AP} \le \underset{\text{최댓값}}{\overline{AO}+r}$$

how? ➋ n은 자연수이므로

$$\frac{3 \times 2^n}{\sqrt{2}} - 1 \ge \frac{3 \times 2}{\sqrt{2}} - 1 = 3\sqrt{2}-1 > 0$$

$$\therefore \sqrt{\left(\frac{3 \times 2^n}{\sqrt{2}} - 1 \right)^2} = \frac{3 \times 2^n}{\sqrt{2}} - 1$$
$$= \frac{3\sqrt{2} \times 2^n}{2} - 1$$
$$= 3\sqrt{2} \times 2^{n-1} - 1$$

핵심 개념 **점과 직선 사이의 거리 (고등 수학)**

점 (x_1, y_1)과 직선 $ax+by+c=0$ 사이의 거리 d는

$$d = \frac{|ax_1+by_1+c|}{\sqrt{a^2+b^2}}$$

1

| 정답 **43**

등차수열과 등비수열의 일반항을 이해하고 수열의 합과 일반항 사이의 관계를 이용하여 특정한 항들의 합을 구할 수 있는지를 묻는 문제이다.

수열 $\{a_n\}$에 대하여 첫째항부터 제 n항까지의 합을 S_n이라 하자. 수열 $\{S_{2n-1}\}$은 공비가 2인 등비수열이고, 수열 $\{a_{2n}\}$은 공차가 3인 등차수열이다. $a_1=4$, $S_2=6$일 때, S_8의 값을 구하시오. ❶ ❷ 43

출제코드 $S_8=S_7+a_8$임을 파악하기

❶ 등비수열의 일반항을 이용하여 식으로 나타낸다.
❷ 등차수열의 일반항을 이용하여 식으로 나타낸다.

해설 |1단계| 수열 $\{S_{2n-1}\}$의 일반항 구하기

수열 $\{S_{2n-1}\}$은 첫째항이 $S_1=a_1=4$이고 공비가 2인 등비수열이므로 일반항은

$$S_{2n-1}=S_1 \times 2^{n-1}$$
$$=4 \times 2^{n-1}$$
$$=2^2 \times 2^{n-1}$$
$$=2^{n+1}$$

|2단계| 수열 $\{a_{2n}\}$의 일반항 구하기

수열 $\{a_{2n}\}$은 첫째항이 $a_2=S_2-S_1=6-4=2$이고 공차가 3인 등차수열이므로 일반항은

$$a_{2n}=a_2+(n-1)\times 3$$
$$=2+(n-1)\times 3$$
$$=3n-1$$

|3단계| S_8의 값 구하기

$$\therefore S_8=S_7+a_8$$
$$=2^{4+1}+(3\times 4-1) \text{ how? ❶}$$
$$=32+11=43$$

해설특강

how? ❶ $S_{2n-1}=2^{n+1}$에서 S_7의 값은 $2n-1=7$에서 $n=4$를 대입하여 구할 수 있다.
또, $a_{2n}=3n-1$에서 a_8의 값은 $2n=8$에서 $n=4$를 대입하여 구할 수 있다.

핵심 개념 수열의 합과 일반항 사이의 관계

수열 $\{a_n\}$의 첫째항부터 제 n항까지의 합을 S_n이라 하면

$$\begin{cases} a_1=S_1 \\ a_n=S_n-S_{n-1} \ (n\geq 2) \end{cases}$$

참고 수열의 합과 일반항 사이의 관계는 등차수열뿐만 아니라 모든 수열에서 성립한다.

2

| 정답 ⑤

삼각형과 그 외접원 사이의 관계를 이해하고, 사인법칙, 코사인법칙, 삼각형의 넓이 공식을 이용하여 명제의 참, 거짓을 판별할 수 있는지를 묻는 문제이다.

그림과 같이 $\overline{AB}=8$, $\overline{BC}=6$인 삼각형 ABC가 원 O에 내접하고 있다. 원 O의 반지름의 길이를 R라 할 때, 〈보기〉에서 옳은 것만을 있는 대로 고른 것은?

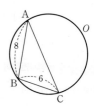

───── 보기 ─────

ㄱ. $\overline{AC}=10$이면 $R=5$이다. ❶

ㄴ. $\sin A=\dfrac{1}{2}$이면 $\sin C=\dfrac{2}{3}$이다. ❷

ㄷ. $0<B<\dfrac{\pi}{2}$이고 삼각형 ABC의 넓이가 $4\sqrt{11}$이면 $\overline{AC}=2\sqrt{5}$이다. ❸

① ㄱ   ② ㄷ   ③ ㄱ, ㄴ
④ ㄴ, ㄷ   ✔ ⑤ ㄱ, ㄴ, ㄷ

출제코드 삼각형의 조건을 이용하여 명제의 참, 거짓 판별하기

❶ 삼각형 ABC가 어떤 삼각형인지 파악한다.
❷ 사인법칙 $\dfrac{\overline{BC}}{\sin A}=\dfrac{\overline{AB}}{\sin C}$를 이용한다.
❸ 삼각형의 넓이와 코사인법칙을 이용하여 선분 AC의 길이를 구한다.

해설 |1단계| 직각삼각형의 외접원의 성질을 이용하여 ㄱ의 참, 거짓 판별하기

ㄱ. $\overline{AC}=10$이면 $\overline{AC}^2=\overline{AB}^2+\overline{BC}^2$이므로 삼각형 ABC는 $\angle B=90°$인 직각삼각형이다.

이때 삼각형 ABC는 원 O에 내접하므로 변 AC는 원 O의 지름이다.

$$\therefore R=\frac{\overline{AC}}{2}=5 \text{ (참) how? ❶}$$

|2단계| 사인법칙을 이용하여 ㄴ의 참, 거짓 판별하기

ㄴ. 삼각형 ABC에서 사인법칙에 의하여 $\dfrac{6}{\sin A}=\dfrac{8}{\sin C}$

이때 $\sin A=\dfrac{1}{2}$이면

$$\sin C=8\times\frac{\frac{1}{2}}{6}=\frac{2}{3} \text{ (참)}$$

|3단계| 삼각형 ABC의 넓이와 코사인법칙을 이용하여 ㄷ의 참, 거짓 판별하기

ㄷ. 삼각형 ABC의 넓이가 $4\sqrt{11}$이므로

$$\frac{1}{2}\times 6\times 8\times \sin B=4\sqrt{11} \qquad \therefore \sin B=\frac{\sqrt{11}}{6}$$

이때 $0<B<\dfrac{\pi}{2}$이므로 $\cos B>0$

$$\cos B=\sqrt{1-\sin^2 B}=\sqrt{1-\left(\frac{\sqrt{11}}{6}\right)^2}=\frac{5}{6}$$

삼각형 ABC에서 코사인법칙에 의하여

$$\overline{AC}^2=6^2+8^2-2\times 6\times 8\times \frac{5}{6}=20$$

$$\therefore \overline{AC}=2\sqrt{5} \text{ (참)}$$

따라서 ㄱ, ㄴ, ㄷ 모두 옳다.

why? ❶ 호 AC에 대한 원주각 $\angle ABC = 90°$이므로 선분 AC는 원 O의 지름이다. 따라서 원 O의 반지름의 길이는 $R = \dfrac{1}{2} \times \overline{AC}$이다.

---

3 |정답 ①

출제영역 수학적 귀납법

수학적 귀납법을 이용하여 수열의 일반항에 대한 명제를 증명할 수 있는지를 묻는 문제이다.

$a_1 = 1$인 수열 $\{a_n\}$이 모든 자연수 n에 대하여

$$\sum_{i=1}^{n} a_i = 2a_n - n \quad ❶$$

을 만족시킨다. 다음은 모든 자연수 n에 대하여

$$a_n = 2^n - 1 \quad \cdots\cdots (*)$$

이 성립함을 수학적 귀납법을 이용하여 증명한 것이다.

| 증명 |

(i) $n = 1$일 때, $a_1 = 2^1 - 1 = 1$이므로 $(*)$이 성립한다.

(ii) $n = k$일 때, $(*)$이 성립한다고 가정하면

$$a_k = 2^k - 1$$

이다.

$$2a_{k+1} = \sum_{i=1}^{k+1} a_i + \boxed{(가)} \quad ❶$$
$$= \sum_{i=1}^{k} a_i + a_{k+1} + \boxed{(가)}$$
$$= a_{k+1} + \boxed{(나)} \times a_k + 1 \quad ❷$$

이므로

$$a_{k+1} = 2^{k+1} - 1$$

이다. 따라서 $n = k+1$일 때도 $(*)$이 성립한다.

(i), (ii)에 의하여 모든 자연수 n에 대하여 $(*)$이 성립한다.

위의 (가)에 알맞은 식을 $f(k)$, (나)에 알맞은 수를 p라 할 때, $f(10) \times p$의 값은? ❸

✓ ① 22   ② 24   ③ 26

④ 28   ⑤ 30

출제코드 증명 과정에서 빈칸의 앞뒤 관계를 파악하여 빈칸에 알맞은 식이나 수 구하기

❶ $\displaystyle\sum_{i=1}^{n} a_i = 2a_n - n$에서 $2a_n = \displaystyle\sum_{i=1}^{n} a_i + n$임을 이용하여 (가)에 알맞은 식을 구한다.

❷ 앞의 식을 정리하여 (나)에 알맞은 수를 구한다.

❸ ❶, ❷를 이용하여 $f(10) \times p$의 값을 구한다.

해설 |1단계| (가), (나)에 알맞은 식이나 수 구하기

(i) $n = 1$일 때, $a_1 = 2^1 - 1 = 1$이므로 $(*)$이 성립한다.

(ii) $n = k$일 때, $(*)$이 성립한다고 가정하면

$$a_k = 2^k - 1$$

이다.

$$2a_{k+1} = \sum_{i=1}^{k+1} a_i + \boxed{k+1} = \sum_{i=1}^{k} a_i + a_{k+1} + \boxed{k+1} \quad \textbf{how? ❶}$$
$$= (2a_k - k) + a_{k+1} + k + 1$$
$$= a_{k+1} + \boxed{2} \times a_k + 1$$

이므로

$$a_{k+1} = 2a_k + 1 = 2(2^k - 1) + 1 = 2^{k+1} - 1$$

이다. 따라서 $n = k+1$일 때도 $(*)$이 성립한다.

|2단계| $f(k)$와 p의 값을 구한 후 $f(10) \times p$의 값 구하기

따라서 $f(k) = k+1$, $p = 2$이므로

$$f(10) \times p = (10+1) \times 2 = 22$$

해설특강 ✎

how? ❶ $\displaystyle\sum_{i=1}^{n} a_i = 2a_n - n$에서 $2a_n = \displaystyle\sum_{i=1}^{n} a_i + n$이므로 a_{k+1}일 때의 정보를 얻기 위하여 $n = k+1$을 대입한 것이다.

---

4 |정답 ②

출제영역 삼각함수의 그래프 + 삼각함수의 성질

삼각함수의 그래프와 직선의 위치 관계를 이용하여 삼각함수의 값을 구할 수 있는지를 묻는 문제이다.

함수 $f(x)$가 다음 조건을 만족시킨다.

(가) $0 \le x \le \pi$일 때, $f(x) = \sin x$
(나) 모든 실수 x에 대하여 $f(x+\pi) = 3f(x)$이다. ❶

$0 \le x \le 2\pi$에서 방정식 $\{f(x)\}^3 - 6\{f(x)\}^2 + 11f(x) - 6 = 0$의 ❷ 서로 다른 실근을 모두 크기순으로 나열하여 $x_1, x_2, x_3, \cdots, x_n$이라 할 때, $\sin(x_1 + x_2) \times \sin(x_4 + x_5)$의 값은?

① $\dfrac{\sqrt{35}}{9}$ ✓ ② $\dfrac{2\sqrt{10}}{9}$ ③ $\dfrac{\sqrt{5}}{3}$

④ $\dfrac{5\sqrt{2}}{9}$ ⑤ $\dfrac{\sqrt{55}}{9}$

출제코드 삼각함수의 그래프와 x축에 평행한 직선의 위치 관계 파악하기

❶ $\pi \le x \le 2\pi$에서 함수 $y = f(x)$의 그래프는 $0 \le x \le \pi$에서의 그래프를 x축의 방향으로 π만큼 평행이동한 후 y축의 방향으로 3배 늘인 그래프이다.

❷ $A^3 - 6A^2 + 11A - 6 = (A-1)(A-2)(A-3)$임을 이용한다.

해설 |1단계| $0 \le x \le 2\pi$에서 함수 $y = f(x)$의 그래프의 개형 파악하기

조건 (가), (나)에 의하여 $0 \le x \le 2\pi$에서 함수 $y = f(x)$의 그래프는 다음 그림과 같다.

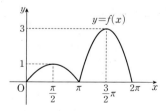

|2단계| 주어진 방정식의 서로 다른 실근의 개수 구하기

$$\{f(x)\}^3 - 6\{f(x)\}^2 + 11f(x) - 6 = 0 \quad \cdots\cdots \text{㉠}$$
$$\{f(x) - 1\}\{f(x) - 2\}\{f(x) - 3\} = 0$$
$$\therefore f(x) = 1 \text{ 또는 } f(x) = 2 \text{ 또는 } f(x) = 3$$

다음 그림과 같이 $0 \leq x \leq 2\pi$에서 함수 $y=f(x)$의 그래프와 세 직선 $y=1$, $y=2$, $y=3$의 서로 다른 교점의 개수는 각각 3, 2, 1이므로 방정식 ㉠은 서로 다른 6개의 실근을 갖는다.

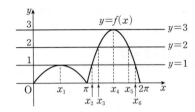

|3단계| $\cos x_2$, $\cos x_5$의 값 구하기

이때 $x_1=\dfrac{\pi}{2}$, $x_4=\dfrac{3}{2}\pi$이고,

$f(x_1)=f(x_2)=f(x_6)=1$, $f(x_3)=f(x_5)=2$, $f(x_4)=3$

$\pi \leq x \leq 2\pi$에서

$f(x)=3\sin(x-\pi)=-3\sin(\pi-x)=-3\sin x$

$\pi < x_2 < \dfrac{3}{2}\pi$이고, $-3\sin x_2=1$, 즉 $\sin x_2=-\dfrac{1}{3}$이므로

$\cos x_2=-\sqrt{1-\left(-\dfrac{1}{3}\right)^2}=-\dfrac{2\sqrt{2}}{3}$

$\quad x_2$는 제3사분면의 각이므로
$\quad \sin x_2 < 0$, $\cos x_2 < 0$

또, $\dfrac{3}{2}\pi < x_5 < 2\pi$이고, $-3\sin x_5=2$, 즉 $\sin x_5=-\dfrac{2}{3}$이므로

$\cos x_5=\sqrt{1-\left(-\dfrac{2}{3}\right)^2}=\dfrac{\sqrt{5}}{3}$

$\quad x_5$는 제4사분면의 각이므로
$\quad \sin x_5 < 0$, $\cos x_5 > 0$

|4단계| $\sin(x_1+x_2) \times \sin(x_4+x_5)$의 값 구하기

$\therefore \sin(x_1+x_2) \times \sin(x_4+x_5)=\sin\left(\dfrac{\pi}{2}+x_2\right) \times \sin\left(\dfrac{3}{2}\pi+x_5\right)$

$\qquad = \cos x_2 \times (-\cos x_5)$

$\qquad = -\dfrac{2\sqrt{2}}{3} \times \left(-\dfrac{\sqrt{5}}{3}\right)=\dfrac{2\sqrt{10}}{9}$

5

|정답 **14**

로그함수의 부등식에의 활용

직선의 기울기와 로그함수의 부등식에의 활용을 이용하여 함숫값을 구할 수 있는지를 묻는 문제이다.

> 4보다 큰 자연수 n과 자연수 a에 대하여 로그함수 $y=\log_n x$의 그래프 위의 점 $A(a, \log_n a)$가 있다. 점 $B(3, 0)$에 대하여 다음 조건을 만족시키는 a의 최솟값을 $f(n)$이라 하자.
>
> (가) x에 대한 이차방정식 $x^2-6x-a+13=0$은 실근을 갖는다. **❶**
>
> (나) 직선 AB의 기울기는 $\dfrac{1}{2}$보다 작거나 같다. **❷**
>
> $f(5)+f(10)+f(20)$의 값을 구하시오. 14

출제코드 로그함수의 그래프 위의 한 점과 고정점을 지나는 직선의 기울기를 이용하여 함숫값 구하기

❶ 이차방정식이 실근을 가지려면 이차방정식의 판별식 $D \geq 0$이어야 함을 이용한다.

❷ 두 점을 지나는 직선의 기울기에 대한 식을 세우고, 점 $(3, 0)$을 지나면서 기울기가 $\dfrac{1}{2}$인 직선을 기준으로 조건 (나)가 성립할 조건을 찾는다.

|1단계| 조건 (가)에서 a의 값의 범위 구하기

조건 (가)에서 이차방정식 $x^2-6x-a+13=0$의 판별식을 D라 하면

$\dfrac{D}{4}=(-3)^2-(-a+13) \geq 0$이므로 $a \geq 4$

|2단계| 그래프를 그리고 기울기가 $\dfrac{1}{2}$인 직선을 기준으로 a의 값 추론하기

점 $B(3, 0)$을 지나고 기울기가 $\dfrac{1}{2}$인 직선의 방정식은

$y=\dfrac{1}{2}(x-3)$

이때 조건을 만족시키는 가장 작은 자연수 a에 대하여 두 함수 $y=\log_n x$, $y=\dfrac{1}{2}(x-3)$의 그래프를 그리면 다음 그림과 같다.

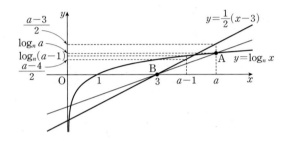

따라서 4보다 큰 자연수 n에 대하여 가장 작은 자연수 a는 다음 두 부등식을 동시에 만족시켜야 한다.

$\log_n a \leq \dfrac{a-3}{2}$ ······ ㉠ **why?❶**

$\log_n(a-1) > \dfrac{a-4}{2}$ ······ ㉡ **why?❷**

|3단계| $a=4, 5, \cdots$를 대입하여 $f(n)$ 구하기

(i) $a=4$일 때

㉠에서 $\log_n 4 \leq \dfrac{1}{2}$

밑 n이 1보다 크므로

$\log_n 4 \leq \log_n \sqrt{n}$, $\sqrt{n} \geq 4$ $\therefore n \geq 16$

㉡에서 $\log_n 3 > 0$

따라서 $n \geq 16$인 모든 자연수 n에 대하여

$f(n)=4$

(ii) $a=5$일 때

㉠에서 $\log_n 5 \leq 1$

밑 n이 1보다 크므로

$\log_n 5 \leq \log_n n$ $\therefore n \geq 5$

㉡에서 $\log_n 4 > \dfrac{1}{2}$

밑 n이 1보다 크므로

$\log_n 4 > \log_n \sqrt{n}$, $\sqrt{n} < 4$ $\therefore n < 16$

따라서 $5 \leq n < 16$인 모든 자연수 n에 대하여

$f(n)=5$

(i), (ii)에 의하여

$f(n)=\begin{cases} 5 & (5 \leq n < 16) \\ 4 & (n \geq 16) \end{cases}$

|4단계| $f(5)+f(10)+f(20)$의 값 구하기

$\therefore f(5)+f(10)+f(20)=5+5+4=14$

why? ❶ 두 점 $A(a, \log_n a)$, $B(3, 0)$을 지나는 직선의 기울기가 $\frac{1}{2}$보다 작거나 같으려면 점 A의 y좌표가 직선 $y = \frac{1}{2}(x-3)$ 위의 점 중 x좌표가 a인 점의 y좌표보다 작거나 같아야 한다.

따라서 $y = \frac{1}{2}(x-3)$에 $x=a$를 대입하면 $y = \frac{a-3}{2}$이므로

$$\log_n a \leq \frac{a-3}{2}$$

why? ❷ a는 조건을 만족시키는 가장 작은 자연수이므로 $x < a$에서 함수 $y = \log_n x$의 그래프 위의 한 점과 점 B를 연결한 직선의 기울기가 $\frac{1}{2}$보다 커야 한다. 즉, 함수 $y = \log_n x$의 그래프 위의 점 중 x좌표가 $a-1$인 점의 y좌표가 직선 $y = \frac{1}{2}(x-3)$ 위의 점 중 x좌표가 $a-1$인 점의 y좌표보다 커야 한다.

$y = \log_n x$에 $x = a-1$을 대입하면

$$y = \log_n(a-1)$$

또, $y = \frac{1}{2}(x-3)$에 $x=a-1$을 대입하면

$$y = \frac{a-4}{2}$$

따라서 주어진 조건을 만족시키려면

$$\log_n(a-1) > \frac{a-4}{2}$$

이어야 한다.

---

6 | 정답 ②

출제영역 수열의 귀납적 정의

귀납적으로 정의된 수열의 일반항을 추론할 수 있는지를 묻는 문제이다.

모든 항이 정수인 수열 $\{a_n\}$이 모든 자연수 n에 대하여

$$a_{n+1} = \begin{cases} 6 - 2a_n & (a_n > 0) \\ 5 + a_n & (a_n \leq 0) \end{cases} \text{❶}$$

을 만족시킨다. 자연수 p에 대하여 $m \geq p$인 모든 자연수 m에 대하여 $a_{m+1} = a_m$을 만족시키는 p의 최솟값은 4이다.❷ $a_1 < 0$일 때, $\sum_{k=1}^{q} a_k \geq 0$을 만족시키는 자연수 q의 최솟값은?

① 14   ✔ ② 15   ③ 16
④ 17   ⑤ 18

출제코드 귀납적으로 정의된 수열의 일반항을 추론하고, 주어진 조건을 만족시키는 자연수 q의 최솟값 구하기

❶ $a_n > 0$, $a_n \leq 0$인 경우로 나누어 귀납적으로 정의된 수열 $\{a_n\}$의 일반항을 추론한다.

❷ 4 이상의 자연수 n에 대하여 $a_{n+1} = a_n$이 성립함을 알 수 있다.
이때 4보다 작은 자연수 n에 대하여 $a_{n+1} = a_n$이 성립하지 않아야 함에 주의한다.

해설 **|1단계|** $n \geq 4$일 때 a_n의 값 구하기

$m \geq 4$일 때 $a_{m+1} = a_m$이므로 이때의 a_m의 값은 다음과 같다.

(i) $a_m > 0$인 경우

$$a_{m+1} = 6 - 2a_m$$

이때 $a_{m+1} = a_m$이므로

$$a_m = 6 - 2a_m \qquad \therefore a_m = 2$$

(ii) $a_m \leq 0$인 경우

$$a_{m+1} = 5 + a_m$$

이때 $a_{m+1} = a_m$이므로

$$a_m = 5 + a_m$$

그런데 위의 등식을 만족시키는 a_m의 값은 존재하지 않는다.

(i), (ii)에 의하여

$$a_m = 2 \ (m \geq 4)$$

|2단계| a_1, a_2, a_3의 값 구하기

(iii) ㉠ $a_3 > 0$인 경우

$$a_4 = 6 - 2a_3 \text{이므로}$$
$$2 = 6 - 2a_3 \qquad \therefore a_3 = 2$$

그런데 $a_3 = a_4$이므로 조건을 만족시키지 않는다.

㉡ $a_3 \leq 0$인 경우

$$a_4 = 5 + a_3 \text{이므로}$$
$$2 = 5 + a_3 \qquad \therefore a_3 = -3$$

㉠, ㉡에 의하여

$$a_3 = -3$$

(iv) ㉠ $a_2 > 0$인 경우

$$a_3 = 6 - 2a_2 \text{이므로}$$
$$-3 = 6 - 2a_2 \qquad \therefore a_2 = \frac{9}{2}$$

그런데 a_2는 정수이어야 하므로 조건을 만족시키지 않는다.

㉡ $a_2 \leq 0$인 경우

$$a_3 = 5 + a_2 \text{이므로}$$
$$-3 = 5 + a_2 \qquad \therefore a_2 = -8$$

㉠, ㉡에 의하여

$$a_2 = -8$$

(v) $a_1 < 0$이므로

$$a_2 = 5 + a_1$$
$$-8 = 5 + a_1 \qquad \therefore a_1 = -13$$

(i)~(v)에 의하여

$$a_1 = -13, \ a_2 = -8, \ a_3 = -3, \ a_n = 2 \ (n \geq 4)$$

|3단계| $\sum_{k=1}^{q} a_k \geq 0$을 만족시키는 자연수 q의 최솟값 구하기

이때 $a_1 + a_2 + a_3 < 0$이므로 $\sum_{k=1}^{q} a_k \geq 0$에서

$$q > 3$$
$$\therefore \sum_{k=1}^{q} a_k = a_1 + a_2 + a_3 + 2(q-3)$$
$$= (-13) + (-8) + (-3) + 2(q-3)$$
$$= 2q - 30$$

즉, $\sum_{k=1}^{q} a_k \geq 0$이므로

$$2q - 30 \geq 0$$
$$\therefore q \geq 15$$

따라서 q의 최솟값은 15이다.

6회

1 52	**2** 25	**3** ④	**4** 8	**5** 24	**6** 260

1

|정답 **52**

출제영역 함수의 연속 + 연속함수의 성질

구간에 따라 다르게 정의된 함수가 주어질 때, 함수의 연속 조건을 만족시키는 미정계수를 구할 수 있는지를 묻는 문제이다.

함수 $f(x)=ax^2-x+b$에 대하여 함수

$$g(x)=\begin{cases} f(x) & (x\le 0) \\ f(x-2) & (x>0) \end{cases}$$

가 다음 조건을 만족시킬 때, $|f(5)|$의 값을 구하시오. 52

(단, a, b는 상수이고, $a\ne 0$이다.)❶

(가) 어떤 실수 t에 대하여 $g(t)\ne g(-t)$이다.
(나) 함수 $|g(x+3)|g(x)$는 실수 전체의 집합에서 연속이다.❷

출제코드 함수 $|g(x+3)|g(x)$가 실수 전체의 집합에서 연속인 조건 찾기

❶ $f(x)$가 이차함수이므로 그 그래프는 직선 $x=k$ 꼴에 대하여 대칭이다.
❷ 함수 $|g(x+3)|g(x)$가 실수 전체의 집합에서 연속이라고 해서 함수 $g(x)$도 실수 전체의 집합에서 연속이라고 할 수는 없음에 유의한다.

해설 |1단계| 조건 (가)를 만족시키는 조건 찾기

함수 $g(x)$가 $x=0$에서 연속인 경우
$\lim_{x\to 0+} g(x)=\lim_{x\to 0-} g(x)=g(0)$이 성립해야 한다.

이때

$\lim_{x\to 0+} g(x)=\lim_{x\to 0+} f(x-2)=f(-2)$,

$\lim_{x\to 0-} g(x)=\lim_{x\to 0-} f(x)=f(0)$,

$g(0)=f(0)$

이므로 $f(-2)=f(0)$

따라서 이차함수 $y=f(x)$의 그래프의 축의 방정식은

$x=-1$

이므로 모든 실수 t에 대하여

$f(t)=f(-t-2)$ **why?❶**

$t>0$일 때, $g(t)=f(t-2)$, $g(-t)=f(-t)$이므로

$g(t)=g(-t)$

$t\le 0$일 때, $g(t)=f(t)$, $g(-t)=f(-t-2)$이므로

$g(t)=g(-t)$

즉, 모든 실수 t에 대하여 $g(t)=g(-t)$이므로 조건 (가)를 만족시키지 않는다.

따라서 함수 $g(x)$는 $x=0$에서 연속이 아니므로

$f(0)\ne f(-2)$

|2단계| 조건 (나)를 만족시키는 조건 찾기

한편, $|g(x+3)|=\begin{cases} |f(x+3)| & (x\le -3) \\ |f(x+1)| & (x>-3) \end{cases}$이므로

$$|g(x+3)|g(x)=\begin{cases} |f(x+3)|f(x) & (x\le -3) \\ |f(x+1)|f(x) & (-3<x\le 0) \\ |f(x+1)|f(x-2) & (x>0) \end{cases}$$

조건 (나)에 의하여 함수 $|g(x+3)|g(x)$는 실수 전체의 집합에서 연속이므로 $x=-3$에서도 연속이다.

$\lim_{x\to -3+} |g(x+3)|g(x)=\lim_{x\to -3+} |f(x+1)|f(x)=|f(-2)|f(-3)$,

$\lim_{x\to -3-} |g(x+3)|g(x)=\lim_{x\to -3-} |f(x+3)|f(x)=|f(0)|f(-3)$,

$|g(-3+3)|g(-3)=|f(0)|f(-3)$

에서 $|f(-2)|f(-3)=|f(0)|f(-3)$이므로

$f(-3)=0$ 또는 $f(-2)=-f(0)$ ($\because f(0)\ne f(-2)$)

$f(-3)=0$에서

$9a+b=-3$ ...... ㉠

$f(-2)=-f(0)$에서

$4a+2+b=-b$

$\therefore 2a+b=-1$ ...... ㉡

또, 함수 $|g(x+3)|g(x)$는 $x=0$에서도 연속이므로

$\lim_{x\to 0+} |g(x+3)|g(x)=\lim_{x\to 0+} |f(x+1)|f(x-2)=|f(1)|f(-2)$,

$\lim_{x\to 0-} |g(x+3)|g(x)=\lim_{x\to 0-} |f(x+1)|f(x)=|f(1)|f(0)$,

$|g(0+3)|g(0)=|f(1)|f(0)$

에서 $|f(1)|f(-2)=|f(1)|f(0)$이므로

$f(1)=0$ ($\because f(-2)\ne f(0)$)

$\therefore a+b=1$ ...... ㉢

|3단계| a, b의 값 구하기

㉠, ㉢을 연립하여 풀면

$a=-\dfrac{1}{2}$, $b=\dfrac{3}{2}$

이것은 조건 (가)를 만족시키지 않는다. **why?❷**

㉡, ㉢을 연립하여 풀면

$a=-2$, $b=3$

|4단계| $f(x)$를 구하여 $|f(5)|$의 값 구하기

따라서 $f(x)=-2x^2-x+3$이므로

$|f(5)|=|-50-5+3|=52$

해설 특강

why?❶ 함수 $y=f(x)$의 그래프가 직선 $x=-1$에 대하여 대칭이므로
$f(-1+x)=f(-1-x)$
위의 식에 x 대신 $t+1$을 대입하면
$f(t)=f(-t-2)$

why?❷ $a=-\dfrac{1}{2}$, $b=\dfrac{3}{2}$이면 $f(x)=-\dfrac{1}{2}x^2-x+\dfrac{3}{2}$이므로
$f(-2)=f(0)=\dfrac{3}{2}$
이 되어 $g(x)$가 $x=0$에서 연속이 된다.
즉, 모든 실수 t에 대하여 $g(t)=g(-t)$이므로 조건 (가)에 모순이다.

2

출제영역 사차함수의 그래프＋함수의 극대·극소

사차함수 $f(x)$에 대하여 최고차항의 계수의 부호, 그래프의 좌표축에 대한 대칭성, $f(a)=f'(a)=0$을 만족시키는 a의 값 및 $f(x)$와 $f'(x)$를 포함한 부등식의 해에 대한 조건이 주어졌을 때, 함수 $f(x)$를 구할 수 있는지를 묻는 문제이다.

> 다음 조건을 만족시키는 최고차항의 계수가 양수인 모든 사차함수 $f(x)$에 대하여 $f(3)$의 값을 구하시오. 25
>
> (가) 모든 실수 x에 대하여 $f(-x)=f(x)$이다. ❶
> (나) $f(-2)=f'(-2)=0$ ❷
> (다) 부등식 $f(x)\geq f'(x)+256$을 만족시키는 양의 실수 x의 값의 범위는 $x\geq 6$이다. ❸

출제코드 부등식 $f(x)\geq f'(x)+256$을 만족시키는 양의 실수 x의 값의 범위가 $x\geq 6$과 같도록 하는 함수 $f(x)$의 식 구하기

❶ 사차함수 $y=f(x)$의 그래프는 y축에 대하여 대칭이므로 함수 $f(x)$의 식은 짝수 차수의 항 및 상수항으로만 이루어져 있음을 알 수 있다.
❷ 함수 $f(x)$는 $x=-2$에서 극값 0을 가짐을 의미한다.
❸ $x\geq 0$에서 함수 $y=f(x)$의 그래프가 함수 $y=f'(x)+256$의 그래프보다 위쪽에 있거나 만나는 x의 값의 범위는 $x\geq 6$임을 의미한다.

해설 |1단계| 조건 (가), (나)를 이용하여 함수 $f(x)$의 식 세우기

조건 (가)에서 함수 $y=f(x)$의 그래프는 y축에 대하여 대칭이므로 함수 $f(x)$의 식은 짝수 차수의 항 및 상수항으로만 이루어져 있음을 알 수 있다.

이때 조건 (나)에 의하여 사차함수 $f(x)$는 $(x+2)^2$을 인수로 가지므로 **why?❶**

$$f(x)=k(x-2)^2(x+2)^2\ (k>0)$$

으로 놓을 수 있다.

|2단계| 조건 (다)에서 함수 $f(x)$의 식을 구하고 $f(3)$의 값 구하기

$$f'(x)=2k(x-2)(x+2)^2+2k(x-2)^2(x+2)$$
$$=4kx(x-2)(x+2)$$

이므로 두 함수 $y=f(x)$, $y=f'(x)$의 그래프의 개형은 다음 그림과 같다.

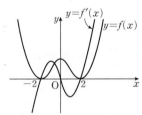

이때 $x>2$에서 두 함수 $f(x)$, $f'(x)$는 모두 증가하므로 조건 (다)가 성립하려면

$$f(6)=f'(6)+256\ \text{why?❷}$$

이어야 한다. 즉,

$$k\times 16\times 64=4k\times 6\times 4\times 8+256$$
$$256k=256$$
$$\therefore k=1$$

따라서 $f(x)=(x-2)^2(x+2)^2$이므로
$$f(3)=1\times 25=25$$

해설특강

why?❶ 미분가능한 함수 $f(x)$에 대하여 $f(a)=f'(a)=0$이다.
⟺ 미분가능한 함수 $f(x)$가 $x=a$에서 극값 0을 갖는다.
⟺ 곡선 $y=f(x)$가 $x=a$에서 x축에 접한다. 즉,
$$f(x)=(x-a)^2 g(x)$$

why?❷ 두 함수 $y=f(x)$, $y=f'(x)$의 그래프가 $x\leq 2$에서 서로 다른 세 점에서 만나고, 방정식 $f(x)=f'(x)$는 사차방정식이다.
따라서 두 함수 $y=f(x)$, $y=f'(x)$의 그래프는 $x>2$인 한 점에서 반드시 교점을 갖는다.

핵심개념 그래프가 대칭인 함수

함수 $f(x)$가 모든 실수 x에 대하여
(1) $f(-x)=f(x)$이면
➡ 함수 $y=f(x)$의 그래프가 y축에 대하여 대칭이다.
　이때 함수 $f(x)$를 우함수라 한다.
(2) $f(-x)=-f(x)$이면
➡ 함수 $y=f(x)$의 그래프가 원점에 대하여 대칭이다.
　이때 함수 $f(x)$를 기함수라 한다.

참고 다항함수에서 우함수는 짝수 차수의 항 및 상수항으로만 이루어져 있고, 기함수는 홀수 차수의 항으로만 이루어져 있다.

3

출제영역 접선의 방정식＋함수의 증가·감소＋사차함수의 그래프

사차함수 $y=f(x)$의 그래프 위의 점에서의 접선과 함수 $y=f(x)$의 그래프와의 위치 관계를 이용하여 명제의 참, 거짓을 판별할 수 있는지를 묻는 문제이다.

> 사차함수 $f(x)=x(x-a)(x-\beta)(x-\gamma)\ (0<a<\beta<\gamma)$와 실수 a에 대하여 함수 $g(x)$를
> $$g(x)=f'(a)(x-a)+f(a)$$ ❶
> 라 할 때, 〈보기〉에서 옳은 것만을 있는 대로 고른 것은?
>
> —————————— 보기 ——————————
> ㄱ. $a<0$이면 $g'(a)<0$이다. ❷
> ㄴ. $a<a<b<\beta$이면 $g(a)<f(b)$이다. ❸
> ㄷ. $0<a<\alpha$이면 $f(a)<ag'(x)$이다. ❹
>
> ① ㄱ　　　② ㄷ　　　③ ㄱ, ㄴ
> ✓④ ㄱ, ㄷ　　　⑤ ㄴ, ㄷ

출제코드 a의 값의 범위에 따라 두 함수 $f(x)$와 $g(x)$의 대소 비교하기

❶ 함수 $y=g(x)$의 그래프는 사차함수 $y=f(x)$의 그래프 위의 점 $(a, f(a))$에서의 접선이다.
❷ ❶에서 $g'(x)=f'(a)$임을 알 수 있다. 즉, $a<0$이면 $g'(a)$는 곡선 $y=f(x)$ 위의 점 중 x좌표가 음수인 점에서의 접선의 기울기를 의미한다.
❸ ❶에서 $g(a)=f(a)$이므로 $a<a<b<\beta$일 때, $f(a)<f(b)$인지 확인한다.
❹ $a>0$이므로 $\dfrac{f(a)}{a}$는 원점과 점 $(a, f(a))$를 지나는 직선의 기울기이다.

해설 |1단계| 함수 $y=f(x)$의 그래프를 그리고, 함수 $y=g(x)$의 그래프가 의미하는 것 이해하기

사차함수 $f(x)=x(x-\alpha)(x-\beta)(x-\gamma)$ $(0<\alpha<\beta<\gamma)$의 그래프의 개형은 다음 그림과 같다.

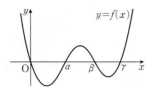

이때 함수 $g(x)=f'(a)(x-a)+f(a)$의 그래프는 곡선 $y=f(x)$ 위의 점 $(a, f(a))$에서의 접선과 같다.

|2단계| ㄱ의 참, 거짓 판별하기

ㄱ. $g'(x)=f'(a)$이므로 $g'(a)=f'(a)$이다.

이때 $a<0$이면 $f'(a)<0$이므로 $g'(a)<0$이다. (참)

|3단계| ㄴ의 참, 거짓 판별하기

ㄴ. $g(x)=f'(a)(x-a)+f(a)$에서 $g(a)=f(a)$이고, 구간 (α, β)에서 함수 $y=f(x)$의 그래프는 증가하다가 감소하므로 항상 $f(a)<f(b)$라고 할 수는 없다.

따라서 $\alpha<a<b<\beta$이면 $g(a)<f(b)$라고 할 수 없다. (거짓)

|4단계| ㄷ의 참, 거짓 판별하기

ㄷ. $a>0$이므로 $f(a)<ag'(x)$에서 $\dfrac{f(a)}{a}<g'(x)$이고

$g'(x)=f'(a)$이므로 $0<a<\alpha$일 때, $\dfrac{f(a)}{a}<f'(a)$인지 확인하면 된다.

$\dfrac{f(a)}{a}$는 두 점 $(0, 0)$, $(a, f(a))$를 잇는 직선의 기울기와 같으므로 다음 그림에서 $0<a<\alpha$일 때 항상 $\dfrac{f(a)}{a}<f'(a)$가 성립함을 알 수 있다. **why? ❶**

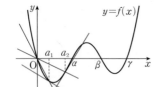

따라서 $0<a<\alpha$이면 $f(a)<ag'(x)$이다. (참)

따라서 옳은 것은 ㄱ, ㄷ이다.

해설특강 🖋

why? ❶ 직선의 기울기는 그 절댓값이 클수록 y축에 가깝다.

따라서 $\left|\dfrac{f(a_1)}{a_1}\right|>|f'(a_1)|$이므로

$-\dfrac{f(a_1)}{a_1}>-f'(a_1)$

$\therefore \dfrac{f(a_1)}{a_1}<f'(a_1)$

또, $\dfrac{f(a_2)}{a_2}<0$, $f'(a_2)>0$이므로

$\dfrac{f(a_2)}{a_2}<f'(a_2)$

출제영역 정적분의 계산＋다항함수의 미분법＋함수의 극대·극소

삼차함수 $f(x)$에 대하여 도함수 $f'(x)$의 그래프의 대칭성과 주어진 조건을 이용하여 함수 $f(x)$를 추론하고 정적분을 계산하여 그 최댓값을 구할 수 있는지를 묻는 문제이다.

> 최고차항의 계수가 1인 삼차함수 $f(x)$가 다음 조건을 만족시킨다. **❶**
>
> ㈎ 모든 실수 x에 대하여 $f'(x)=f'(-x)$ **❷**
> ㈏ 함수 $f(x)$는 $x=1$에서 극값을 갖는다. **❸**
> ㈐ $f(0)\leq 5$ **❹**
>
> $\displaystyle\int_0^2 f(x)dx$의 최댓값을 구하시오. 8 **❹**

출제코드 삼차함수 $f(x)$, 그 도함수 $f'(x)$의 식 추론하기

❶ 함수 $f(x)$의 최고차항의 계수가 1이고, 삼차함수임을 이용하여 함수식의 꼴을 추론한다.
➡ 미분하여 도함수 $f'(x)$를 구한다.

❷ 삼차함수 $f(x)$의 도함수 $f'(x)$의 그래프는 y축에 대하여 대칭임을 알 수 있다.
➡ 도함수 $f'(x)$의 식은 짝수 차수의 항 및 상수항으로만 이루어진다.

❸ $f'(1)=0$이다.

❹ $(f(x)$의 상수항$)\leq 5$임을 이용하여 $\displaystyle\int_0^2 f(x)dx$의 값의 범위를 구한다.

해설 |1단계| 함수 $f(x)$의 식을 정하고 도함수 $f'(x)$ 구하기

함수 $f(x)$는 최고차항의 계수가 1인 삼차함수이므로

$f(x)=x^3+ax^2+bx+c$ $(a, b, c$는 상수$)$

로 놓으면

$f'(x)=3x^2+2ax+b$

|2단계| 조건 ㈎, ㈏를 이용하여 도함수 $f'(x)$의 식 완성하기

조건 ㈎에서 $f'(x)=f'(-x)$이므로

$3x^2+2ax+b=3x^2-2ax+b$

$\therefore a=0$

또, 조건 ㈏에서 $f'(1)=0$이므로

$3+b=0$ $\therefore b=-3$

$\therefore f(x)=x^3-3x+c$, $f'(x)=3x^2-3$

|3단계| 조건 ㈐를 이용하여 $\displaystyle\int_0^2 f(x)dx$의 최댓값 구하기

조건 ㈐에서 $f(0)\leq 5$이므로 $c\leq 5$

$\therefore \displaystyle\int_0^2 f(x)dx=\int_0^2 (x^3-3x+c)dx$

$\qquad\qquad\qquad =\left[\dfrac{1}{4}x^4-\dfrac{3}{2}x^2+cx\right]_0^2$

$\qquad\qquad\qquad =4-6+2c$

$\qquad\qquad\qquad =-2+2c\leq 8$ **how? ❶**

따라서 구하는 최댓값은 8이다.

해설특강 🖋

how? ❶ $c\leq 5$이므로 $2c\leq 10$

$\therefore -2+2c\leq 8$

|정답 24

정적분의 활용 – 넓이 + 정적분의 계산

정적분으로 정의된 함수를 포함하는 방정식의 근을 구할 수 있는지를 묻는 문제이다.

$\dfrac{1}{2}<a<1$인 상수 a에 대하여 함수 $f(x)=x^2-2ax$이다. 방정식 $\displaystyle\int_0^x |f(t)|\,dt=\int_x^{2x}|f(t)|\,dt$ ❶의 서로 다른 세 실근을 각각 α, 1, β $(\alpha<1<\beta)$라 할 때, $(4a+2)^2$ ❷의 값을 구하시오. **24**

출제코드 주어진 방정식의 가장 작은 근 구하기

❶ 함수 $y=|f(x)|$의 그래프를 그린 다음 정적분과 넓이 사이의 관계를 파악한다.

❷ 주어진 방정식의 세 근 중 가장 작은 근을 구한다.

해설 |1단계| 함수 $y=|f(x)|$의 그래프를 좌표평면 위에 나타낸 다음 주어진 방정식의 세 실근의 범위 파악하기

함수 $y=|f(x)|=|x(x-2a)|$의 그래프는 다음 그림과 같다.

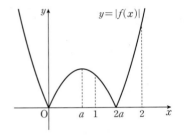

$x<0$인 경우

$$\int_0^x |f(t)|\,dt=\int_0^x f(t)\,dt=-\int_x^0 f(t)\,dt,$$

$$\int_x^{2x}|f(t)|\,dt=\int_x^{2x}f(t)\,dt=-\int_{2x}^x f(t)\,dt$$

에서 $\displaystyle\int_0^x|f(t)|\,dt>\int_x^{2x}|f(t)|\,dt$이므로 주어진 방정식을 만족시키는 음의 실근은 존재하지 않는다.

|2단계| 주어진 방정식을 만족시키는 x의 값 찾기

함수 $y=|f(x)|$의 그래프는 직선 $x=a$에 대하여 대칭이므로

$$\int_0^a |f(x)|\,dx=\int_a^{2a}|f(x)|\,dx$$

따라서 $x=a$는 주어진 방정식의 한 근이므로

$\alpha=a$ **why? ❶**

|3단계| a의 값을 구하여 $(4a+2)^2$의 값 구하기

한편, $x=1$은 주어진 방정식의 한 근이므로

$$\int_0^1 |f(t)|\,dt=\int_1^2 |f(t)|\,dt$$

$$\int_0^1 |f(x)|\,dx=\int_0^1 \{-f(x)\}\,dx$$
$$=\int_0^1 (-x^2+2ax)\,dx$$
$$=\left[-\frac{x^3}{3}+ax^2\right]_0^1=a-\frac{1}{3}$$

$$\int_1^2 |f(x)|\,dx=\int_1^{2a}\{-f(x)\}\,dx+\int_{2a}^2 f(x)\,dx$$
$$=\int_1^{2a}(-x^2+2ax)\,dx+\int_{2a}^2 (x^2-2ax)\,dx$$

$$=\left[-\frac{x^3}{3}+ax^2\right]_1^{2a}+\left[\frac{x^3}{3}-ax^2\right]_{2a}^2$$

$$=\left(-\frac{8}{3}a^3+4a^3\right)-\left(-\frac{1}{3}+a\right)+\left(\frac{8}{3}-4a\right)-\left(\frac{8}{3}a^3-4a^3\right)$$

$$=\frac{8}{3}a^3-5a+3$$

이므로

$$a-\frac{1}{3}=\frac{8}{3}a^3-5a+3$$

$$8a^3-18a+10=0,\ 4a^3-9a+5=0,\ (a-1)(4a^2+4a-5)=0$$

$$\therefore a=1\ \text{또는}\ a=\frac{-1-\sqrt{6}}{2}\ \text{또는}\ a=\frac{-1+\sqrt{6}}{2}$$

이때 $\dfrac{1}{2}<a<1$이므로 $a=\dfrac{-1+\sqrt{6}}{2}$

$$\therefore (4a+2)^2=(4a+2)^2=\left(4\times\frac{-1+\sqrt{6}}{2}+2\right)^2=24$$

해설 특강 ✎

why? ❶ a는 주어진 방정식의 한 근이고 $\dfrac{1}{2}<a<1$이다. 그런데 a는 주어진 방정식의 가장 작은 실근이고 $a<1$이므로 $\alpha=a$이다.

|정답 260

사차함수의 그래프의 개형 + 함수의 미분가능성 + 함수의 극대·극소

조건을 만족시키는 사차함수의 그래프의 개형을 추론하고 함수의 식을 구할 수 있는지를 묻는 문제이다.

최고차항의 계수가 2인 사차함수 $f(x)$가 다음 조건을 만족시킨다.

(가) 함수 $f'(x)$는 $x=0$에서 극값을 갖고, $f'(0)=0$이다. ❶
(나) 함수 $|f(x)-10|$은 오직 $x=a\ (a>0)$에서만 미분가능하지 않다. ❷
(다) 함수 $f(x)$의 극솟값은 -44이다.

$f(5)$의 값을 구하시오. **260**

출제코드 절댓값 기호가 있는 함수가 미분가능하지 않은 x의 값이 한 개인 경우 그래프의 개형 추론하기

❶ 함수 $y=f'(x)$의 그래프의 개형을 추론한다.

❷ 함수 $|f(x)-10|$이 $x=a$에서만 미분가능하지 않으면 $f(a)-10=0$이다.

해설 |1단계| 조건을 만족시키는 사차함수 $y=f(x)-10$의 그래프의 개형 추론하기

$g(x)=f(x)-10$으로 놓으면 함수 $f(x)$는 최고차항의 계수가 2인 사차함수이므로 함수 $g(x)$도 최고차항의 계수가 2인 사차함수이다.

$g(x)=f(x)-10$의 양변을 x에 대하여 미분하면

$$g'(x)=f'(x)$$

이때 조건 (가)에서 함수 $f'(x)$는 $x=0$에서 극값을 갖고, $f'(0)=0$이므로 $g'(0)=0$이고, 함수 $g'(x)$도 $x=0$에서 극값을 갖는다.

따라서 함수 $y=g'(x)$의 그래프의 개형은 다음 두 가지 중 하나이다. **how? ❶**

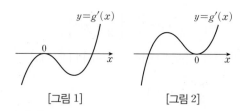

[그림 1]   [그림 2]

그런데 조건 (나)에서 함수 $|g(x)|$가 $x=a$ $(a>0)$에서만 미분가능하지 않으므로 $g(0)=f(0)-10=0$ **why? ❷**

$g(a)=0$ $(a>0)$

따라서 주어진 조건을 만족시키는 함수 $y=g'(x)$의 그래프의 개형은 위의 [그림 1]과 같아야 하고, **why? ❸**

함수 $y=g(x)$와 함수 $y=|g(x)|$의 그래프의 개형은 다음 그림과 같다.

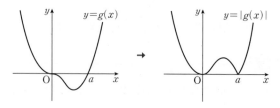

|2단계| 함수 $f(x)$의 식을 구하여 $f(5)$의 값 구하기

주어진 조건을 만족시키려면 함수 $g(x)$는

$g(x)=2x^3(x-a)=2x^4-2ax^3$ $(a>0)$

$\therefore f(x)=2x^4-2ax^3+10$

양변을 x에 대하여 미분하면 $f'(x)=8x^3-6ax^2$

조건 (다)에서 함수 $f(x)$의 극솟값은 -44이므로 이 값을 만족시키는 x의 값을 t $(t>0)$라 하면 $f'(t)=0$, $f(t)=-44$

$f'(t)=0$에서 $8t^3-6at^2=0$, $2t^2(4t-3a)=0$

$4t-3a=0$ $(\because t>0)$ $\therefore a=\dfrac{4}{3}t$

$f(t)=-44$에서 $2t^4-2at^3+10=-44$

$\therefore t^4-at^3=-27$

$a=\dfrac{4}{3}t$를 위의 식에 대입하면 $t^4-\dfrac{4}{3}t\times t^3=-27$

$-\dfrac{1}{3}t^4=-27$, $t^4=81$ $\therefore t=3$ $(\because t>0)$

따라서 $a=\dfrac{4}{3}t=\dfrac{4}{3}\times3=4$이므로 $f(x)=2x^4-8x^3+10$

$\therefore f(5)=2\times5^4-8\times5^3+10$

$\qquad =1250-1000+10=260$

해설특강 ✏️

how? ❶ 함수 $g(x)$는 최고차항의 계수가 2인 사차함수이므로 함수 $g'(x)$는 최고차항의 계수가 8인 삼차함수이다.
따라서 함수 $y=g'(x)$의 그래프의 개형은 $x=0$에서 x축에 접하고 오른쪽 위로 향하는 삼차함수의 그래프이다.

why? ❷ 함수 $|f(x)-10|$, 즉 $|g(x)|$는 $x=0$에서 미분가능하므로 함수 $y=g(x)$의 그래프는 $x=0$에서 접해야 한다.
$\therefore g(0)=0$

why? ❸ [그림 2]에서 $x>0$일 때 $g'(x)>0$이고, $g(0)=0$이므로 $x>0$에서 $g(x)>0$이다. 즉, $g(a)=0$인 a $(a>0)$의 값이 존재하지 않으므로 함수 $y=g'(x)$의 그래프의 개형은 [그림 1]과 같다.

1

|정답 31

출제영역 함수의 우극한과 좌극한 + 함수의 연속

$x=a$에서 불연속인 함수 $f(x)$에 대한 식으로 나타내어지는 함수가 $x=a$에서 연속이 되도록 하는 미지수의 값을 구할 수 있는지를 묻는 문제이다.

함수

$$f(x)=\begin{cases} -x^2+8 & (|x|<1) \\ 3x-2 & (|x|\geq1) \end{cases} ❶$$

에 대하여 함수

$$h(x)=|f(-x)|\{f(x)-k\}$$

라 하자. 함수 $h(x)$가 $x=1$에서 연속이 되도록 하는 상수 k의 값을 α, 함수 $h(x)$가 $x=-1$에서 연속이 되도록 하는 상수 k의 값을 β라 할 때, $\alpha+\beta$의 값을 구하시오. 31

출제코드 함수 $f(x)$와 $f(-x)$의 $x=1$, $x=-1$에서의 좌극한값과 우극한값을 구하여 연속성 판단하기

❶ 함수 $f(x)$가 $x=-1$과 $x=1$에서 불연속임을 알 수 있다.

❷ $x=1$, $x=-1$에서 함수 $h(x)$의 우극한값과 좌극한값, 함숫값을 각각 구하여 일치하는지 확인한다.

해설 **|1단계|** 함수 $f(x)$의 그래프 그리기

함수 $f(x)=\begin{cases} -x^2+8 & (|x|<1) \\ 3x-2 & (|x|\geq1) \end{cases}$의 그래프는

오른쪽 그림과 같다.

|2단계| α의 값 구하기

(i) 함수 $h(x)$가 $x=1$에서 연속이려면

$\displaystyle\lim_{x\to1+}h(x)=\lim_{x\to1-}h(x)=h(1)$이어야 한다.

$\displaystyle\lim_{x\to1+}h(x)=\lim_{x\to1+}|f(-x)|\{f(x)-k\}$

$\qquad =\lim_{t\to-1-}|f(t)|\lim_{x\to1+}\{f(x)-k\}$ **why? ❶**

$\qquad =5(1-k)$

$\displaystyle\lim_{x\to1-}h(x)=\lim_{x\to1-}|f(-x)|\{f(x)-k\}$

$\qquad =\lim_{t\to-1+}|f(t)|\lim_{x\to1-}\{f(x)-k\}$ **why? ❶**

$\qquad =7(7-k)$

$h(1)=|f(-1)|\{f(1)-k\}=5(1-k)$

에서 $5(1-k)=7(7-k)$, $2k=44$

$\therefore k=22$ $\therefore \alpha=22$

|3단계| β의 값 구하기

(ii) 함수 $h(x)$가 $x=-1$에서 연속이려면

$\displaystyle\lim_{x\to-1+}h(x)=\lim_{x\to-1-}h(x)=h(-1)$이어야 한다.

$\displaystyle\lim_{x\to-1+}h(x)=\lim_{x\to-1+}|f(-x)|\{f(x)-k\}$

$\qquad =\lim_{t\to1-}|f(t)|\lim_{x\to-1+}\{f(x)-k\}$ **why? ❶**

$\qquad =7(7-k)$

$$\lim_{x \to -1-} h(x) = \lim_{x \to -1-} |f(-x)| \{f(x)-k\}$$
$$= \lim_{t \to 1+} |f(t)| \lim_{x \to -1-} \{f(x)-k\} \text{ why?❶}$$
$$= 1 \times (-5-k) = -5-k$$

$$h(-1) = |f(1)| \{f(-1)-k\} = -5-k$$

에서

$$7(7-k) = -5-k, \ 6k = 54$$

$$\therefore k = 9 \qquad \therefore \beta = 9$$

|4단계| $\alpha+\beta$의 값 구하기

(ⅰ), (ⅱ)에 의하여

$$\alpha+\beta = 22+9 = 31$$

해설 특강 ✐

why?❶ $-x=t$로 놓으면

$x \to 1+$일 때 $t \to -1-$, $x \to 1-$일 때 $t \to -1+$,

$x \to -1+$일 때 $t \to 1-$, $x \to -1-$일 때 $t \to 1+$

이므로

$$\lim_{x \to 1+} |f(-x)| = \lim_{t \to -1-} |f(t)|$$
$$\lim_{x \to 1-} |f(-x)| = \lim_{t \to -1+} |f(t)|$$
$$\lim_{x \to -1+} |f(-x)| = \lim_{t \to 1-} |f(t)|$$
$$\lim_{x \to -1-} |f(-x)| = \lim_{t \to 1+} |f(t)|$$

---

2 |정답 ③

도함수의 그래프를 보고 함수의 그래프의 개형을 추론한 후 함수가 극값을 가지게 되는 조건을 구할 수 있는지를 묻는 문제이다.

> 삼차함수 $f(x)$와 일차함수 $g(x)$의 도함수 $y=f'(x)$, $y=g'(x)$의 그래프가 그림과 같다. **❶**
>
>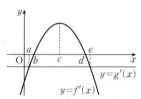
>
> $f(a)=f(c)=f(e)=0$, $g(c)=0$이고 함수 $h(x)=f(x)g(x)$가 $x=p$와 $x=q$에서 극소일 때, 다음 중 옳은 것은? (단, $p<q$) **❷**
>
> ① $p<a$, $q>e$ 　　　 ② $a<p<b$, $q>e$
> ✓③ $a<p<b$, $d<q<e$ 　 ④ $b<p<c$, $c<q<d$
> ⑤ $p=a$, $q=e$

출제코드 함수 $h(x)$의 증가와 감소를 조사하여 함수 $h(x)=f(x)g(x)$가 $x=p$와 $x=q$에서 극소가 되도록 하는 조건 구하기

❶ $f(x)$의 도함수 $f'(x)$의 부호를 조사하여 삼차함수 $f(x)$의 증가와 감소를 판단한다. 또, $g(x)$의 도함수 $g'(x)$는 $g'(x)<0$인 상수함수이므로 일차함수 $y=g(x)$의 그래프는 기울기가 음수인 직선임을 알 수 있다.

❷ 함수 $h(x)$는 미분가능한 함수이므로 $h'(p)=h'(q)=0$이고, $x=p$와 $x=q$의 좌우에서 $h'(x)$의 부호가 음에서 양으로 바뀌어야 한다.

해설 **|1단계| 두 함수 $y=f(x)$, $y=g(x)$의 그래프 그리기**

주어진 도함수 $y=f'(x)$의 그래프에서 삼차함수 $y=f(x)$의 증가와 감소를 표로 나타내면 다음과 같다.

x	$\cdots$	b	$\cdots$	d	$\cdots$
$f'(x)$	$-$	0	$+$	0	$-$
$f(x)$	↘	극소	↗	극대	↘

함수 $f(x)$는 $x=b$에서 극소, $x=d$에서 극대이며
$f(a)=f(c)=f(e)=0$이다.

또, 일차함수 $g(x)$의 도함수 $g'(x)$는
상수함수이고 $g'(x)<0$, $g(c)=0$
이므로 두 함수 $y=f(x)$, $y=g(x)$
의 그래프는 오른쪽 그림과 같다.

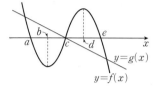

|2단계| 함수 $h'(x)$의 부호 구하기

이때 $h(x)=f(x)g(x)$에서 $h'(x)=f'(x)g(x)+f(x)g'(x)$이므로 $h'(x)$의 부호를 표로 나타내면 다음과 같다.

	$f'(x)g(x)$	$f(x)g'(x)$	$h'(x)$
$x<a$	$-$	$-$	$-$
$a<x<b$	$-$	$+$	
$b<x<c$	$+$	$+$	$+$
$c<x<d$	$-$	$-$	$-$
$d<x<e$	$+$	$-$	
$x>e$	$+$	$+$	$+$ **how?❶**

|3단계| p, q의 값의 범위 구하기

함수 $h'(x)$는 실수 전체의 집합에서 연속이므로 사잇값의 정리에 의하여 $a<x<b$, $d<x<e$에서 $h'(x)=0$을 만족시키는 x의 값이 각각 한 개씩 존재하고, 각각의 x의 값의 좌우에서 $h'(x)$의 부호가 음에서 양으로 바뀐다. 즉, 함수 $h(x)$는 그 x의 값에서 극소이다.

따라서 $a<p<b$, $d<q<e$이다.

해설 특강 ✐

how?❶ $h'(x)=f'(x)g(x)+f(x)g'(x)$이므로 네 함수 $f'(x)$, $g(x)$, $f(x)$, $g'(x)$의 부호를 조사하여 표로 나타내면 다음과 같다.

	$f'(x)$	$g(x)$	$f(x)$	$g'(x)$
$x<a$	$-$	$+$	$+$	
$a<x<b$	$-$	$+$	$-$	
$b<x<c$	$+$	$+$	$-$	
$c<x<d$	$+$	$-$	$+$	$-$
$d<x<e$	$-$	$-$	$+$	
$x>e$	$-$	$-$	$-$	

참고 함수 $h'(x)$는 삼차함수이므로 $h'(x)=0$을 만족시키는 x의 값은 3개이다.

이때 $h'(c)=f'(c)g(c)+f(c)g'(c)=0$이므로 $x=c$는 $h'(x)=0$을 만족시킨다.

따라서 $h'(x)=0$을 만족시키는 x의 값은 $a<x<b$, $d<x<e$에서 각각 1개씩 존재한다.

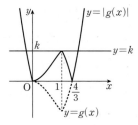

$y=|g(x)|$

$y=k$

$y=g(x)$

출제영역 방정식의 실근의 개수

주어진 조건을 이용하여 방정식이 서로 다른 세 개의 실근을 가지도록 하는 미지수의 값을 구할 수 있는지를 묻는 문제이다.

> 최고차항의 계수가 1이고 $f'(0) \geq 0$인 삼차함수 $f(x)$에 대하여 함수 $g(x)$를
> $$g(x) = f(x) + f'(x) + |f(x) - f'(x)|$$
> 라 할 때, 두 함수 $f(x)$, $g(x)$가 다음 조건을 만족시킨다.
>
> > ㈎ $f(0) = g(0) = 0$ ❶
> > ㈏ 함수 $g(x)$는 $x = 4$에서 미분가능하지 않다.
>
> 방정식 $|g(x)| = k$의 서로 다른 실근의 개수가 3일 때, $g(k+1)$ ❷
> 의 값을 구하시오. (단, k는 상수이다.) 30

출제코드 주어진 조건을 만족시키는 삼차함수 $f(x)$ 구하기

❶ 주어진 식에 $x = 0$을 대입한다.
❷ 함수 $y = |g(x)|$의 그래프와 직선 $y = k$가 서로 다른 세 점에서 만난다.

해설 |1단계| 삼차함수 $f(x)$ 구하기

$g(x) = f(x) + f'(x) + |f(x) - f'(x)|$에 $x = 0$을 대입하면

$g(0) = f(0) + f'(0) + |f(0) - f'(0)|$

조건 ㈎에 의하여

$0 = f'(0) + |f'(0)|$

이때 $f'(0) \geq 0$이므로

$2f'(0) = 0$ $\therefore f'(0) = 0$

즉, $f(0) = f'(0) = 0$이고, $f(x)$는 최고차항의 계수가 1인 삼차함수

이므로 $f(x) = x^2(x-a)$ (a는 상수)로 놓으면

$f'(x) = 2x(x-a) + x^2 = x(3x - 2a)$

한편,

$$g(x) = \begin{cases} 2f(x) & (f(x) \geq f'(x)) \\ 2f'(x) & (f(x) < f'(x)) \end{cases}$$

이므로 함수 $g(x)$는 $f(x) \neq f'(x)$인 모든 실수 x에 대하여 미분가능하다. **why?** ❶

이때 조건 ㈏에 의하여 함수 $g(x)$는 $x = 4$에서 미분가능하지 않으므로

$f(4) = f'(4)$

즉, $16(4-a) = 4(12 - 2a)$이므로

$a = 2$

$\therefore f(x) = x^2(x-2)$, $f'(x) = x(3x-4)$

|2단계| 함수 $g(x)$를 구하여 함수 $y = |g(x)|$의 그래프 그리기

$f(x) - f'(x) = x^2(x-2) - x(3x-4)$

$\qquad\qquad = x(x^2 - 5x + 4)$

$\qquad\qquad = x(x-1)(x-4)$

이므로

$$g(x) = \begin{cases} 2x^2(x-2) & (0 \leq x \leq 1 \text{ 또는 } x \geq 4) \\ 2x(3x-4) & (x < 0 \text{ 또는 } 1 < x < 4) \end{cases}$$

이고, 함수 $y = |g(x)|$의 그래프는 다음 그림과 같다.

|3단계| k의 값을 구하여 $g(k+1)$의 값 구하기

방정식 $|g(x)| = k$의 서로 다른 실근의 개수가 3이 되려면 함수 $y = |g(x)|$의 그래프와 직선 $y = k$가 서로 다른 세 점에서 만나야 하므로

$k = |g(1)| = |2 \times 1 \times (-1)| = 2$

$\therefore g(k+1) = g(3)$

$\qquad\qquad = 2 \times 3 \times (9-4)$

$\qquad\qquad = 30$

해설특강

why? ❶ $f(x)$가 다항함수이므로 모든 실수 x에 대하여 미분가능하다.
따라서 함수 $g(x)$도 $f(x) \neq f'(x)$인 모든 실수 x에 대하여 미분가능하다.

출제영역 정적분의 계산 + 미분계수의 기하적 의미

미분가능한 함수 $f(x)$에 대한 조건이 주어질 때, 정적분의 값을 구할 수 있는지를 묻는 문제이다.

> 실수 전체의 집합에서 미분가능한 함수 $f(x)$가 다음 조건을 만족시킨다.
>
> > ㈎ $0 \leq x \leq 1$에서 $f(x) = x^2 + 2x + 2$이다. ❶
> > ㈏ $f'(x)$의 최댓값과 최솟값은 각각 4, 2이다.
>
> $\int_{-1}^{2} f(x)\,dx$의 최댓값이 $\dfrac{q}{p}$일 때, $p+q$의 값을 구하시오. 37 ❷
> (단, p와 q는 서로소인 자연수이다.)

출제코드 $x \leq 0$, $x \geq 1$일 때 함수 $f(x)$의 식 구하기

❶ 구간 $[0, 1]$에서 함수 $y = f(x)$의 그래프는 이차함수의 그래프의 일부이다.
❷ 정적분의 성질을 이용하여 구간을 나누어 정적분의 값을 구한다.

해설 |1단계| $f'(0)$, $f'(1)$의 값 구하기

함수 $f(x)$는 실수 전체의 집합에서 미분가능하므로 $0 \leq x \leq 1$에서

$f'(x) = 2x + 2$

$\therefore f'(0) = 2$, $f'(1) = 4$

|2단계| $\int_{-1}^{2} f(x)dx$의 값이 최대가 될 때의 함수 $f(x)$의 식 추론하기

조건 (나)에서 함수 $f'(x)$는 $x=1$에서 최댓값 4를 가지므로

$x\geq1$일 때, $f'(x)\leq4$

따라서 $\int_{1}^{2} f(x)dx$의 값이 최대이려면 $f'(x)=4$이어야 하므로

$f(x)=4x+C_1$

이때 $f(1)=5$이므로

$4+C_1=5$ $\quad\therefore C_1=1$

$\therefore f(x)=4x+1$

또, 함수 $f'(x)$는 $x=0$에서 최솟값 2를 가지므로

$x\leq0$일 때, $f'(x)\geq2$

따라서 $\int_{-1}^{0} f(x)dx$의 값이 최대이려면 $f'(x)=2$이어야 하므로

$f(x)=2x+C_2$

이때 $f(0)=2$이므로

$C_2=2$

$\therefore f(x)=2x+2$

주어진 조건을 만족시키는 함수 $y=f(x)$의 그래프는 다음 그림과 같다.

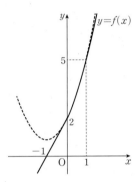

|3단계| $\int_{-1}^{2} f(x)dx$의 최댓값 구하기

$\int_{-1}^{2} f(x)dx$의 최댓값은

$\int_{-1}^{2} f(x)dx=\int_{-1}^{0} f(x)dx+\int_{0}^{1} f(x)dx+\int_{1}^{2} f(x)dx$

$\qquad=\int_{-1}^{0}(2x+2)dx+\int_{0}^{1}(x^2+2x+2)dx+\int_{1}^{2}(4x+1)dx$

$\qquad=\left[x^2+2x\right]_{-1}^{0}+\left[\dfrac{x^3}{3}+x^2+2x\right]_{0}^{1}+\left[2x^2+x\right]_{1}^{2}$

$\qquad=1+\dfrac{10}{3}+7$

$\qquad=\dfrac{34}{3}$

즉, $p=3$, $q=34$이므로

$p+q=3+34=37$

출제영역 정적분의 계산＋정적분으로 정의된 함수＋미분계수의 기하적 의미

정적분으로 정의된 함수의 식을 구하여 미분계수의 기하적 의미를 이용하여 정적분의 값을 계산할 수 있는지를 묻는 문제이다.

> 함수 $f(x)=\int_{-1}^{x}(|t|+|t-1|)dt$의 그래프는 **두 직선** ❶
> $y=2x+a$, $y=2x+b$ $(a<b)$**와 각각 서로 다른 두 점에서 만난** ❷
> **다.** 함수 $y=f(x)$의 그래프와 직선 $y=2x+a$가 만나는 두 점 중 제1사분면의 점을 $(\alpha, f(\alpha))$라 하고, 함수 $y=f(x)$의 그래프와 직선 $y=2x+b$가 만나는 두 점 중 제2사분면의 점을 $(\beta, f(\beta))$라 할 때, $\int_{\beta}^{\alpha} f(x)dx$의 값을 구하시오. (단, a, b는 상수이다.) **5**

출제코드 $y=f(x)$의 그래프의 접선의 기울기가 2일 때의 x좌표 구하기

❶ 정적분으로 정의된 함수를 미분한 다음 다시 적분하여 함수식을 구한다.

❷ 주어진 함수 $y=f(x)$의 그래프가 두 직선과 각각 서로 다른 두 점에서 만나려면 함수 $y=f(x)$의 그래프와 두 직선은 각각 접해야 한다.

해설 **|1단계|** 정적분으로 정의된 함수 $f(x)$ 구하기

$f(x)=\int_{-1}^{x}(|t|+|t-1|)dt$의 양변을 미분하면

$f'(x)=|x|+|x-1|$

$\therefore f'(x)=\begin{cases} -2x+1 & (x<0) \\ 1 & (0\leq x<1) \\ 2x-1 & (x\geq1) \end{cases}$

함수 $f(x)$는 실수 전체의 집합에서 연속이고 $f(-1)=0$이므로

$f(x)=\begin{cases} -x^2+x+2 & (x<0) \\ x+2 & (0\leq x<1) \\ x^2-x+3 & (x\geq1) \end{cases}$ **how? ❶**

|2단계| α, β의 값 구하기

따라서 함수 $y=f(x)$의 그래프는 다음 그림과 같다.

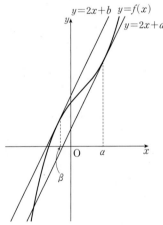

곡선 $y=x^2-x+3$과 직선 $y=2x+a$가 접할 때, 함수 $y=f(x)$의 그래프와 직선 $y=2x+a$는 서로 다른 두 점에서 만나고 제1사분면의 점 $(\alpha, f(\alpha))$에서 접한다.

$y=x^2-x+3$에서

$y'=2x-1$

곡선 $y=x^2-x+3$ 위의 x좌표가 α인 점에서의 접선의 기울기가 2이므로

$2a-1=2$

$\therefore a=\dfrac{3}{2}$

또, 곡선 $y=-x^2+x+2$와 직선 $y=2x+b$가 접할 때, 함수 $y=f(x)$의 그래프와 직선 $y=2x+b$는 서로 다른 두 점에서 만나고 제2사분면의 점 $(\beta,\ f(\beta))$에서 접한다.

$y=-x^2+x+2$에서

$y'=-2x+1$

곡선 $y=-x^2+x+2$ 위의 x좌표가 β인 점에서의 접선의 기울기가 2 이므로

$-2\beta+1=2$

$\therefore \beta=-\dfrac{1}{2}$

|3단계| $\displaystyle\int_{\beta}^{a}f(x)dx$의 값 구하기

$\displaystyle\therefore \int_{\beta}^{a}f(x)dx$

$\displaystyle=\int_{-\frac{1}{2}}^{\frac{3}{2}}f(x)dx$

$\displaystyle=\int_{-\frac{1}{2}}^{0}(-x^2+x+2)dx+\int_{0}^{1}(x+2)dx+\int_{1}^{\frac{3}{2}}(x^2-x+3)dx$

$=\left[-\dfrac{x^3}{3}+\dfrac{x^2}{2}+2x\right]_{-\frac{1}{2}}^{0}+\left[\dfrac{x^2}{2}+2x\right]_{0}^{1}+\left[\dfrac{x^3}{3}-\dfrac{x^2}{2}+3x\right]_{1}^{\frac{3}{2}}$

$=\dfrac{5}{6}+\dfrac{5}{2}+\dfrac{5}{3}$

$=5$

해설특강

how? ❶ $f'(x)=\begin{cases}-2x+1 & (x<0)\\ 1 & (0\le x<1)\\ 2x-1 & (x\ge 1)\end{cases}$

에서

$f(x)=\begin{cases}-x^2+x+C_1 & (x<0)\\ x+C_2 & (0\le x<1)\\ x^2-x+C_3 & (x\ge 1)\end{cases}$

$f(-1)=0$이므로

$-1-1+C_1=0$ $\therefore C_1=2$

함수 $f(x)$는 $x=0$에서 연속이므로

$C_2=C_1=2$

함수 $f(x)$는 $x=1$에서 연속이므로

$C_3=1+C_2=3$

$\therefore f(x)=\begin{cases}-x^2+x+2 & (x<0)\\ x+2 & (0\le x<1)\\ x^2-x+3 & (x\ge 1)\end{cases}$

출제영역 적분과 미분의 관계

삼차함수의 정적분으로 정의된 함수의 그래프와 직선의 교점의 개수에 대한 조건 이 주어질 때, 적분과 미분의 관계와 사차함수의 그래프의 특징을 이용하여 미정 계수를 구할 수 있는지를 묻는 문제이다.

삼차함수

$$f(x)=(x-a)(x-2a-1)(x-3a+1)$$

에 대하여 함수 $g(x)$를

$$g(x)=\int_{a}^{x}f(t)dt \quad ❶$$

라 정의하자. 임의의 실수 k에 대하여 곡선 $y=g(x)$와 직선 $y=k$가 만나는 점의 개수가 2 이하가 되도록 하는 모든 실수 a의 ❷ 값을 작은 수부터 크기순으로 나열한 것을 a_1, a_2, $\cdots$, a_m (m은 자연수)이라 할 때, $m+\displaystyle\sum_{n=1}^{m}a_n=\dfrac{q}{p}$이다. $p+q$의 값을 구하시오. 11

(단, p와 q는 서로소인 자연수이다.)

출제코드 실수 a와 k가 어떤 값을 갖더라도 함수 $y=g(x)$의 그래프와 직선 $y=k$의 교점의 개수가 2 이하가 되도록 하는 실수 a의 값 구하기

❶ 함수 $g(x)$의 도함수가 $f(x)$이므로 $g(x)$는 사차함수이고, $g(x)$가 극값 을 갖는 x의 값은 $x=a$ 또는 $x=2a+1$ 또는 $x=3a-1$임을 알 수 있다.

❷ 실수 a의 값은 곡선 $y=g(x)$의 y축의 방향으로의 평행이동과 관련된 상 수이고, a와 k가 어떤 값을 갖더라도 곡선 $y=g(x)$와 직선 $y=k$의 교점 의 개수가 2 이하가 되는 사차함수 $y=g(x)$의 그래프의 개형을 추론할 수 있다.

해설 |1단계| 임의의 실수 a, k에 대하여 곡선 $y=g(x)$와 직선 $y=k$가 만나 는 서로 다른 점의 개수가 2 이하가 되도록 하는 함수 $y=g(x)$의 그래프의 개형 파악하기

$f(x)$가 삼차함수이므로 함수 $g(x)=\displaystyle\int_{a}^{x}f(t)dt$는 최고차항의 계수 가 양수인 사차함수이다.

이때 적분의 아래끝인 상수 a의 값에 따라 함수 $y=g(x)$의 그래프는 y축의 방향으로 평행이동하고 직선 $y=k$는 x축에 평행한 직선이므로 함수 $g(x)$가 극댓값과 극솟값을 모두 가지면 곡선 $y=g(x)$와 직선 $y=k$가 만나는 서로 다른 점의 개수가 3 또는 4인 경우가 생기게 된다.

즉, 임의의 실수 a, k에 대하여 곡선 $y=g(x)$와 직선 $y=k$가 만나는 서로 다른 점의 개수가 2 이하가 되려면 함수 $y=g(x)$의 그래프의 개형은 다음과 같이 극솟값 하나만을 가져야 한다.

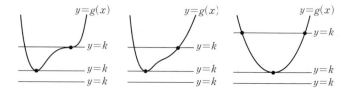

|2단계| 함수 $g(x)$가 |1단계|에서 구한 그래프의 개형을 갖도록 하는 함수 $y=f(x)$ 의 그래프의 조건 구하기

함수 $g(x)$가 극솟값 하나만을 가지려면 함수 $y=g'(x)=f(x)$의 그 래프가 x축과 오직 한 점에서 만나거나 두 점에서만 만나야 한다.

|3단계| 조건을 만족시키는 상수 a의 값 구하기

$g'(x)=f(x)=0$에서

$x=a$ 또는 $x=2a+1$ 또는 $x=3a-1$

이므로

$a=2a+1$ 또는 $2a+1=3a-1$ 또는 $a=3a-1$ 또는

$a=2a+1=3a-1$ **why?❶**

이어야 한다.

(i) $a=2a+1$일 때, 즉 $a=-1$일 때

$$f(x)=(x+4)(x+1)^2$$

이므로 함수 $g(x)$의 증가와 감소를 표로 나타내면 다음과 같다.

x	$\cdots$	-4	$\cdots$	-1	$\cdots$
$g'(x)$	$-$	0	$+$	0	$+$
$g(x)$	$\searrow$	극소	$\nearrow$	$g(-1)$	$\nearrow$

따라서 $a=-1$일 때 조건을 만족시킨다.

(ii) $2a+1=3a-1$일 때, 즉 $a=2$일 때

$$f(x)=(x-2)(x-5)^2$$

이므로 함수 $g(x)$의 증가와 감소를 표로 나타내면 다음과 같다.

x	$\cdots$	2	$\cdots$	5	$\cdots$
$g'(x)$	$-$	0	$+$	0	$+$
$g(x)$	$\searrow$	극소	$\nearrow$	$g(5)$	$\nearrow$

따라서 $a=2$일 때 조건을 만족시킨다.

(iii) $a=3a-1$일 때, 즉 $a=\dfrac{1}{2}$일 때

$$f(x)=\left(x-\frac{1}{2}\right)^2(x-2)$$

이므로 함수 $g(x)$의 증가와 감소를 표로 나타내면 다음과 같다.

x	$\cdots$	$\dfrac{1}{2}$	$\cdots$	2	$\cdots$
$g'(x)$	$-$	0	$-$	0	$+$
$g(x)$	$\searrow$	$g\left(\frac{1}{2}\right)$	$\searrow$	극소	$\nearrow$

따라서 $a=\dfrac{1}{2}$일 때 조건을 만족시킨다.

(iv) $a=2a+1=3a-1$인 실수 a의 값은 존재하지 않는다.

|4단계| $m+\sum\limits_{n=1}^{m} a_n$의 값 구하기

(i)~(iv)에 의하여

$a_1=-1$, $a_2=\dfrac{1}{2}$, $a_3=2$이고, $m=3$이므로

$$m+\sum_{n=1}^{m} a_n=3+(-1)+\frac{1}{2}+2=\frac{9}{2}$$

따라서 $p=2$, $q=9$이므로

$$p+q=2+9=11$$

해설특강 ✐

why?❶ $a=2a+1$ 또는 $2a+1=3a-1$ 또는 $a=3a-1$일 때는 함수 $y=g'(x)$의 그래프가 x축과 두 점에서 만나고 $a=2a+1=3a-1$ 일 때는 함수 $y=g'(x)$의 그래프가 x축과 오직 한 점에서 만난다.

8회

1 104	**2** 8	**3** 28	**4** 65	**5** ①	**6** 102

1 　|정답 **104**

출제영역 함수의 미분가능성＋함수의 극대·극소

절댓값이 포함된 함수가 미분가능하지 않은 실수가 1개가 되기 위한 사차함수의 그래프의 개형을 추론할 수 있는지를 묻는 문제이다.

> 최고차항의 계수가 2이고 극댓값과 극솟값을 가지는 삼차함수 $f(x)$에 대하여 함수 $g(x)$를 $g(x)=(x-2)f(x)$라 할 때, 함수 **❶** $g(x)$가 다음 조건을 만족시킨다.
>
> ㈎ 함수 $|g(x)|$의 미분가능하지 않은 실수 x는 1개이다. **❷**
>
> ㈏ 함수 $g(x)$는 $x=-\dfrac{11}{8}$에서 극값을 갖는다.
>
> $g(4)$의 값을 구하시오.　104

출제코드 사차함수 $y=g(x)$의 그래프의 개형 추론하기

❶ 함수 $g(x)$는 최고차항의 계수가 2인 사차함수이다.

❷ 함수 $|g(x)|$가 $x=a$에서 미분가능하지 않을 조건
  ➡ $g(a)=0$, $g'(a)\neq0$임을 이용한다.

해설 **|1단계|** 사차함수 $y=g(x)$의 그래프의 개형 추론하기

사차함수 $y=g(x)$의 그래프의 개형이 [그림 1] 또는 [그림 2]와 같은 경우, x축의 위치에 관계없이 $g(a)=0$, $g'(a)\neq0$을 만족시키는 실수 a의 개수는 항상 4 또는 4이므로 조건 ㈎를 만족시키지 않는다.

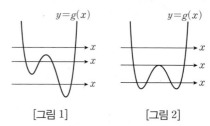

[그림 1]　　　　[그림 2]

따라서 함수 $y=g(x)$의 그래프의 개형은 [그림 3] 또는 [그림 4]이다.

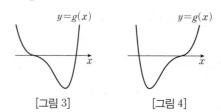

[그림 3]　　　　[그림 4]

|2단계| 조건 ㈏를 이용하여 함수 $g(x)$의 식 구하기

즉, 함수 $g(x)$를

$$g(x)=2(x-a)^3(x-b)\ (a,\ b는\ 상수)\ \text{why?❶}$$

로 놓을 수 있다.

$b=2$이면 $g(x)=2(x-a)^3(x-2)=(x-2)f(x)$에서

$$f(x)=2(x-a)^3$$

이때 함수 $f(x)$는 극댓값과 극솟값을 가지지 않으므로 조건을 만족시키지 않는다.

$\therefore a=2$ **how?❷**

따라서 $g(x)=2(x-2)^3(x-b)$이므로

$$g'(x)=6(x-2)^2(x-b)+2(x-2)^3$$
$$=2(x-2)^2(4x-3b-2)$$

$g'(x)=0$에서

$x=2$ 또는 $x=\dfrac{3b+2}{4}$

함수 $g(x)$가 $x=\dfrac{3b+2}{4}$에서 극값을 가지므로 조건 (내)에 의하여

$$\dfrac{3b+2}{4}=-\dfrac{11}{8}$$

$$\therefore b=-\dfrac{5}{2}$$

|3단계| $g(4)$의 값 구하기

즉, $g(x)=(x-2)^3(2x+5)$이므로

$$g(4)=8\times13=104$$

해설 특강

why? ❶ 함수 $g(x)$는 최고차항의 계수가 2인 사차함수이고 그 그래프는 x축과 두 점에서 만나며 그 중 한 점에서 접한다.

how? ❷ $a=2$이면 $g(x)=2(x-2)^3(x-b)=(x-2)f(x)$에서
$f(x)=2(x-2)^2(x-b)$ $(b\ne2)$
이므로 함수 $f(x)$는 극댓값과 극솟값을 갖는다.

2　　　　　　　　　　　　　　　**|정답 8**

출제영역 함수의 연속＋연속함수의 성질＋함수의 극한과 미정계수의 결정

두 함수의 곱으로 이루어진 함수가 연속이 되도록 하는 조건을 구할 수 있는지를 묻는 문제이다.

두 함수 $f(x)$, $g(x)$가

$$f(x)=\begin{cases} x^2+a & (x\le0) \\ -\dfrac{1}{2}x+5 & (x>0) \end{cases},$$

$$g(x)=x+2$$

이다. 0이 아닌 모든 실수 p에 대하여 $\displaystyle\lim_{x\to p}\dfrac{f(x)}{g(x)}$의 값이 존재할 ❶ 때, 함수 $f(x)f(x-k)$가 $x=k$에서 연속이 되도록 하는 모든 실수 k의 값의 합을 구하시오. (단, a는 상수이다.) 8 ❷

출제코드 $k=0$일 때와 $k\ne0$일 때로 나누어 함수 $f(x)f(x-k)$가 연속일 조건 찾기

❶ $p=-2$일 때에도 극한값이 존재하고 (분모) → 0이므로 (분자) → 0이다.
즉, $\displaystyle\lim_{x\to-2}f(x)=0$임을 이용하여 a의 값을 구할 수 있다.

❷ $a\ne5$일 때, 함수 $f(x)$는 $x=0$에서 불연속인 함수이므로 $k=0$일 때와 $k\ne0$일 때로 나누어 함수 $f(x)f(x-k)$가 $x=k$에서 연속이 되도록 하는 모든 실수 k의 값을 구한다.

해설 **|1단계| 주어진 함수의 극한에 대한 조건으로부터 a의 값 구하기**

0이 아닌 모든 실수 p에 대하여 $\displaystyle\lim_{x\to p}\dfrac{f(x)}{g(x)}$의 값이 존재하므로

$\displaystyle\lim_{x\to-2}\dfrac{f(x)}{g(x)}$의 값도 존재한다.

따라서 $\displaystyle\lim_{x\to-2}\dfrac{f(x)}{g(x)}$에서 $x\to-2$일 때 극한값이 존재하고 (분모) → 0이므로 (분자) → 0이다.

즉, $\displaystyle\lim_{x\to-2}f(x)=0$이므로

$$f(-2)=0$$

$$4+a=0$$

$$\therefore a=-4$$

|2단계| 함수 $y=f(x)$의 그래프를 그리고, 함수 $f(x)f(x-k)$가 연속일 조건 찾기

함수 $y=f(x)$의 그래프는 다음 그림과 같으므로 함수 $f(x)$는 $x=0$에서 불연속이고, 함수 $f(x-k)$는 $x=k$에서 불연속이다.

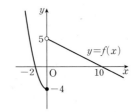

따라서 함수 $f(x)f(x-k)$가 $x=k$에서 연속이려면 $k=0$일 때와 $k\ne0$일 때로 나누어 연속성을 조사해야 한다.

|3단계| $k=0$일 때, 함수 $f(x)f(x-k)$의 연속성 조사하기

(i) $k=0$일 때

$$\lim_{x\to k+}f(x)f(x-k)=\lim_{x\to0+}\{f(x)\}^2=5^2=25$$

$$\lim_{x\to k-}f(x)f(x-k)=\lim_{x\to0-}\{f(x)\}^2=(-4)^2=16$$

즉, $\displaystyle\lim_{x\to k+}f(x)f(x-k)\ne\lim_{x\to k-}f(x)f(x-k)$이므로 $k=0$일 때 함수 $f(x)f(x-k)$는 $x=k$에서 불연속이다.

|4단계| $k\ne0$일 때, 함수 $f(x)f(x-k)$의 연속성 조사하기

(ii) $k\ne0$일 때

$$\lim_{x\to k+}f(x)f(x-k)=f(k)\times\lim_{t\to0+}f(t)=5f(k)$$

$$\lim_{x\to k-}f(x)f(x-k)=f(k)\times\lim_{t\to0-}f(t)=-4f(k)$$ **how? ❶**

$$f(k)f(0)=-4f(k)$$

따라서 함수 $f(x)f(x-k)$가 $x=k$에서 연속이려면

$$\lim_{x\to k+}f(x)f(x-k)=\lim_{x\to k-}f(x)f(x-k)=f(k)f(0)$$

이어야 하므로

$$5f(k)=-4f(k)\qquad\therefore f(k)=0$$

(i), (ii)에 의하여 함수 $f(x)f(x-k)$가 $x=k$에서 연속이려면 $k\ne0$이고 $f(k)=0$이어야 한다.

|5단계| 함수 $f(x)f(x-k)$가 연속이 되도록 하는 모든 실수 k의 값의 합 구하기

$k>0$일 때, $f(k)=0$에서

$$-\dfrac{1}{2}k+5=0$$

$$\therefore k=10$$

$k<0$일 때, $f(k)=0$에서

$$k^2-4=0$$

$$\therefore k=-2\ (\because k<0)$$

따라서 모든 실수 k의 값의 합은

$$10+(-2)=8$$

how? ❶ $x-k=t$로 놓으면 $x \to k+$일 때 $t \to 0+$이고,

$x \to k-$일 때 $t \to 0-$이므로

$$\lim_{x \to k+} f(x-k) = \lim_{t \to 0+} f(t) = \lim_{t \to 0+}\left(-\frac{1}{2}t+5\right)=5$$

$$\lim_{x \to k-} f(x-k) = \lim_{t \to 0-} f(t) = \lim_{t \to 0-}(t^2-4)=-4$$

핵심 개념 **함수의 극한과 미정계수의 결정**

두 함수 $f(x)$, $g(x)$에 대하여 $\displaystyle\lim_{x \to a}\frac{f(x)}{g(x)}=\alpha$ (α는 실수)일 때

(1) $\displaystyle\lim_{x \to a}g(x)=0$이면 $\displaystyle\lim_{x \to a}f(x)=0$

(2) $\alpha \neq 0$이고 $\displaystyle\lim_{x \to a}f(x)=0$이면 $\displaystyle\lim_{x \to a}g(x)=0$

---

3 |정답 28

출제영역 **정적분의 활용 - 넓이 + 역함수의 그래프**

역함수의 그래프를 이용하여 두 함수의 그래프로 둘러싸인 부분의 넓이를 구할 수 있는지를 묻는 문제이다.

> 정의역이 $\{x | x \geq 0\}$, 치역이 $\{y | y \geq 0\}$이고 $x \geq 0$에서 증가하는 **❶** 다항함수 $f(x)$의 역함수를 $g(x)$라 할 때, 두 함수 $f(x)$, $g(x)$는 다음 조건을 만족시킨다.
>
> (가) $x \geq 0$인 모든 실수 x에 대하여 $\{f(x)-x\}(x-1) \geq 0$ **❷**
> (나) $\displaystyle\int_1^{f(4)} g(x)dx=42$, $\displaystyle\int_1^{g(4)} f(x)dx=\frac{7}{3}$
> (다) $f(4)-g(4)=12$ **❸**

함수 $y=f(x)$의 그래프가 두 점 $(0, 0)$, $(1, 1)$을 지날 때, $\displaystyle\int_1^4 \{f(x)-g(x)\}dx=\frac{q}{p}$이다. $p+q$의 값을 구하시오. 28

(단, p와 q는 서로소인 자연수이다.)

출제코드 조건을 만족시키는 두 함수 $y=f(x)$, $y=g(x)$의 그래프 추론하기

❶ 함수 $f(x)$의 정의역과 치역이 각각 $\{x | x \geq 0\}$, $\{y | y \geq 0\}$이므로 함수 $f(x)$의 역함수 $g(x)$의 정의역과 치역도 각각 $\{x | x \geq 0\}$, $\{y | y \geq 0\}$이다.

❷ $x \geq 1$, $0 \leq x \leq 1$일 때로 경우를 나누어 생각한다.

❸ $f(4)-g(4)>0$이므로 $f(4)>g(4)$임을 알 수 있다.

해설 |1단계| 두 함수 $y=f(x)$, $y=g(x)$의 그래프 추론하기

조건 (가)에서 $\{f(x)-x\}(x-1) \geq 0$이므로

$x-1 \geq 0$, 즉 $x \geq 1$일 때, $f(x)-x \geq 0$ ∴ $f(x) \geq x$

$x-1 \leq 0$, 즉 $0 \leq x \leq 1$일 때, $f(x)-x \leq 0$ ∴ $f(x) \leq x$

또, 함수 $f(x)$는 역함수가 존재하므로 정의역의 모든 원소 x에 대하여 $f'(x) \geq 0$이다. **why? ❶**

조건 (다)에서 $f(4)-g(4)>0$, 즉 $f(4)>g(4)$이므로 두 함수 $y=f(x)$, $y=g(x)$의 그래프의 개형은 다음 그림과 같다.

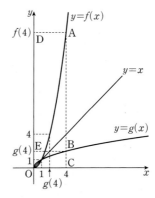

두 함수 $y=f(x)$, $y=g(x)$의 그래프와 직선 $x=4$가 만나는 두 점을 각각 A, B라 하고, 점 A에서 x축과 y축에 내린 수선의 발을 각각 C, D, 점 B에서 y축에 내린 수선의 발을 E라 하자.

|2단계| $\displaystyle\int_1^4 f(x)dx$의 값 구하기

$\displaystyle\int_1^4 f(x)dx$의 값은 함수 $y=f(x)$의 그래프와 두 직선 $x=1$, $x=4$ 및 x축으로 둘러싸인 부분의 넓이와 같으므로

$$\int_1^4 f(x)dx = \square OCAD - \left(1 \times 1 + \int_1^{f(4)} f^{-1}(y)dy\right)$$

$$= 4 \times f(4) - \left(1 + \int_1^{f(4)} g(x)dx\right) \text{ why? ❷}$$

$$= 4f(4) - \int_1^{f(4)} g(x)dx - 1$$

|3단계| $\displaystyle\int_1^4 g(x)dx$의 값 구하기

또, $\displaystyle\int_1^4 g(x)dx$의 값은 함수 $y=g(x)$의 그래프와 두 직선 $x=1$, $x=4$ 및 x축으로 둘러싸인 부분의 넓이와 같으므로

$$\int_1^4 g(x) = \square OCBE - \left(1 \times 1 + \int_1^{g(4)} g^{-1}(y)dy\right)$$

$$= 4 \times g(4) - \left(1 + \int_1^{g(4)} f(x)dx\right) \text{ why? ❸}$$

$$= 4g(4) - \int_1^{g(4)} f(x)dx - 1$$

|4단계| $\displaystyle\int_1^4 \{f(x)-g(x)\}dx$의 값 구하기

$$\therefore \int_1^4 \{f(x)-g(x)\}dx$$

$$= \int_1^4 f(x)dx - \int_1^4 g(x)dx$$

$$= 4f(4) - \int_1^{f(4)} g(x)dx - 1 - \left\{4g(4) - \int_1^{g(4)} f(x)dx - 1\right\}$$

$$= 4f(4) - 4g(4) - \int_1^{f(4)} g(x)dx + \int_1^{g(4)} f(x)dx$$

$$= 4\{f(4)-g(4)\} - 42 + \frac{7}{3} \ (\because \text{조건 (나)})$$

$$= 4 \times 12 - 42 + \frac{7}{3} \ (\because \text{조건 (다)})$$

$$= \frac{25}{3}$$

따라서 $p=3$, $q=25$이므로

$p+q=3+25=28$

why? ❶ 함수 $f(x)$의 역함수가 존재하므로
$$f'(x) \geq 0 \text{ 또는 } f'(x) \leq 0$$
이때 함수 $y=f(x)$의 그래프가 두 점 $(0, 0)$, $(1, 1)$을 지나므로 $f'(x) \geq 0$이다.

why? ❷ $\int_1^4 f(x)dx$의 값은 직사각형 OCAD의 넓이에서 함수 $y=f(x)$의 그래프와 두 직선 $y=1$, $y=f(4)$ 및 y축으로 둘러싸인 부분의 넓이와 한 변의 길이가 1인 정사각형의 넓이를 뺀 것과 같다.

이때 함수 $y=f(x)$의 그래프와 두 직선 $y=1$, $y=f(4)$ 및 y축으로 둘러싸인 부분의 넓이는 함수 $y=g(x)$의 그래프와 두 직선 $x=1$, $x=f(4)$ 및 x축으로 둘러싸인 부분의 넓이와 같으므로
$$\int_1^{f(4)} f^{-1}(y)\,dy = \int_1^{f(4)} g(x)dx$$

why? ❸ $\int_1^4 g(x)dx$의 값은 직사각형 OCBE의 넓이에서 함수 $y=g(x)$의 그래프와 두 직선 $y=1$, $y=g(4)$ 및 y축으로 둘러싸인 부분의 넓이와 한 변의 길이가 1인 정사각형의 넓이를 뺀 것과 같다.

이때 함수 $y=g(x)$의 그래프와 두 직선 $y=1$, $y=g(4)$ 및 y축으로 둘러싸인 부분의 넓이는 함수 $y=f(x)$의 그래프와 두 직선 $x=1$, $x=g(4)$ 및 x축으로 둘러싸인 부분의 넓이와 같으므로
$$\int_1^{g(4)} g^{-1}(y)\,dy = \int_1^{g(4)} f(x)dx$$

4
|정답 **65**

출제영역 | 접선의 방정식＋사차함수의 그래프＋함수의 극한과 미정계수의 결정＋미분계수의 정의
사차함수의 그래프와 접선의 위치 관계, 미분계수의 정의를 이용하여 사차함수를 정할 수 있는지를 묻는 문제이다.

> 최고차항의 계수가 1인 사차함수 $f(x)$와 두 실수 a, b $(-2<a<b)$에 대하여
> $$\lim_{x \to -2}\frac{f(x)+4}{x+2}=\lim_{x \to a}\frac{f(x)-\frac{113}{16}}{x-a}=\lim_{x \to b}\frac{f(x)-4b-4}{x-b}=4 \quad ❶$$
> 가 성립한다. $(a+2)^4+4a=\dfrac{n}{m}$일 때, $m+n$의 값을 구하시오. **65**
> (단, m과 n은 서로소인 자연수이다.)

출제코드) 함수 $y=f(x)$의 그래프 위의 x좌표가 -2인 점과 b인 점에서의 접선이 서로 일치함을 알기

❶ $x \to -2$, $x \to a$, $x \to b$일 때, 등식의 각 변에서 모두 (분자) → 0임을 이용하여 $f(-2)$, $f(a)$, $f(b)$의 값을 각각 구한다.

해설 |1단계| $f(-2)$, $f(a)$, $f(b)$, $f'(-2)$, $f'(a)$, $f'(b)$의 값 구하기

$\lim\limits_{x \to -2}\dfrac{f(x)+4}{x+2}=4$에서 $x \to -2$일 때 (분모) → 0이고 극한값이 존재하므로 (분자) → 0이어야 한다.

즉, $\lim\limits_{x \to -2}\{f(x)+4\}=0$이므로
$$f(-2)+4=0 \qquad \therefore f(-2)=-4$$
$$\therefore \lim_{x \to -2}\frac{f(x)+4}{x+2}=\lim_{x \to -2}\frac{f(x)-f(-2)}{x-(-2)}=f'(-2)=4$$

같은 방법으로 하면
$$f(a)=\frac{113}{16}, \quad f'(a)=4, \quad f(b)=4b+4, \quad f'(b)=4 \text{ how? ❶}$$

|2단계| 함수 $y=f(x)$의 그래프의 개형 추론하기

즉, 세 점 $(-2, -4)$, $\left(a, \dfrac{113}{16}\right)$, $(b, 4b+4)$에서의 함수 $y=f(x)$의 그래프의 접선의 기울기는 모두 4이다.

한편, 두 점 $(-2, -4)$, $(b, 4b+4)$를 지나는 직선의 기울기는
$$\frac{4b+4-(-4)}{b-(-2)}=\frac{4b+8}{b+2}=4$$
이므로 두 점 $(-2, -4)$, $(b, 4b+4)$를 지나는 직선과 두 점에서의 접선은 일치한다.

따라서 주어진 조건을 만족시키는 함수 $y=f(x)$의 그래프의 개형은 다음 그림과 같다.

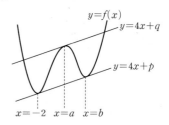

|3단계| 함수 $f(x)$의 식을 구하고, $(a+2)^4+4a$의 값 구하기

이때 두 점 $(-2, -4)$, $(b, 4b+4)$에서의 접선의 방정식을 $y=4x+p$ (p는 상수)로 놓으면 직선 $y=4x+p$가 점 $(-2, -4)$를 지나므로
$$-4=-8+p$$
$$\therefore p=4$$
즉, 함수 $y=f(x)$의 그래프와 직선 $y=4x+4$는 $x=-2$, $x=b$에서 접하므로
$$f(x)-(4x+4)=(x+2)^2(x-b)^2$$
$$\therefore f(x)=(x+2)^2(x-b)^2+4x+4$$
$$f'(x)=2(x+2)(x-b)^2+2(x+2)^2(x-b)+4$$이므로
$f'(a)=4$에서
$$f'(a)=2(a+2)(a-b)^2+2(a+2)^2(a-b)+4=4$$
$$(a+2)(a-b)(2a-b+2)=0$$
$$\therefore b=2a+2 \ (\because a \neq -2, \ a \neq b) \quad \cdots\cdots \text{㉠}$$
$f(a)=\dfrac{113}{16}$에서
$$f(a)=(a+2)^2(a-b)^2+4a+4$$
$$=(a+2)^2(-a-2)^2+4a+4=\frac{113}{16} \ (\because \text{㉠})$$
$$\therefore (a+2)^4+4a=\frac{49}{16}$$
따라서 $m=16$, $n=49$이므로
$$m+n=16+49=65$$

how? ❶ 다항함수 $f(x)$에 대하여
$$\lim_{x \to a}\frac{f(x)-\beta}{x-\alpha}=\gamma \ (\gamma \text{는 실수})$$
이면 $f(\alpha)=\beta$, $f'(\alpha)=\gamma$

출제영역 정적분의 계산＋함수의 연속

연속함수의 성질을 이용하여 미정계수를 구하고 정적분의 성질을 이용하여 정적분의 값을 구할 수 있는지를 묻는 문제이다.

닫힌구간 $[0, 1]$에서 연속인 함수 $f(x)$에 대하여

$$f(0)=1,\ f(1)=0,\ \int_0^1 f(x)dx=\frac{1}{3}$$

이다. 실수 전체의 집합에서 연속인 함수 $g(x)$**❶**가 다음 조건을 만족시킬 때, $\int_0^8 g(x)dx$의 값은?

(가) $g(x)=\begin{cases} -f(-x)+c & (-1<x<0) \\ f(x) & (0\le x<1) \\ ax+b & (1\le x\le 2) \end{cases}$

（단, a, b, c는 상수이다.）

(나) 모든 실수 x에 대하여 $g(x+3)=g(x)$**❷**이다.

✓ ① $\dfrac{22}{3}$　　② $\dfrac{23}{3}$　　③ 8

④ $\dfrac{25}{3}$　　⑤ $\dfrac{26}{3}$

출제코드 정적분의 성질을 이용하여 구간을 나누어 정적분의 값 구하기

❶ 함수 $g(x)$는 $x=0$, $x=1$에서 연속임을 알 수 있다.

❷ $\int_a^\beta g(x)dx=\int_{a+3}^{\beta+3} g(x)dx$임을 알 수 있다.

해설　|1단계| 연속함수의 성질을 이용하여 미정계수 구하기

함수 $g(x)$는 $x=0$에서 연속이므로

$$\lim_{x\to 0+} g(x)=\lim_{x\to 0-} g(x)=g(0)$$

$$\lim_{x\to 0+} g(x)=\lim_{x\to 0+} f(x)=f(0),$$

$$\lim_{x\to 0-} g(x)=\lim_{x\to 0-}\{-f(-x)+c\}=-f(0)+c,$$

$$g(0)=f(0)$$

에서 $f(0)=-f(0)+c$

$$\therefore c=2f(0)=2\ (\because f(0)=1)$$

또, 함수 $g(x)$는 $x=1$에서 연속이므로

$$\lim_{x\to 1+} g(x)=\lim_{x\to 1-} g(x)=g(1)$$

$$\lim_{x\to 1+} g(x)=\lim_{x\to 1+}(ax+b)=a+b,$$

$$\lim_{x\to 1-} g(x)=\lim_{x\to 1-} f(x)=f(1),$$

$$g(1)=a+b$$

에서 $a+b=f(1)$

$$\therefore a+b=0\ (\because f(1)=0)\quad\cdots\cdots\ \bigcirc$$

조건 (나)에서 $g(2)=g(-1)$이므로

$$2a+b=2\ \textbf{how? ❶}\quad\cdots\cdots\ \bigcirc$$

$\bigcirc$, $\bigcirc$을 연립하여 풀면 $a=2$, $b=-2$

|2단계| 구간을 나누어 정적분의 값 계산하기

함수 $y=f(-x)$의 그래프는 함수 $y=f(x)$의 그래프를 y축에 대하여 대칭이동한 것이므로

$$\int_{-1}^0 f(-x)dx=\int_0^1 f(x)dx=\frac{1}{3}$$

$$\therefore \int_{-1}^0 g(x)dx=\int_{-1}^0\{-f(-x)+2\}dx$$

$$=-\int_{-1}^0 f(-x)dx+\int_{-1}^0 2\,dx$$

$$=-\frac{1}{3}+\Big[2x\Big]_{-1}^0$$

$$=-\frac{1}{3}+2$$

$$=\frac{5}{3}$$

조건 (나)에 의하여

$$\int_2^3 g(x)dx=\int_{-1}^0 g(x)dx=\frac{5}{3}$$

한편, $\int_1^2 g(x)dx=\int_1^2(2x-2)dx=\Big[x^2-2x\Big]_1^2=1$이므로

$$\int_0^3 g(x)dx=\int_0^1 g(x)dx+\int_1^2 g(x)dx+\int_2^3 g(x)dx$$

$$=\frac{1}{3}+1+\frac{5}{3}\ \textbf{why? ❷}$$

$$=3$$

$$\therefore \int_3^6 g(x)dx=\int_0^3 g(x)dx=3,$$

$$\int_6^8 g(x)dx=\int_3^5 g(x)dx$$

$$=\int_0^2 g(x)dx$$

$$=\int_0^1 g(x)dx+\int_1^2 g(x)dx$$

$$=\frac{1}{3}+1$$

$$=\frac{4}{3}$$

|3단계| $\int_0^8 g(x)dx$의 값 구하기

$$\therefore \int_0^8 g(x)dx=\int_0^3 g(x)dx+\int_3^6 g(x)dx+\int_6^8 g(x)dx$$

$$=3+3+\frac{4}{3}$$

$$=\frac{22}{3}$$

해설특강

how? ❶ 조건 (나)의 $g(x+3)=g(x)$에 $x=-1$을 대입하면

$$g(2)=g(-1)$$

함수 $g(x)$가 실수 전체의 집합에서 연속이므로

$$g(2)=2a+b$$

$$g(-1)=\lim_{x\to -1+} g(x)$$

$$=\lim_{x\to -1+}\{-f(-x)+c\}$$

$$=-f(1)+c$$

$$=2\ (\because f(1)=0,\ c=2)$$

$$\therefore 2a+b=2$$

why? ❷ $\int_0^1 g(x)dx=\int_0^1 f(x)dx=\dfrac{1}{3}$

출제영역 **사잇값의 정리＋평균변화율＋함수의 연속**

사잇값의 정리를 이용하여 조건을 만족시키는 함수를 구할 수 있는지를 묻는 문제이다.

삼차함수 $g(x)$와 최고차항의 계수가 1인 삼차함수 $h(x)$에 대하여 연속인 함수

$$f(x)=\begin{cases}g(x) & (x<5)\\ h(x) & (x\geq5)\end{cases}$$

가 다음 조건을 만족시킨다.

㈎ 5 이하의 모든 자연수 n에 대하여

$\displaystyle\sum_{k=1}^{n}f(2k-1)=-f(2n-1)f(2n+1)$이다. ❶

㈏ $n=1$, 2, 3일 때, 함수 $f(x)$에서 x의 값이 $2n+1$에서 $2n+5$까지 변할 때의 평균변화율은 음수가 아니다.

㈐ 함수 $f(x)$에서 x의 값이 -1에서 3까지 변할 때의 평균변화율은 x의 값이 3에서 7까지 변할 때의 평균변화율의 2배이다.

$32\times\{f(2)+f(6)\}$의 값을 구하시오. **102**

출제코드 **사잇값의 정리를 이용하여 함수 $g(x)$ 구하기**

❶ $\displaystyle\sum_{k=1}^{n}f(2k-1)=S_n$으로 놓으면 S_n-S_{n-1}을 이용하여 일반항 $f(2n-1)$을 구한다.

해설 |1단계| **조건 ㈎의 식에 $n=1$부터 $n=5$까지 각각 대입하여 관계식 찾기**

조건 ㈎에서

$n=1$일 때, $f(1)=-f(1)f(3)$ ····· ㉠

$2\leq n\leq5$일 때,

$f(2n-1)=\displaystyle\sum_{k=1}^{n}f(2k-1)-\sum_{k=1}^{n-1}f(2k-1)$

$=-f(2n-1)f(2n+1)+f(2n-3)f(2n-1)$

$=f(2n-1)\{f(2n-3)-f(2n+1)\}$

즉, $f(2n-1)\{f(2n-3)-f(2n+1)-1\}=0$이므로

$f(2n-1)=0$ 또는 $f(2n-3)-f(2n+1)=1$

위의 식에

$n=2$를 대입하면

$f(3)=0$ 또는 $f(1)-f(5)=1$ ····· ㉡

$n=3$을 대입하면

$f(5)=0$ 또는 $f(3)-f(7)=1$ ····· ㉢

$n=4$를 대입하면

$f(7)=0$ 또는 $f(5)-f(9)=1$ ····· ㉣

$n=5$를 대입하면

$f(9)=0$ 또는 $f(7)-f(11)=1$ ····· ㉤

|2단계| **조건 ㈏에 $n=1$, $n=2$, $n=3$을 각각 대입하여 $f(1)$, $f(3)$, $f(5)$, $f(7)$, $f(9)$의 값 구하기**

조건 ㈏에서

$\dfrac{f(7)-f(3)}{7-3}\geq0$, $\dfrac{f(9)-f(5)}{9-5}\geq0$, $\dfrac{f(11)-f(7)}{11-7}\geq0$

이므로

$f(7)-f(3)\geq0$, $f(9)-f(5)\geq0$, $f(11)-f(7)\geq0$

$f(7)-f(3)\geq0$이므로 ㉢에서

$f(5)=0$

$f(9)-f(5)\geq0$이므로 ㉣에서

$f(7)=0$

$f(11)-f(7)\geq0$이므로 ㉤에서

$f(9)=0$

이때 함수 $f(x)$가 연속함수이므로 $\displaystyle\lim_{x\to5-}f(x)=f(5)$에서

$\displaystyle\lim_{x\to5-}g(x)=f(5)=0$

한편, $f(3)=0$이라 하면 ㉠에서 $f(1)=0$이다.

또, x의 값이 3에서 7까지 변할 때의 평균변화율이 0이므로 조건 ㈐에 의하여 x의 값이 -1에서 3까지 변할 때의 평균변화율도 0이다.

why? ❶

즉, $f(-1)=0$이 되어 $x\leq5$에서 방정식 $g(x)=0$은 서로 다른 네 개의 실근 -1, 1, 3, 5를 가지므로 $g(x)$가 삼차함수라는 조건에 모순이다.

따라서 $f(3)\neq0$이므로 ㉡에서

$f(1)-f(5)=1$

$\therefore f(1)=1\ (\because f(5)=0)$

㉠에서

$1=-f(3)$

$\therefore f(3)=-1$

|3단계| **조건 ㈐에 $n=3$을 대입하여 $f(-1)$의 값 구하기**

x의 값이 3에서 7까지 변할 때의 평균변화율은

$\dfrac{f(7)-f(3)}{7-3}=\dfrac{0-(-1)}{4}=\dfrac{1}{4}$

이므로 조건 ㈐에 의하여 x의 값이 -1에서 3까지 변할 때의 평균변화율은 $\dfrac{1}{2}$이다.

즉, $\dfrac{f(3)-f(-1)}{3-(-1)}=\dfrac{-1-f(-1)}{4}=\dfrac{1}{2}$이므로

$f(-1)=-3$

|4단계| **사잇값의 정리를 이용하여 함수 $g(x)$ 구하기**

$f(-1)=-3<0$, $f(1)=1>0$, $f(3)=-1<0$이므로

$g(-1)=-3<0$, $g(1)=1>0$, $g(3)=-1<0$

함수 $g(x)$가 $x<5$에서 연속이므로 사잇값의 정리에 의하여 방정식 $g(x)=0$은 $-1<x<1$, $1<x<3$에서 각각 적어도 하나의 실근 α, $\beta\ (\alpha<\beta)$를 갖는다.

따라서 방정식 $g(x)=0$은 α, β, 5를 세 실근으로 갖는 삼차방정식이므로

$g(x)=k(x-\alpha)(x-\beta)(x-5)\ (k\neq0,\ -1<\alpha<1<\beta<3)$

로 놓으면 $g(-1)=-3$, $g(1)=1$, $g(3)=-1$에서

$-6k(-1-\alpha)(-1-\beta)=-3$

$-4k(1-\alpha)(1-\beta)=1$

$-2k(3-\alpha)(3-\beta)=-1$

세 식을 연립하여 풀면

$\alpha+\beta=2$, $\alpha\beta=-\dfrac{1}{3}$, $k=\dfrac{3}{16}$ **how? ❷**

$$\therefore g(x)=\frac{3}{16}(x-5)\left(x^2-2x-\frac{1}{3}\right)$$
$$=\frac{1}{16}(x-5)(3x^2-6x-1)$$

|5단계| 함수 $h(x)$를 구하여 함수 $f(x)$ 구하기

한편, 최고차항의 계수가 1인 삼차함수 $h(x)$에 대하여 방정식
$h(x)=0$은 $x\ge5$에서 세 실근 5, 7, 9를 가지므로
$$h(x)=(x-5)(x-7)(x-9)$$
따라서 $f(x)=\begin{cases}\dfrac{1}{16}(x-5)(3x^2-6x-1) & (x<5)\\ (x-5)(x-7)(x-9) & (x\ge5)\end{cases}$ 이므로

$32\times\{f(2)+f(6)\}$
$=32\left\{\dfrac{1}{16}\times(-3)\times(12-12-1)+1\times(-1)\times(-3)\right\}$
$=102$

해설특강 ✎

why?❶ $f(3)=0$이라 하면 $f(7)=0$이므로 함수 $y=f(x)$에서 x의 값이 3에서 7까지 변할 때의 함수 $y=f(x)$의 평균변화율은
$$\frac{f(7)-f(3)}{7-3}=\frac{0-0}{4}=0$$
조건 ㈐에서 x의 값이 -1에서 3까지 변할 때의 평균변화율은 x의 값이 3에서 7까지 변할 때의 평균변화율의 2배이므로 0이 된다.

how?❷ $-6k(-1-\alpha)(-1-\beta)=-3$에서
$2k\{1+(\alpha+\beta)+\alpha\beta\}=1$ …… ㉵
$-4k(1-\alpha)(1-\beta)=1$에서
$4k\{1-(\alpha+\beta)+\alpha\beta\}=-1$ …… ㉯
$-2k(3-\alpha)(3-\beta)=-1$에서
$2k\{9-3(\alpha+\beta)+\alpha\beta\}=1$ …… ◎
㉵, ◎에서 $\alpha+\beta=2$ …… ㉾
㉾을 ㉵, ㉯에 각각 대입하여 정리하면
$2k(\alpha\beta+3)=1$, $4k(\alpha\beta-1)=-1$
위의 두 식을 연립하여 풀면
$$\alpha\beta=-\frac{1}{3},\ k=\frac{3}{16}$$

핵심 개념 **사잇값의 정리의 활용**

함수 $f(x)$가 닫힌구간 $[a,b]$에서 연속이고, $f(a)$와 $f(b)$의 부호가 서로 다르면, 즉 $f(a)f(b)<0$이면 $f(c)=0$인 c가 열린구간 (a,b)에 적어도 하나 존재한다.

1
|정답 ⑤

출제영역 함수의 증가·감소

삼차함수 $y=f(x)$의 그래프 위의 네 점을 꼭짓점으로 하는 직사각형의 넓이를 구하고 그 넓이의 증가·감소를 도함수를 이용하여 구할 수 있는지를 묻는 문제이다.

원점 O에 대하여 대칭인 삼차함수 $y=f(x)$의 그래프가 그림과 같다. 곡선 $y=f(x)$와 x축이 만나는 점 중 원점이 아닌 두 점을 각각 A, B라 하고, 함수 $y=f(x)$의 그래프에서 극대, 극소인 점을 각각 C$(-t,f(-t))$, D$(t,f(t))$ $(t>0)$라 할 때, 사각형 ADBC는 직사각형이다. 직사각형 ADBC의 넓이를 $S(t)$라 하면 열린구간 (p,q)에서 t에 대한 함수 $S(t)-t^3$이 증가할 때, $q-p$의 최댓값은? (단, 점 A의 x좌표는 음수이다.)

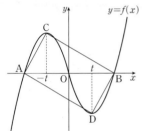

① $\dfrac{\sqrt{2}}{3}$ ② $\dfrac{\sqrt{3}}{3}$ ③ $\dfrac{2\sqrt{3}}{3}$

④ $\dfrac{2\sqrt{6}}{3}$ ✔ ⑤ $\dfrac{4\sqrt{6}}{3}$

출제코드 사각형 ADBC가 직사각형임을 이용하여 넓이 $S(t)$ 구하기

❶ 함수 $f(x)$는 그 그래프가 원점에 대하여 대칭인 삼차함수이므로 주어진 그래프로부터 삼차항의 계수를 a $(a>0)$, 점 A의 x좌표를 $-k$ $(k>0)$로 놓으면 $f(x)$의 식을 정할 수 있다.

❷ $x=t$와 $x=-t$에서 $f'(x)=0$임을 이용하여 k를 t에 대하여 나타낼 수 있다.

❸ 사각형 ADBC가 직사각형이므로 직선 AC의 기울기와 직선 CB의 기울기의 곱이 -1임을 이용하여 a의 값을 구할 수 있다.

❹ ($S(t)-t^3$의 도함수의 값)≥0인 열린구간 (p,q)를 구한다.

해설 **|1단계| 함수 $f(x)$의 식 정하기**

함수 $f(x)$는 그 그래프가 원점에 대하여 대칭인 삼차함수이므로
A$(-k,0)$, B$(k,0)$ $(k>0)$
이라 하면 주어진 그래프로부터
$$f(x)=ax(x-k)(x+k)\ (a>0)$$
로 놓을 수 있다.
$\therefore f'(x)=a(x-k)(x+k)+ax(x+k)+ax(x-k)$
$\qquad=3ax^2-ak^2$
이때 함수 $f(x)$는 $x=t$에서 극값을 가지므로
$f'(t)=0$에서 $3at^2-ak^2=0$
$k^2=3t^2$ $(\because a>0)$
$\therefore k=\sqrt{3}t$ $(\because k>0,\ t>0)$
$\therefore f(x)=ax(x-\sqrt{3}t)(x+\sqrt{3}t)$

|2단계| 직사각형 ADBC의 넓이 $S(t)$의 식 구하기

직사각형 ADBC의 넓이 $S(t)$는

$S(t) = 2 \times \triangle ABC$

$= 2 \times \left\{ \dfrac{1}{2} \times \overline{AB} \times \underbrace{f(-t)}_{f(-t)=-at(t^2-3t^2)=2at^3} \right\}$

$= 2 \times \left(\dfrac{1}{2} \times 2\sqrt{3}t \times 2at^3 \right)$

$= 4\sqrt{3}at^4$

이때 $A(-\sqrt{3}t, 0)$, $B(\sqrt{3}t, 0)$, $C(-t, 2at^3)$이므로

(직선 AC의 기울기) $= \dfrac{2at^3}{-t+\sqrt{3}t}$

$= \dfrac{2at^2}{\sqrt{3}-1}$

(직선 CB의 기울기) $= \dfrac{-2at^3}{\sqrt{3}t+t}$

$= \dfrac{-2at^2}{\sqrt{3}+1}$

두 직선 AC와 CB는 서로 수직이므로

$\dfrac{2at^2}{\sqrt{3}-1} \times \dfrac{-2at^2}{\sqrt{3}+1} = -1$

$\therefore a = \dfrac{1}{\sqrt{2}t^2}$ ($\because a>0$)

$\therefore S(t) = 4\sqrt{3} \times \dfrac{1}{\sqrt{2}t^2} \times t^4$

$= 2\sqrt{6}t^2$

|3단계| $S(t)-t^3$이 증가하는 구간 구하기

$h(t) = S(t)-t^3 = 2\sqrt{6}t^2-t^3$ $(t>0)$이라 하면

$h'(t) = 4\sqrt{6}t-3t^2$

$= -t(3t-4\sqrt{6})$

이므로 $h'(t) \geq 0$에서

$-t(3t-4\sqrt{6}) \geq 0$

$t(3t-4\sqrt{6}) \leq 0$

$\therefore 0 < t \leq \dfrac{4\sqrt{6}}{3}$ ($\because t>0$)

따라서 함수 $h(t)$는 구간 $\left(0, \dfrac{4\sqrt{6}}{3} \right]$에서 증가하므로 p의 최솟값은 0,

q의 최댓값은 $\dfrac{4\sqrt{6}}{3}$이다.

즉, $q-p$의 최댓값은

$\dfrac{4\sqrt{6}}{3} - 0 = \dfrac{4\sqrt{6}}{3}$ why? ❶

해설특강 ✐

why? ❶ $q-p$의 최댓값을 구하려면 q는 최대, p는 최소이어야 한다.

출제영역 함수의 연속＋연속함수의 성질

함수 $h(t) \times i(t)$가 특정한 t의 값에서만 불연속이 되게 하는 조건을 찾을 수 있는지를 묻는 문제이다.

> 양수 a와 함수 $f(x)=-x^2-ax+4$에 대하여 함수 $g(x)$를 ❶
> $$g(x) = \begin{cases} ax+4 & (f(x)<0) \\ f(x) & (f(x) \geq 0) \end{cases}$$
> 라 하자. 실수 t에 대하여 직선 $y=t$와 함수 $y=g(x)$의 그래프가 만나는 서로 다른 점의 개수를 $h(t)$라 할 때, 함수 $h(t)$가 다음 조건을 만족시킨다.
>
> ㈎ $\displaystyle\lim_{t \to 0-} h(t) = 0$
> ㈏ $h(t)=0$인 양수 t가 존재한다.
>
> 함수
> $$i(t) = \begin{cases} 0 & \left(t \leq \dfrac{k}{10}\right) \\ 1 & \left(t > \dfrac{k}{10}\right) \end{cases}$$ (k는 자연수) ❷
> 에 대하여 함수 $h(t) \times i(t)$가 $t=7$에서만 불연속일 때, 자연수 k의 최댓값을 M, 최솟값을 m이라 하자. $M+m$의 값을 구하시오.
> ¹³³

출제코드 함수 $h(t) \times i(t)$가 $t=7$에서만 불연속이 될 조건 찾기

❶ 함수 $y=f(x)$의 그래프는 x축과 서로 다른 두 점에서 만남을 파악한다.

❷ 함수 $i(t)$는 $t=\dfrac{k}{10}$에서 불연속이므로 함수 $h(t)$가 불연속인 점들의 x좌표와의 관계를 파악한다.

해설 **|1단계|** 함수 $y=g(x)$의 그래프 그리기

이차방정식 $-x^2-ax+4=0$의 판별식을 D라 하면

$D = a^2+16>0$

즉, 함수 $y=f(x)$의 그래프는 x축과 서로 다른 두 점에서 만난다.

이차방정식 $-x^2-ax+4=0$, 즉 $x^2+ax-4=0$의 두 근을 α, β $(\alpha<\beta)$라 하면 이차방정식의 근과 계수의 관계에 의하여

$\alpha+\beta = -a$ ······ ㉠

$\alpha\beta = -4$ ······ ㉡

조건 ㈎에서 $h(t)=0$인 양수 t가 존재하므로

$\dfrac{a^2}{4}+4 < a\beta+4$

이어야 한다.

또, $\displaystyle\lim_{t \to 0-} h(t) = 0$이므로 함수 $y=g(x)$의 그래프는 다음 그림과 같다.

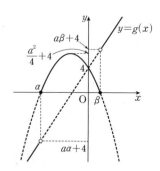

|2단계| 함수 $y=h(t)$의 그래프 그리기

따라서 함수 $y=h(t)$의 그래프는 다음 그림과 같다.

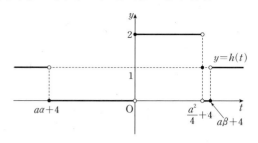

|3단계| 함수 $h(t) \times i(t)$가 $t=7$에서만 불연속이 될 조건 찾기

함수 $h(t)$가 $t=a\alpha+4$, $t=0$, $t=\dfrac{a^2}{4}+4$, $t=a\beta+4$에서 불연속이므로 함수 $h(t) \times i(t)$가 $t=7$에서만 불연속이 되려면 다음과 같다.

(i) $a\beta+4=7$, $\dfrac{a^2}{4}+4 \leq \dfrac{k}{10} < a\beta+4$일 때

$$a\beta+4=7 \qquad \cdots\cdots \text{ⓒ}$$

$$\dfrac{a^2}{4}+4 \leq \dfrac{k}{10} < a\beta+4 \qquad \cdots\cdots \text{ⓔ}$$

ⓒ에서 $a=\dfrac{3}{\beta}$을 ㄱ에 대입하면

$$a+\beta=-\dfrac{3}{\beta} \qquad \therefore \ a\beta+\beta^2=-3$$

ⓑ을 위의 식에 대입하면 $\beta^2=1$

이때 $\beta>0$이므로 $\beta=1$

$\therefore \ a=-4$, $\beta=1$, $a=3$ **how?❶**

자연수 k가 부등식 ⓔ을 만족시켜야 하므로

$$\dfrac{25}{4} \leq \dfrac{k}{10} < 7 \qquad \therefore \ \dfrac{125}{2} \leq k < 70$$

(ii) $a\beta+4 \leq \dfrac{k}{10}$, $\dfrac{k}{10}=7$일 때

$$k=70$$

(i), (ii)에 의하여 k의 값의 범위는

$$\dfrac{125}{2} \leq k \leq 70$$

|4단계| 자연수 k의 최댓값, 최솟값 구하기

따라서 $M=70$, $m=63$이므로

$$M+m=70+63=133$$

해설 특강 ✏

how?❶ $\beta=1$을 ⓑ에 대입하면 $a=-4$

$\beta=1$을 ⓒ에 대입하면 $a+4=7$ $\therefore \ a=3$

참고 함수 $y=g(x)$의 그래프에서 $\displaystyle\lim_{t\to0^-}h(t)=0$이므로 직선 $y=ax+4$ 위의 점 $(a, a\alpha+4)$의 y좌표가 음수이다.

만약 $\displaystyle\lim_{t\to0^-}h(t)\neq0$이면 함수 $y=g(x)$의 그래프는 다음 그림과 같을 수도 있다.

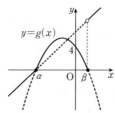

$[a\alpha+4=0]$

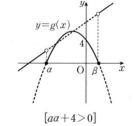

$[a\alpha+4>0]$

---

3 | 정답 ③

삼차함수 $f(x)$에 대하여 도함수 $f'(x)$와 방정식 $|f(x)|=f(0)$의 실근의 개수가 주어질 때, 절댓값 기호를 포함하는 함수의 미분가능성에 대한 참, 거짓을 판별할 수 있는지를 묻는 문제이다.

다항함수 $f(x)$가 다음 조건을 만족시킨다.

(가) $f'(x)=(x-a)(x-b)$ (단, a, b는 실수) **❶**

(나) 방정식 $|f(x)|=f(0)$은 단 한 개의 실근을 갖는다. **❷**

〈보기〉에서 옳은 것만을 있는 대로 고른 것은?

┤ 보기 ├

ㄱ. $a=b$일 때, 함수 $f(x)$의 극값이 존재하지 않는다.

ㄴ. $0<a<b$이면 함수 $|f(x)|$는 $x=0$에서만 미분가능하지 않다.

ㄷ. $a<b$이고 함수 $|f(x)-f(a)|$가 $x=k$에서만 미분가능하지 않으면 $k>0$이다.

---

① ㄱ   ② ㄷ   ✔③ ㄱ, ㄴ

④ ㄴ, ㄷ   ⑤ ㄱ, ㄴ, ㄷ

출제코드 $a<b$이고 함수 $|f(x)-f(a)|$가 $x=k$에서만 미분가능하지 않은 경우 함수 $y=f(x)$의 그래프의 개형 추론하기

❶ $a=b$일 때와 $a\neq b$일 때 삼차함수의 극값의 유무가 다르다.

❷ 최고차항의 계수가 양수인 삼차함수 $f(x)$에 대하여 조건 (나)에서 방정식 $|f(x)|=f(0)$이 단 한 개의 실근을 가지므로 그 근은 0이고, $f(0)=0$이어야 한다.

해설 **|1단계|** 조건 (나) 이해하기

최고차항의 계수가 양수인 삼차함수 $f(x)$에 대하여 조건 (나)에서 방정식 $|f(x)|=f(0)$이 단 한 개의 실근을 가지므로 그 근은 $x=0$이고, $f(0)=0$

이어야 한다. **why?❶**

따라서 방정식 $f(x)=0$도 $x=0$에서 단 한 개의 실근을 갖는다.

|2단계| ㄱ의 참, 거짓 판별하기

ㄱ. $a=b$이면 조건 (가)에서

$$f'(x)=(x-a)^2 \geq 0$$

이므로 함수 $f(x)$는 모든 실수 x에서 증가한다.

따라서 함수 $f(x)$의 극값이 존재하지 않는다. (참)

|3단계| $0<a<b$일 때, 함수 $y=|f(x)|$의 그래프를 그려서 ㄴ의 참, 거짓 판별하기

ㄴ. 조건 (나)에서 방정식 $f(x)=0$도 $x=0$에서 단 한 개의 실근을 갖고, 조건 (가)에서 $f'(x)=(x-a)(x-b)$이므로 $0<a<b$이면 함수 $y=|f(x)|$의 그래프는 다음 그림과 같다.

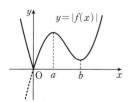

따라서 함수 $|f(x)|$는 $x=0$에서만 미분가능하지 않다. (참)

|4단계| 조건을 만족시키는 함수 $y=|f(x)-f(a)|$의 그래프를 그려서 ㄷ의 참, 거짓 판별하기

ㄷ. [반례] $a<b<0$이고 $f(a)<0$일 때, 함수 $|f(x)-f(a)|$가 $x=k$에서만 미분가능하지 않으면 함수 $y=|f(x)-f(a)|$의 그래프는 다음 그림과 같으므로 $k<0$이다. (거짓) **how?❷**

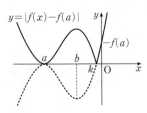

따라서 옳은 것은 ㄱ, ㄴ이다.

해설특강 ✐

why?❶ 방정식 $|f(x)|=f(0)$의 실근은 함수 $y=|f(x)|$의 그래프와 직선 $y=f(0)$의 교점의 x좌표와 같다.

이때 함수 $f(x)$는 최고차항의 계수가 양수인 삼차함수이므로 $f(t)=0$을 만족시키는 실수 t가 반드시 존재한다.

그런데 함수 $y=|f(x)|$의 그래프와 직선 $y=f(0)$의 교점이 오직 한 개인 점은 $x=t$일 때이고 직선 $y=f(0)$은 점 $(0, f(0))$을 지나므로 $t=0$, 즉 방정식 $|f(x)|=f(0)$의 실근은 $x=0$이고 $f(0)=0$이다.

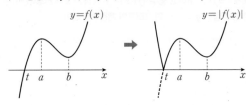

how?❷ $a<b<0$이고 $f(a)<0$이면 함수 $y=f(x)$의 그래프는 오른쪽 그림과 같다.

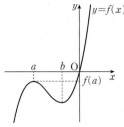

함수 $y=f(x)-f(a)$의 그래프는 함수 $y=f(x)$의 그래프를 y축의 방향으로 $-f(a)>0$만큼 평행이동한 것이므로 오른쪽 그림과 같다.

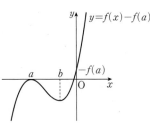

출제영역 정적분으로 정의된 함수＋함수의 극대·극소

구간에 따라 다르게 정의된 함수 $f(x)$의 정적분으로 정의된 함수 $g(x)$의 극대와 극소를 구할 수 있는지를 묻는 문제이다.

> 닫힌구간 $[0, 6]$에서 정의된 함수
>
> $$f(x)=\begin{cases} 2-|x-2| & (0\le x<4) \\ \dfrac{(x-4)^2}{2} & (4\le x\le 6) \end{cases} \text{❶}$$
>
> 에 대하여 닫힌구간 $[0, 4]$에서 정의된 함수
>
> $$g(x)=\int_x^{x+2} f(t)dt \text{❷}$$
>
> 는 $x=a$에서 극대이고 $x=b+\sqrt{c}$에서 극소이다. $a+b+c$의 값을 구하시오. (단, a, b, c는 유리수이다.) ❸ 7

출제코드 x의 값의 범위에 따라 다르게 정의된 함수 $f(x)$를 정적분하여 함수 $g(x)=\int_x^{x+2} f(t)dt$ 구하기

❶ $f(x)$가 정의된 구간 $0\le x<4$를 $0\le x<2$인 경우와 $2\le x<4$인 경우로 나누어 $f(x)$의 식을 구해 본다.

❷ $0\le x<2$인 경우와 $2\le x<4$인 경우로 나누어 정적분을 계산하여 함수 $g(x)$를 구한다.

❸ $x=a$와 $x=b+\sqrt{c}$는 방정식 $g'(x)=0$의 근이다.

해설 **|1단계|** $0\le x<2$, $2\le x<4$, $4\le x\le 6$으로 나누어 함수 $f(x)$의 식 구하기

$$f(x)=\begin{cases} 2-|x-2| & (0\le x<4) \\ \dfrac{(x-4)^2}{2} & (4\le x\le 6) \end{cases}$$

$$=\begin{cases} x & (0\le x<2) \\ -x+4 & (2\le x<4) \\ \dfrac{(x-4)^2}{2} & (4\le x\le 6) \end{cases}$$

|2단계| $0\le x<2$, $2\le x\le 4$로 나누어 함수 $g(x)$의 식 구하기

$0\le x\le 4$에서 $g(x)=\int_x^{x+2} f(t)dt$이므로 다음과 같다.

(ⅰ) $0\le x<2$인 경우

$$g(x)=\int_x^2 f(t)dt+\int_2^{x+2} f(t)dt$$
$$=\int_x^2 t\,dt+\int_2^{x+2}(-t+4)dt \text{ **why?❶**}$$
$$=\left[\frac{1}{2}t^2\right]_x^2+\left[-\frac{1}{2}t^2+4t\right]_2^{x+2}$$
$$=\frac{1}{2}(4-x^2)+\left\{-\frac{1}{2}(x+2)^2+4(x+2)-(-2+8)\right\}$$
$$=-x^2+2x+2$$

(ⅱ) $2\le x\le 4$인 경우

$$g(x)=\int_x^4 f(t)dt+\int_4^{x+2} f(t)dt$$
$$=\int_x^4(-t+4)dt+\int_4^{x+2}\frac{(t-4)^2}{2}dt \text{ **why?❶**}$$
$$=\int_x^4(-t+4)dt+\frac{1}{2}\int_4^{x+2}(t^2-8t+16)dt$$
$$=\left[-\frac{1}{2}t^2+4t\right]_x^4+\frac{1}{2}\left[\frac{1}{3}t^3-4t^2+16t\right]_4^{x+2}$$

$$= \left\{ -\frac{1}{2}(16-x^2)+4(4-x) \right\} + \frac{1}{6}(x-2)^3 \text{ how? } \mathbf{❷}$$

$$= \frac{1}{2}(x-4)^2+\frac{1}{6}(x-2)^3$$

(i), (ii)에 의하여

$$g(x)=\begin{cases} -x^2+2x+2 & (0\le x<2) \\ \dfrac{(x-4)^2}{2}+\dfrac{(x-2)^3}{6} & (2\le x\le 4) \end{cases}$$

|3단계| $g'(x)$를 구하여 a, b, c의 값 구하기

$$g'(x)=\begin{cases} -2x+2 & (0<x<2) \\ \dfrac{1}{2}(x^2-2x-4) & (2<x<4) \end{cases} \text{이므로}$$

$0<x<2$일 때, $g'(x)=0$에서

$x=1$

$2<x<4$일 때, $g'(x)=0$에서

$x^2-2x-4=0$

$\therefore x=1+\sqrt{5}\ (\because 2<x<4)$

이때 닫힌구간 $[0, 4]$에서 함수 $g(x)$의 증가와 감소를 표로 나타내면 다음과 같다.

x	0	$\cdots$	1	$\cdots$	$1+\sqrt{5}$	$\cdots$	4
$g'(x)$		$+$	0	$-$	0	$+$	
$g(x)$		↗	극대	↘	극소	↗	

따라서 함수 $g(x)$는 $x=1$에서 극대이고 $x=1+\sqrt{5}$에서 극소이므로

$a=1$, $b=1$, $c=5$

$\therefore a+b+c=1+1+5=7$

해설특강 ✎

why? ❶ $0\le x<2$이면 $2\le x+2<4$이므로

$$\int_x^2 f(t)dt=\int_x^2 t\,dt,$$

$$\int_2^{x+2} f(t)dt=\int_2^{x+2}(-t+4)dt$$

또, $2\le x\le 4$이면 $4\le x+2\le 6$이므로

$$\int_x^4 f(t)dt=\int_x^4(-t+4)dt,$$

$$\int_4^{x+2} f(t)dt=\int_4^{x+2}\frac{(t-4)^2}{2}dt$$

how? ❷ $\dfrac{1}{2}\left[\dfrac{1}{3}t^3-4t^2+16t \right]_4^{x+2}$

$$=\frac{1}{6}\{(x+2)^3-4^3\}-2\{(x+2)^2-16\}+8\{(x+2)-4\}$$

$$=\frac{1}{6}\{(x+2)-4\}\{(x+2)^2+4(x+2)+16\}$$
$$\qquad -2\{(x+2)+4\}\{(x+2)-4\}+8(x-2)$$

$$=\frac{1}{6}(x-2)(x^2+8x+28)-2(x+6)(x-2)+8(x-2)$$

$$=\frac{1}{6}(x-2)\{x^2+8x+28-12(x+6)+48\}$$

$$=\frac{1}{6}(x-2)(x^2-4x+4)$$

$$=\frac{1}{6}(x-2)^3$$

5
|정답 ⑤

출제영역 정적분의 활용 – 넓이

원과 곡선이 만나는 서로 다른 두 점을 이은 선분이 원의 지름일 때, 원과 곡선으로 둘러싸인 부분의 넓이를 정적분을 이용하여 구할 수 있는지를 묻는 문제이다.

양수 t에 대하여 이차함수 $f(x)$가 다음 조건을 만족시킨다.

> (가) $f(0)=f'(0)=0$ ❶
> (나) 곡선 $y=f(x)$는 점 $\mathrm{P}(t,\ t^3+t)$를 지난다. ❶

선분 OP를 지름으로 하는 원을 C라 하고 원 C의 중심의 x좌표를 a, 반지름의 길이를 r라 하자. 곡선 $y=f(x)$와 x축 및 직선 $x=a+r$로 둘러싸인 영역의 외부를 A, 원 C의 내부를 B라 할 때, ❷ 그림과 같이 두 영역 A, B의 공통부분의 넓이를 $S(t)$하자. $S'(1)$ ❸ 의 값은? (단, O는 원점이다.)

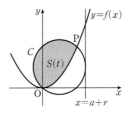

① $\dfrac{9\pi+5}{9}$ ② $\dfrac{9\pi+1}{6}$ ③ $\dfrac{6\pi+3}{4}$

④ $\dfrac{3\pi+3}{2}$ ✓⑤ $\dfrac{9\pi+4}{4}$

출제코드 선분 OP와 곡선 $y=f(x)$로 둘러싸인 부분의 넓이 구하기

❶ 함수 $f(x)$는 x^2을 인수로 갖고, $f(t)=t^3+t$임을 이용하여 이차함수 $f(x)$의 식을 구한다.

❷ 원 C의 반지름의 길이 r는 선분 OP의 길이의 $\dfrac{1}{2}$이다.

❸ $S(t)=$(반원의 넓이)+(선분 OP와 곡선 $y=f(x)$로 둘러싸인 부분의 넓이) 이다.

해설 **|1단계| 함수 $f(x)$의 식 구하기**

함수 $f(x)$는 이차함수이고 조건 (가)에서

$f(0)=f'(0)=0$

이므로 $f(x)=kx^2\ (k\ne 0)$으로 놓을 수 있다.

조건 (나)에서 곡선 $y=f(x)$가 점 $\mathrm{P}(t,\ t^3+t)$를 지나므로

$kt^2=t^3+t$ $\therefore k=t+\dfrac{1}{t}\ (\because t>0)$

$\therefore f(x)=\left(t+\dfrac{1}{t}\right)x^2$

|2단계| 선분 OP와 곡선 $y=f(x)$로 둘러싸인 부분의 넓이 구하기

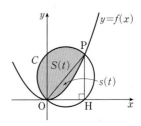

원 C와 x축의 교점 중 점 O가 아닌 점을 H라 하면 삼각형 OPH는 직각삼각형이므로 H$(t, 0)$

└─ 원에서 호가 반원일 때, 그 호에 대한 원주각의 크기는 $90°$이다.

선분 OP와 곡선 $y=f(x)$로 둘러싸인 부분의 넓이를 $s(t)$라 하면

$s(t)=$(삼각형 OPH의 넓이)$-\displaystyle\int_0^t f(x)dx$

$\qquad =\dfrac{1}{2}\times t\times(t^3+t)-\displaystyle\int_0^t\Big(t+\dfrac{1}{t}\Big)x^2dx$

$\qquad =\dfrac{1}{2}(t^4+t^2)-\Big(t+\dfrac{1}{t}\Big)\Big[\dfrac{1}{3}x^3\Big]_0^t$ **how? ❶**

$\qquad =\dfrac{1}{2}(t^4+t^2)-\dfrac{1}{3}(t^4+t^2)=\dfrac{1}{6}(t^4+t^2)$

|3단계| $S(t)$ 구하기

원 C의 지름의 길이는 $\overline{\mathrm{OP}}=\sqrt{t^2+(t^3+t)^2}$이므로 반지름의 길이는

$\dfrac{\overline{\mathrm{OP}}}{2}=\dfrac{\sqrt{t^2+(t^3+t)^2}}{2}=\dfrac{\sqrt{t^6+2t^4+2t^2}}{2}$

$S(t)$는 원 C의 넓이의 $\dfrac{1}{2}$과 $s(t)$를 더한 것과 같으므로

$S(t)=\dfrac{1}{2}\times\pi\Big(\dfrac{\sqrt{t^6+2t^4+2t^2}}{2}\Big)^2+s(t)$

$\qquad =\dfrac{\pi}{8}(t^6+2t^4+2t^2)+\dfrac{1}{6}(t^4+t^2)$

|4단계| $S'(t)$를 구하여 $S'(1)$의 값 구하기

$S'(t)=\dfrac{\pi}{8}(6t^5+8t^3+4t)+\dfrac{1}{6}(4t^3+2t)$이므로

$S'(1)=\dfrac{\pi}{8}\times(6+8+4)+\dfrac{1}{6}\times(4+2)=\dfrac{9\pi+4}{4}$

해설특강 ✏

how? ❶ $\displaystyle\int_0^t\Big(t+\dfrac{1}{t}\Big)x^2dx$에서 적분변수는 x이므로 $t+\dfrac{1}{t}$은 상수로 생각하여

$\displaystyle\int_0^t\Big(t+\dfrac{1}{t}\Big)x^2dx=\Big(t+\dfrac{1}{t}\Big)\int_0^t x^2dx=\Big(t+\dfrac{1}{t}\Big)\Big[\dfrac{1}{3}x^3\Big]_0^t$

로 계산한다.

6

|정답 ②

출제영역 접선의 방정식의 활용

삼차함수 위의 점에서의 접선의 방정식을 이용하여 조건을 만족시키는 미정계수의 값을 구할 수 있는지를 묻는 문제이다.

> 함수 $f(x)=x^3-ax^2-\dfrac{b}{2}x$ 위의 점 $(2, f(2))$에서의 접선이 x축, ❶
> y축 및 직선 $y=x$와 만나는 점을 각각 P, Q, R라 할 때,
> $\overline{\mathrm{PR}}=2\overline{\mathrm{QR}}$가 되도록 하는 자연수 a, b의 순서쌍 (a, b)의 개수 ❷
> 는? (단, $f(2)\neq0$, $f(2)\neq1$)
>
> ① 4 ✔ ② 5 ③ 6
> ④ 7 ⑤ 8

출제코드 $\overline{\mathrm{PR}}=2\overline{\mathrm{QR}}$를 만족시키는 두 점 P, R의 x좌표 사이의 관계식 찾기

❶ 함수 $y=f(x)$의 그래프 위의 점 $(2, f(2))$에서의 접선의 방정식은
$y=f'(2)(x-2)+f(2)$임을 알 수 있다.
❷ 두 점 P, R의 x좌표를 각각 α, β라 하면 $\overline{\mathrm{PR}}=2\overline{\mathrm{QR}}$이므로
$|\alpha-\beta|=|2\beta|$임을 알 수 있다.

해설 **|1단계|** 두 점 P, R의 x좌표 사이의 관계식 구하기

두 점 P, R의 x좌표를 각각 α, β라 하면 $\overline{\mathrm{PR}}=2\overline{\mathrm{QR}}$이므로

$|\alpha-\beta|=|2\beta|$, $\alpha-\beta=\pm2\beta$

$\therefore \alpha=3\beta$ 또는 $\alpha=-\beta$ ······ ㉠

|2단계| 두 점 P, R의 x좌표 구하기

한편, 함수 $y=f(x)$의 그래프 위의 점 $(2, f(2))$에서의 접선의 방정식은

$y=f'(2)(x-2)+f(2)$

이므로 직선 $y=f'(2)(x-2)+f(2)$가 x축과 만나는 점의 x좌표는

$f'(2)(x-2)+f(2)=0$에서 $f'(2)x=2f'(2)-f(2)$

$\therefore x=\dfrac{2f'(2)-f(2)}{f'(2)}$

또, 직선 $y=f'(2)(x-2)+f(2)$가 직선 $y=x$와 만나는 점의 x좌표는

$f'(2)(x-2)+f(2)=x$에서 $\{f'(2)-1\}x=2f'(2)-f(2)$

$\therefore x=\dfrac{2f'(2)-f(2)}{f'(2)-1}$

|3단계| 자연수 a, b의 순서쌍 (a, b)의 개수 구하기

즉, $\alpha=\dfrac{2f'(2)-f(2)}{f'(2)}$, $\beta=\dfrac{2f'(2)-f(2)}{f'(2)-1}$이므로 ㉠에서

$3f'(2)=f'(2)-1$ 또는 $-f'(2)=f'(2)-1$ **how? ❶**

$\therefore f'(2)=-\dfrac{1}{2}$ 또는 $f'(2)=\dfrac{1}{2}$ ······ ㉡

$f(x)=x^3-ax^2-\dfrac{b}{2}x$에서 $f'(x)=3x^2-2ax-\dfrac{b}{2}$이므로

$f'(2)=12-4a-\dfrac{b}{2}$

㉡에 의하여 $12-4a-\dfrac{b}{2}=-\dfrac{1}{2}$ 또는 $12-4a-\dfrac{b}{2}=\dfrac{1}{2}$

$\therefore 8a+b=25$ 또는 $8a+b=23$

따라서 자연수 a, b의 순서쌍 (a, b)는 $(1, 17)$, $(2, 9)$, $(3, 1)$,
$(1, 15)$, $(2, 7)$의 5개이다.

해설특강 ✏

how? ❶ $\alpha=3\beta$에서

$\dfrac{2f'(2)-f(2)}{f'(2)}=\dfrac{3\{2f'(2)-f(2)\}}{f'(2)-1}$, $\dfrac{1}{f'(2)}=\dfrac{3}{f'(2)-1}$

$\therefore 3f'(2)=f'(2)-1$

$\alpha=-\beta$에서

$\dfrac{2f'(2)-f(2)}{f'(2)}=-\dfrac{2f'(2)-f(2)}{f'(2)-1}$

$\therefore -f'(2)=f'(2)-1$

참고

(i) $f'(2)=\dfrac{1}{2}$일 때 (ii) $f'(2)=-\dfrac{1}{2}$일 때

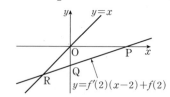

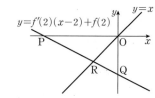

| **1** 7 | **2** ③ | **3** 55 | **4** 309 | **5** 10 | **6** ③ |

1

|정답 **7**

출제영역 함수의 연속＋방정식의 실근의 개수

구간에 따라 다르게 정의된 함수 $f(x)$와 새롭게 정의된 함수 $g(t)$에 대하여 조건을 만족시키는 미정계수를 구할 수 있는지를 묻는 문제이다.

> **실수 전체의 집합에서 연속인 함수**
> $$f(x)=\begin{cases} ax^2+bx-7 & (x<-1) \\ 3x & (-1\le x<1) \\ -ax^2+bx+7 & (x\ge 1) \end{cases}$$ ❶
>
> 의 그래프가 직선 $y=x+t$와 만나는 서로 다른 점의 개수를 $g(t)$라 할 때, $g(t)$가 다음 조건을 만족시킨다.
>
> > ㈎ 함수 $g(t)$가 $t=a$에서 불연속이 되는 실수 a의 개수는 2이다. ❷
> > ㈏ 함수 $g(t)$의 최댓값은 5이다.
>
> $f(5)$의 값을 구하시오. (단, a, b는 상수이다.) 7

출제코드 a의 값에 따른 함수 $y=f(x)$의 그래프의 개형을 찾고 조건을 만족시키는지 확인하기

❶ 함수 $f(x)$는 $x=1$에서 연속임을 알 수 있다.
❷ 함수 $y=f(x)$의 그래프와 직선 $y=x+t$가 만나는 점의 개수가 바뀌는 지점에 주목한다.

해설 |**1단계**| 함수 $f(x)$는 실수 전체의 집합에서 연속임을 이용하여 a, b 사이의 관계식 찾기

함수 $f(x)$는 $x=1$에서 연속이므로
$$\lim_{x\to 1+}f(x)=\lim_{x\to 1-}f(x)=f(1)$$
$$\lim_{x\to 1+}f(x)=\lim_{x\to 1+}(-ax^2+bx+7)=-a+b+7,$$
$$\lim_{x\to 1-}f(x)=\lim_{x\to 1-}3x=3,$$
$$f(1)=-a+b+7$$
이므로 $-a+b+7=3$
$$\therefore a-b=4 \quad\cdots\cdots\ \text{㉠}$$

|**2단계**| a의 값에 따른 함수 $y=f(x)$의 그래프의 개형을 찾고 조건 ㈏를 만족시키는지 확인하기

임의의 실수 t에 대하여 $f(-t)=-f(t)$이므로 함수 $y=f(x)$의 그래프는 원점에 대하여 대칭이다.

(i) $a>0$인 경우

함수 $y=f(x)$의 그래프는 다음 그림과 같다. **how? ❶**

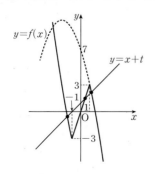

이때 함수 $g(t)$의 최댓값은 3이므로 조건 ㈏를 만족시키지 않는다.

(ii) $a=0$인 경우

㉠에 의하여 $b=-4$이므로
$$f(x)=\begin{cases} -4x-7 & (x<-1) \\ 3x & (-1\le x<1) \\ -4x+7 & (x\ge 1) \end{cases}$$

따라서 함수 $y=f(x)$의 그래프는 다음 그림과 같다.

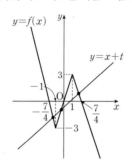

이때 함수 $g(t)$의 최댓값은 3이므로 조건 ㈏를 만족시키지 않는다.

(iii) $a<0$인 경우

함수 $y=f(x)$의 그래프가 다음 그림과 같을 때, 함수 $g(t)$의 최댓값이 5가 된다.

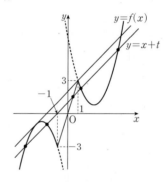

|**3단계**| 조건 ㈎를 만족시키는 a, b의 값을 구하여 $f(5)$의 값 구하기

한편, 조건 ㈎에서 함수 $g(t)$가 $t=a$에서 불연속이 되는 실수 a의 개수가 2이려면 직선 $y=x+t$가 점 $(1, 3)$을 지나는 경우, 즉 직선 $y=x+2$가 곡선 $y=ax^2+(a-4)x-7$과 접해야 한다. **why? ❷**
㉠에서 $b=a-4$
방정식 $ax^2+(a-4)x-7=x+2$, 즉
$ax^2+(a-5)x-9=0$의 판별식을 D라 하면
$$D=(a-5)^2+36a=0$$
$$a^2+26a+25=0,\ (a+1)(a+25)=0$$
$$\therefore a=-25 \ \text{또는}\ a=-1$$

이때 ㉠에 의하여 $a=-1$이면 $b=-5$이므로 $x\ge 1$에서
$$f(x)=x^2-5x+7=\left(x-\frac{5}{2}\right)^2+\frac{3}{4}$$

$a=-25$이면 $b=-29$이므로 $x\ge 1$에서
$$f(x)=25x^2-29x+7=25\left(x-\frac{29}{50}\right)^2-\frac{141}{100}$$

그런데 (iii)의 그래프에서 $x\ge 1$에서의 곡선 $y=f(x)$의 축이 직선 $x=1$보다 오른쪽에 있으므로
$$f(x)=x^2-5x+7$$
$$\therefore f(5)=25-25+7=7$$

how? ❶ 곡선 $y=-ax^2+bx+7$의 축 $x=\dfrac{b}{2a}$가 직선 $x=1$보다 오른쪽에 있는 경우 곡선 $y=-ax^2+bx+7$의 y절편이 7이라는 것에 모순이므로
$$\dfrac{b}{2a}<1$$

why? ❷ 직선 $y=x+t$가 점 $(-1, -3)$을 지날 때 곡선
$y=-ax^2+(a-4)x-7$에 접하고, 점 $(1, 3)$을 지날 때 곡선
$y=ax^2+(a-4)x-7$과 접하면 함수 $g(t)$는 다음과 같다.

$$g(t)=\begin{cases}1 & (t<-2)\\3 & (t=-2)\\5 & (-2<t<2)\\3 & (t=2)\\1 & (t>2)\end{cases}$$

따라서 함수 $g(t)$가 불연속인 t의 값은 $t=-2, t=2$의 2개이다.

2

|정답 ③

적분과 미분의 관계＋함수의 극대·극소＋방정식의 실근의 개수＋미분계수의 기하적 의미

함수 $f(x)$의 정적분을 이용하여 정의된 함수 $y=g(x)$의 그래프가 주어질 때, 함수 $f(x)$에 대한 설명의 참, 거짓을 판별할 수 있는지를 묻는 문제이다.

> 최고차항의 계수가 1인 삼차함수 $f(x)$에 대하여 함수 $g(x)$를
> $$g(x)=\left|\int_0^x f(t)dt\right|$$
> 라 하자. $g(0)=g(\alpha)=g(\beta)=0$, $g'(0)=0$이고 함수 $y=g(x)$의 그래프가 그림과 같다. ❶
>
>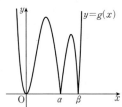
>
> 〈보기〉에서 옳은 것만을 있는 대로 고른 것은? (단, $0<\alpha<\beta$)
>
> | 보기 |
> ㄱ. 방정식 $f(x)=0$은 서로 다른 세 실근을 갖는다. ❷
> ㄴ. $f'(0)<0$이다. ❸
> ㄷ. $f'(1)=f'(4)=0$이면 함수 $f(x)$의 극솟값은 -8이다.

① ㄱ   ② ㄴ   ✓ ③ ㄱ, ㄷ
④ ㄴ, ㄷ   ⑤ ㄱ, ㄴ, ㄷ

주어진 함수 $y=g(x)$의 그래프를 이용하여 함수 $y=f(x)$의 그래프의 개형 추론하기

❶ $h(x)=\displaystyle\int_0^x f(t)dt$로 놓으면 함수 $y=g(x)$의 그래프는 사차함수 $y=h(x)$의 그래프에서 x축의 아랫부분을 x축 위로 접어 올린 것이므로 주어진 함수 $y=g(x)$의 그래프를 이용하여 함수 $y=h(x)$의 그래프의 개형을 그릴 수 있다.

❷ $f(t)=h'(t)$이므로 ❶에서 그린 함수 $y=h(x)$의 그래프를 이용하여 $y=f(x)$의 그래프의 개형을 추론한 후 함수 $y=f(x)$의 그래프와 x축의 교점의 개수를 구한다.

❸ 함수 $y=f(x)$의 그래프 위의 $x=0$인 점에서의 접선의 기울기를 이용한다.

|1단계| 함수 $y=g(x)$의 그래프를 이용하여 함수 $y=\displaystyle\int_0^x f(t)dt$의 그래프의 개형 그리기

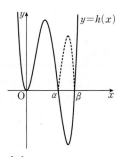

$h(x)=\displaystyle\int_0^x f(t)dt$로 놓으면
$g(x)=|h(x)|$이므로 함수 $y=g(x)$의 그래프는 최고차항의 계수가 $\dfrac{1}{4}$인 사차함수 $y=h(x)$의 그래프에서 x축의 아랫부분을 x축 위로 접어 올린 것이다. **why? ❶**
따라서 주어진 함수 $y=g(x)$의 그래프에서 함수 $y=h(x)$의 그래프는 오른쪽 그림과 같다.

|2단계| 함수 $y=\displaystyle\int_0^x f(t)dt$의 그래프를 이용하여 함수 $y=f(x)$의 그래프의 개형 그리기

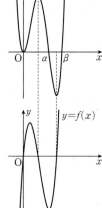

$h'(x)=f(x)$이므로 함수 $y=h(x)$의 그래프의 개형을 이용하여 함수 $y=f(x)$의 그래프의 개형을 그리면 오른쪽 그림과 같다.

|3단계| ㄱ, ㄴ, ㄷ의 참, 거짓 판별하기

ㄱ. 함수 $y=f(x)$의 그래프는 x축과 서로 다른 세 점에서 만나므로 방정식 $f(x)=0$은 서로 다른 세 실근을 갖는다. (참)

ㄴ. 함수 $y=f(x)$의 그래프 위의 $x=0$인 점에서의 접선의 기울기는 양수이므로 $f'(0)>0$ (거짓)

ㄷ. 최고차항의 계수가 1인 삼차함수 $f(x)$의 도함수 $f'(x)$는 최고차항의 계수가 3인 이차함수이고 $f'(1)=0$, $f'(4)=0$ 이므로
$$f'(x)=3(x-1)(x-4)=3x^2-15x+12$$
$$\therefore f(x)=\int f'(x)dx=\int(3x^2-15x+12)dx$$
$$=x^3-\dfrac{15}{2}x^2+12x+C \text{ (단, } C \text{는 적분상수)}$$
이때 $f(0)=0$이므로 $C=0$
따라서 $f(x)=x^3-\dfrac{15}{2}x^2+12x$이므로 함수 $f(x)$는 $x=4$에서 극솟값 $f(4)=64-120+48=-8$을 갖는다. (참)

따라서 옳은 것은 ㄱ, ㄷ이다. └ $f'(x)=0$에서 $x=1$ 또는 $x=4$이고 $x=4$의 좌우에서 $f'(x)$의 부호가 음에서 양으로 바뀌므로 함수 $f(x)$는 $x=4$에서 극소이다.

why? ❶ $f(x)$는 최고차항의 계수가 1인 삼차함수이므로
$$f(x)=x^3+ax^2+bx+c \text{ (}a, b, c\text{는 상수)로 놓으면}$$
$$h(x)=\int_0^x f(t)dt$$
$$=\int_0^x(t^3+at^2+bt+c)dt$$
$$=\left[\dfrac{1}{4}t^4+\dfrac{a}{3}t^3+\dfrac{b}{2}t^2+ct\right]_0^x$$
$$=\dfrac{1}{4}x^4+\dfrac{a}{3}x^3+\dfrac{b}{2}x^2+cx$$
따라서 $h(x)$는 최고차항의 계수가 $\dfrac{1}{4}$인 사차함수이다.

정적분으로 정의된 함수를 포함하는 등식과 주어진 함숫값을 이용하여 함수 $f(x)$를 구할 수 있는지를 묻는 문제이다.

다항함수 $f(x)$가 모든 실수 x에 대하여 등식

$$\int_1^x x^2 f(t)dt - \int_0^x t^2 f(t)dt = ax^5 + bx^3 \; \text{❶❷}$$

을 만족시킨다. $f(1)=10$일 때, $f(2)$의 값을 구하시오. **55**

(단, a, b는 상수이다.)

---

❶ 등식에 포함된 정적분의 적분 구간이 다르므로 적분 구간을 같게 통일시키면 좌변을 좀 더 간단히 할 수 있다.
❷ 적분 구간의 위끝과 아래끝을 같게 하는 $x=0$, $x=1$을 대입하면 그 정적분의 값은 각각 0이 됨을 이용한다.

해설 |**1단계**| 주어진 등식에서 정적분의 아래끝을 같게 한 후 적분 구간에 변수가 없는 정적분을 상수 k로 놓고 간단히 하기

$$\int_1^x x^2 f(t)dt - \int_0^x t^2 f(t)dt = ax^5 + bx^3 \text{에서}$$
─ 적분변수가 t이므로 x^2은 상수로 생각한다.

$$x^2 \int_0^x f(t)dt - x^2 \int_0^1 f(t)dt - \int_0^x t^2 f(t)dt = ax^5 + bx^3 \; \text{how?❶}$$

이때 $\int_0^1 f(t)dt = k$ (k는 상수)라 하면

$$x^2 \int_0^x f(t)dt - \int_0^x t^2 f(t)dt = ax^5 + bx^3 + kx^2$$

─ $x^2 \cdot \int_0^x f(t)dt$ 모두 x에 대한 함수이므로 x에 대하여 미분할 때는 곱의 미분법을 이용하여 미분해야 한다.

|**2단계**| 간단히 한 등식의 양변을 x에 대하여 미분한 후 $x=0$을 대입하여 k의 값을 구하고 a와 b 사이의 관계식 구하기

위의 식의 양변을 x에 대하여 미분하면

$$2x \int_0^x f(t)dt + x^2 f(x) - x^2 f(x) = 5ax^4 + 3bx^2 + 2kx$$

$$2x \int_0^x f(t)dt = 5ax^4 + 3bx^2 + 2kx$$

위의 식이 모든 실수 x에 대하여 성립하므로

$$2 \int_0^x f(t)dt = 5ax^3 + 3bx + 2k \quad \cdots\cdots \; ㉠$$

㉠의 양변에 $x=0$을 대입하면 **why?❷**

$$0 = 2k$$

$$\therefore k = \int_0^1 f(t)dt = 0$$

이때 ㉠의 양변에 $x=1$을 대입하면

$$2 \int_0^1 f(t)dt = 5a + 3b$$

$\int_0^1 f(t)dt = 0$이므로

$$5a + 3b = 0$$

$$\therefore 3b = -5a$$

|**3단계**| 등식의 양변을 다시 한 번 x에 대하여 미분하고 a와 b 사이의 관계식을 이용하여 함수 $f(x)$의 식 구하기

㉠에 $3b = -5a$를 대입하여 정리하면

$$2 \int_0^x f(t)dt = 5ax^3 - 5ax \quad \cdots\cdots \; ㉡$$

㉡의 양변을 x에 대하여 미분하면

$$2f(x) = 15ax^2 - 5a$$

$$\therefore f(x) = \frac{15a}{2}x^2 - \frac{5a}{2}$$

이때 $f(1)=10$이므로

$$\frac{15a}{2} - \frac{5a}{2} = 10, \; 5a = 10$$

$$\therefore a = 2$$

따라서 $f(x) = 15x^2 - 5$이므로

$$f(2) = 15 \times 4 - 5 = 55$$

해설특강 ✏

how?❶ $\int_1^x x^2 f(t)dt - \int_0^x t^2 f(t)dt = ax^5 + bx^3$에서

$$(\text{좌변}) = x^2 \int_1^x f(t)dt - \int_0^x t^2 f(t)dt$$

$$= x^2 \int_1^0 f(t)dt + x^2 \int_0^x f(t)dt - \int_0^x t^2 f(t)dt$$

$$= x^2 \int_0^x f(t)dt - x^2 \int_0^1 f(t)dt - \int_0^x t^2 f(t)dt$$

$$\therefore x^2 \int_0^x f(t)dt - x^2 \int_0^1 f(t)dt - \int_0^x t^2 f(t)dt = ax^5 + bx^3$$

why?❷ 정적분 $\int_0^x f(t)dt$에서 적분 구간의 위끝과 아래끝을 같게 하는 x의 값 $x=0$을 대입하여 $\int_0^0 f(t)dt = 0$임을 이용한다.

조건을 만족시키는 사차함수의 그래프를 이용하여 주어진 함수의 그래프를 추론하고 함수의 식을 구할 수 있는 지를 묻는 문제이다.

최고차항의 계수가 1이고 $x=1$, $x=5$, $x=9$에서 극값을 갖는 사차함수 $f(x)$에 대하여 함수

$$g(x) = \begin{cases} f(x) & (x < a) \\ f(x-m)+n & (x \ge a) \end{cases}$$

가 $x=a$에서 미분가능하고 $g'(a)=0$일 때, x에 대한 방정식 $g(x)=t$가 다음 조건을 만족시킨다.

㈎ 방정식 $g(x)=t$가 실근을 갖도록 하는 실수 t의 최솟값은 3이다. ❶

㈏ 3 이상인 모든 실수 t에 대하여 방정식 $g(x)=t$의 서로 다른 모든 실근의 합은 항상 9의 양의 배수이다. ❷

방정식 $g(x)=t$의 서로 다른 모든 실근의 합의 최댓값을 p, 방정식 $g(x)=t$의 서로 다른 실근의 합이 p가 되는 자연수 t의 개수를 q라 할 때, $p+q$의 값을 구하시오. (단, a, m, n은 상수이다.) 309

---

❶ 함수 $g(x)$의 최솟값이 3임을 알 수 있다.
❷ 방정식 $g(x)=t$의 서로 다른 모든 실근의 합이 항상 9의 배수이려면 한 근이 α일 때 $9k-\alpha$ (k는 자연수)도 항상 근이 되어야 하므로 함수 $y=g(x)$의 그래프는 직선 $x=9$에 대하여 대칭이다.

함수 $f(x)$가 $x=1$, $x=5$, $x=9$에서 극값을 가지므로
$$f'(1)=f'(5)=f'(9)=0$$
이때 $g'(a)=0$이므로 실수 a의 값은 1 또는 5 또는 9이다.
조건 ㈎에서 함수 $g(x)$의 최솟값은 3이고, 조건 ㈏에서 방정식 $g(x)=t$의 서로 다른 실근의 합이 항상 9의 배수이므로 함수 $y=g(x)$의 그래프는 직선 $x=9$에 대하여 대칭이다.
따라서 $a=9$이므로 함수 $y=g(x)$의 그래프는 다음 그림과 같다. **how?❶**

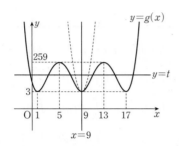

|2단계| 두 함수 $f(x)$, $g(x)$의 식 구하기

사차함수 $f(x)$는 $f'(1)=f'(9)=0$, $f(1)=f(9)=3$이고 최고차항의 계수가 1이므로
$$f(x)=(x-1)^2(x-9)^2+3$$
$x \geq 9$에서 함수 $y=g(x)=f(x-m)+n$의 그래프는 함수 $y=f(x)$의 그래프를 x축의 방향으로 m만큼, y축의 방향으로 n만큼 평행이동한 것 같으므로 $m=8$, $n=0$
$$\therefore g(x)=\begin{cases}(x-1)^2(x-9)^2+3 & (x<9) \\ (x-9)^2(x-17)^2+3 & (x \geq 9)\end{cases}$$

|3단계| p, q의 값을 구하여 $p+q$의 값 구하기

$g(5)=f(5)=(5-1)^2 \times (5-9)^2+3=259$이므로 $3<t<259$일 때, 방정식 $g(x)=t$의 서로 다른 실근의 개수가 6으로 가장 많고 이때의 모든 실근의 합은 54이므로 최대이다. **why?❷**
$$\therefore p=54$$
또, 방정식 $g(x)=t$의 서로 다른 실근의 합이 54인 자연수 t의 개수는 $259-3-1=255$이므로
$$q=255$$
$$\therefore p+q=54+255=309$$

해설특강

how?❶ 함수 $g(x)$의 최솟값이 3이고, 함수 $y=f(x)$는 $x=1$, $x=9$에서 극소이자 최소이므로 $f(1)=f(9)=3$이 되도록 함수의 그래프를 그린다.

why?❷ $x<9$에서 방정식 $g(x)=t$의 서로 다른 실근을 α, β, γ $(\alpha<\beta<\gamma)$라 하자. 함수 $y=g(x)$의 그래프는 직선 $x=9$에 대하여 대칭이므로 $x \geq 9$에서 방정식 $g(x)=t$의 서로 다른 실근은 $18-\alpha$, $18-\beta$, $18-\gamma$이다. 따라서 모든 실근의 합은
$$\alpha+\beta+\gamma+(18-\alpha)+(18-\beta)+(18-\gamma)=54$$

5

출제영역 정적분의 계산

주어진 조건을 만족시키는 삼차함수 $f(x)$를 추론하여 정적분의 값을 구할 수 있는지를 묻는 문제이다.

최고차항의 계수가 1인 삼차함수 $f(x)$가 모든 실수 x에 대하여 다음 조건을 만족시킨다.

㈎ $f(2-x)=-f(2+x)$ **❶**

㈏ $\displaystyle\int_2^x \{f(t)-3(t-2)\}dt \geq 0$ **❷**

$f(0)$이 최대일 때, $\left|\displaystyle\int_0^2 f(x)dx\right|$의 값을 구하시오. 10

출제코드 삼차함수 $f(x)$의 식 추론하기

❶ 주어진 식에 적절한 x의 값을 대입한다.
❷ $t \geq 2$, $t<2$일 때로 경우를 나누어 생각한다.

해설 | **1단계** | 조건 ㈎를 만족시키는 조건 찾기

조건 ㈎에서 $f(2-x)=-f(2+x)$ ⋯⋯ ㉠
$x=0$을 ㉠에 대입하면 $f(2)=-f(2)$
$$\therefore f(2)=0$$
$x=2$를 ㉠에 대입하면 $f(0)=-f(4)$

|2단계| 함수 $f(x)$의 식 구하기

한편, $f(x)=(x-2)(x^2+bx+c)$ $(b, c$는 상수)로 놓으면
$$f(0)=-2c, \quad f(4)=2(16+4b+c)$$
이므로
$$-2c=-2(16+4b+c)$$
$$c=16+4b+c, \quad 16+4b=0$$
$$\therefore b=-4$$
$$\therefore f(x)=(x-2)(x^2-4x+c)$$
$$=(x-2)\{(x-2)^2+c-4\}$$
$$=(x-2)^3+(c-4)(x-2)$$
따라서
$$f(t)-3(t-2)=(t-2)^3+(c-7)(t-2) \quad \textbf{how?❶}$$
이고 조건 ㈏에서 모든 실수 x에 대하여
$$\int_2^x \{f(t)-3(t-2)\}dt \geq 0$$이므로
$t \geq 2$일 때, $(t-2)^3+(c-7)(t-2) \geq 0$
$t<2$일 때, $(t-2)^3+(c-7)(t-2)<0$
따라서 $c \geq 7$이고 $f(0)$이 최대일 때 c의 값은 7이므로
$$f(x)=(x-2)(x^2-4x+7)=x^3-6x^2+15x-14$$

|3단계| $\left|\displaystyle\int_0^2 f(x)dx\right|$의 값 구하기

$$\therefore \int_0^2 f(x)dx=\int_0^2 (x^3-6x^2+15x-14)dx$$
$$=\left[\frac{x^4}{4}-2x^3+\frac{15}{2}x^2-14x\right]_0^2$$
$$=4-16+30-28=-10$$
$$\therefore \left|\int_0^2 f(x)dx\right|=10$$

해설특강 ✎

how? ❶ $f(t)=(t-2)^3+(c-4)(t-2)$이므로

$$f(t)-3(t-2)=(t-2)^3+(c-4)(t-2)-3(t-2)$$
$$=(t-2)^3+(t-2)(c-4-3)$$
$$=(t-2)^3+(c-7)(t-2)$$

6

|정답 ③

출제영역 함수의 미분가능성＋함수의 연속＋함수의 극대·극소

구간에 따라 다르게 정의된 함수 $g(x)$와 삼차함수 $h(x)$에 대하여 함수 $g(x)h(x)$가 실수 전체의 집합에서 미분가능할 조건을 구할 수 있는지를 묻는 문제이다.

0이 아닌 상수 k와 함수 $f(x)=|x-2|$에 대하여 함수 $g(x)$는

$$g(x)=\begin{cases} f(x) & (x<0) \\ f(x)+k & (x\geq0) \end{cases}❶$$

이다. 함수 $g(x)$와 최고차항의 계수가 1인 삼차함수 $h(x)$가 다음 조건을 만족시킨다.

(가) 함수 $g(x)$의 최솟값은 $\dfrac{5}{3}$이다.

(나) 함수 $g(x)h(x)$가 실수 전체의 집합에서 미분가능하다.❷

$h(x)$의 극솟값을 l이라 할 때, $k+l$의 값은? (단, $h(0)=0$)

① $\dfrac{11}{27}$ ② $\dfrac{4}{9}$ ✔ ③ $\dfrac{13}{27}$

④ $\dfrac{14}{27}$ ⑤ $\dfrac{5}{9}$

출제코드 함수 $g(x)h(x)$가 실수 전체의 집합에서 미분가능하도록 하는 함수 $h(x)$ 구하기

❶ 함수 $g(x)$는 k의 값에 따라 $x=0$에서 연속일 수도 있고 불연속일 수도 있다. 또, 함수 $f(x)$는 $x=2$에서 미분가능하지 않으므로 함수 $g(x)$도 $x=2$에서 미분가능하지 않다.

❷ 함수 $h(x)$는 실수 전체의 집합에서 미분가능하므로 함수 $g(x)$가 미분가능하지 않은 x의 값에서 함수 $g(x)h(x)$의 미분가능성을 판단해 본다.

해설 |1단계| 함수 $g(x)$의 연속성 판단하기

함수 $g(x)$가 실수 전체의 집합에서 연속이면 $x=0$에서도 연속이므로

$$\lim_{x\to0+}g(x)=\lim_{x\to0-}g(x)=g(0)$$

$$f(0)+k=f(0)$$

$$\therefore k=0$$

그런데 k는 0이 아닌 상수이므로 함수 $g(x)$는 $x=0$에서 불연속이다.

|2단계| 조건 (가)를 이용하여 k의 값 구하기

$$g(x)=\begin{cases} f(x) & (x<0) \\ f(x)+k & (x\geq0) \end{cases}$$

$$=\begin{cases} |x-2| & (x<0) \\ |x-2|+k & (x\geq0) \end{cases}$$

$$=\begin{cases} -x+2 & (x<0) \\ |x-2|+k & (x\geq0) \end{cases}$$

이므로 $x<0$일 때 $g(x)>2$, $x\geq0$일 때 $g(x)\geq k$

이때 조건 (가)에서 함수 $g(x)$의 최솟값은 $\dfrac{5}{3}$이므로

$$k=\frac{5}{3}$$

|3단계| 조건 (나)를 이용하여 함수 $h(x)$의 식 구하기

즉,

$$g(x)=\begin{cases} -x+2 & (x<0) \\ |x-2|+\dfrac{5}{3} & (x\geq0) \end{cases}$$

이므로 함수 $g(x)$는 $x=0$과 $x=2$에서 미분가능하지 않다. **why? ❶**

함수 $h(x)$는 삼차함수이고, 조건 (나)에서 함수 $g(x)h(x)$는 실수 전체의 집합에서 미분가능하므로 $x=0$과 $x=2$에서 연속이고 미분가능해야 한다.

(i) $x=0$에서 연속이어야 하므로

$$\lim_{x\to0+}g(x)h(x)=\lim_{x\to0-}g(x)h(x)=g(0)h(0)$$에서

$$\frac{11}{3}h(0)=2h(0)$$

$$\therefore h(0)=0$$

(ii) $x=0$에서 미분가능해야 하므로

$$\lim_{x\to0+}\frac{g(x)h(x)-g(0)h(0)}{x}=\lim_{x\to0-}\frac{g(x)h(x)-g(0)h(0)}{x}$$

$$\lim_{x\to0+}\frac{g(x)h(x)-g(0)h(0)}{x}$$

$$=\lim_{x\to0+}\frac{g(x)h(x)}{x}\;(\because h(0)=0)$$

$$=\lim_{x\to0+}\frac{g(x)\{h(x)-h(0)\}}{x}$$

$$=\frac{11}{3}h'(0)$$

$$\lim_{x\to0-}\frac{g(x)h(x)-g(0)h(0)}{x}$$

$$=\lim_{x\to0-}\frac{g(x)h(x)}{x}\;(\because h(0)=0)$$

$$=\lim_{x\to0-}\frac{g(x)\{h(x)-h(0)\}}{x}$$

$$=2h'(0)$$

이므로

$$\frac{11}{3}h'(0)=2h'(0)$$

$$\therefore h'(0)=0$$

(i), (ii)에 의하여 $h(0)=0$, $h'(0)=0$이므로 최고차항의 계수가 1인 삼차함수 $h(x)$는 x^2을 인수로 갖는다.

$h(x)=x^2(x-a)=x^3-ax^2$ (a는 상수)으로 놓으면

$$g(x)h(x)=\begin{cases} (-x+2)(x^3-ax^2) & (x<0) \\ \left(-x+\dfrac{11}{3}\right)(x^3-ax^2) & (0\leq x<2) \\ \left(x-\dfrac{1}{3}\right)(x^3-ax^2) & (x\geq2) \end{cases}$$

이므로

$$\{g(x)h(x)\}'$$

$$=\begin{cases} -(x^3-ax^2)+(-x+2)(3x^2-2ax) & (x<0) \\ -(x^3-ax^2)+\left(-x+\dfrac{11}{3}\right)(3x^2-2ax) & (0<x<2)\;\textbf{how? ❷} \\ (x^3-ax^2)+\left(x-\dfrac{1}{3}\right)(3x^2-2ax) & (x>2) \end{cases}$$

이때 함수 $g(x)h(x)$는 $x=2$에서 미분가능해야 하므로

$\lim\limits_{x\to2+}\{g(x)h(x)\}'=\lim\limits_{x\to2-}\{g(x)h(x)\}'$에서 how?❸

$(8-4a)+\dfrac{5}{3}(12-4a)=-(8-4a)+\dfrac{5}{3}(12-4a)$

$16-8a=0$

$\therefore a=2$

$\therefore h(x)=x^3-2x^2$

|4단계| 함수 $h(x)$의 극솟값 l을 구하여 $k+l$의 값 구하기

$h'(x)=3x^2-4x=x(3x-4)$이므로

$h'(x)=0$에서 $x=0$ 또는 $x=\dfrac{4}{3}$

함수 $h(x)$의 증가와 감소를 조사하여 표로 나타내면 다음과 같다.

x	$\cdots$	0	$\cdots$	$\dfrac{4}{3}$	$\cdots$
$h'(x)$	$+$	0	$-$	0	$+$
$h(x)$	↗	극대	↘	극소	↗

따라서 함수 $h(x)$의 극솟값은

$l=h\left(\dfrac{4}{3}\right)=\left(\dfrac{4}{3}\right)^3-2\times\left(\dfrac{4}{3}\right)^2=-\dfrac{32}{27}$

$\therefore k+l=\dfrac{5}{3}+\left(-\dfrac{32}{27}\right)=\dfrac{13}{27}$

해설특강 ✎

why? ❶ 함수

$g(x)=\begin{cases}-x+2 & (x<0) \\ |x-2|+\dfrac{5}{3} & (x\geq0)\end{cases}$

의 그래프는 오른쪽 그림과 같으므로 $x=0$에서 불연속이고, $x=2$에서 미분가능하지 않다.

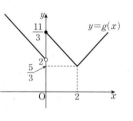

how? ❷ 각 구간별로 다음의 곱의 미분법을 이용한다.
→ $\{f(x)g(x)\}'=f'(x)g(x)+f(x)g'(x)$

how? ❸ 두 함수 $A(x)$, $B(x)$가 다항함수일 때, 함수

$F(x)=\begin{cases}A(x) & (x<a) \\ B(x) & (x\geq a)\end{cases}$의 $x=a$에서의 미분가능성은

$F'(x)=\begin{cases}A'(x) & (x<a) \\ B'(x) & (x>a)\end{cases}$를 구한 후

$\lim\limits_{x\to a+}B'(x)=\lim\limits_{x\to a-}A'(x)$

가 성립하는지 조사하면 된다.

핵심 개념 함수 $f(x)$가 $x=a$에서 미분가능하지 않은 경우

(1) $x=a$에서 불연속인 경우 ➡ [그림 1]

(2) $x=a$에서 연속이지만 뾰족점인 경우 ➡ [그림 2]

[그림 1]

[그림 2]

수학Ⅰ × 수학Ⅱ

1등급 모의고사

11회

본문 42~44쪽

1 ⑤	**2** 7	**3** ②	**4** 307	**5** 27	**6** 8

1

|정답 ⑤

출제영역 로그의 성질

로그의 성질을 이용하여 주어진 값이 정수가 되도록 하는 두 자연수 m, n의 값을 구할 수 있는지를 묻는 문제이다.

$1\leq m\leq10$, $1\leq n\leq100$인 두 자연수 m, n에 대하여

$6\log_{2^m}\dfrac{5}{8n+16}$❶의 값이 정수가 되도록 하는 모든 순서쌍 (m, n)의 개수는?

① 20 　　② 22 　　③ 24

④ 26 　　✓ ⑤ 28

출제코드 로그의 성질을 이용하여 주어진 식을 간단히 정리한 후, 그 식의 값이 정수가 되도록 하는 n의 값을 기준으로 경우를 나누어 순서쌍 (m, n)의 개수 구하기

❶ 로그의 성질을 이용하여 주어진 식을 최대한 간단하게 정리한다.

$a>0$, $a\neq1$이고 $M>0$, $N>0$일 때

• $\log_a MN=\log_a M+\log_a N$

• $\log_a \dfrac{M}{N}=\log_a M-\log_a N$

• $\log_{a^m}b^n=\dfrac{n}{m}\log_a b$ (단, $b>0$, $m\neq0$)

해설 **|1단계| 주어진 식을 로그의 성질을 이용하여 간단하게 정리하기**

$N=6\log_{2^m}\dfrac{5}{8n+16}$라 하면 로그의 성질에 의하여

$N=\dfrac{6}{m}\log_2\dfrac{5}{8(n+2)}$

　$=\dfrac{6}{m}\log_2\left(\dfrac{5}{n+2}\times\dfrac{1}{8}\right)$

　$=\dfrac{6}{m}\left(\log_2\dfrac{5}{n+2}+\log_2\dfrac{1}{8}\right)$

　$=\dfrac{6}{m}\left(\log_2\dfrac{5}{n+2}-3\right)$

|2단계| $\log_2\dfrac{5}{n+2}$의 값이 정수가 되도록 하는 자연수 n의 값 구하기

$N=\dfrac{6}{m}\left(\log_2\dfrac{5}{n+2}-3\right)$에서 N의 값이 정수가 되기 위해서는

$\log_2\dfrac{5}{n+2}$의 값이 정수이어야 한다. **why?❶**

$\log_2\dfrac{5}{n+2}=k$ (k는 정수)로 놓으면

$\dfrac{5}{n+2}=2^k$에서 $n=5\times2^{-k}-2$ **how?❷**

n이 100 이하의 자연수이므로 가능한 정수 k의 값은 0, -1, -2, -3, -4이고, 이때 n의 값은 각각 3, 8, 18, 38, 78이다.

|3단계| n의 값을 기준으로 주어진 식의 값이 정수가 되도록 하는 10 이하의 자연수 m의 값 구하기

(ⅰ) $n=3$일 때

$$N=\frac{6}{m}\left(\log_2\frac{5}{n+2}-3\right)=\frac{6}{m}\times(-3)=-\frac{18}{m}$$

N의 값이 정수가 되도록 하는 m의 값은 18의 양의 약수 중 10 이하의 자연수이므로 가능한 m의 값은 1, 2, 3, 6, 9이다.

따라서 순서쌍 (m, n)은 $(1, 3)$, $(2, 3)$, $(3, 3)$, $(6, 3)$, $(9, 3)$의 5개이다.

(ⅱ) $n=8$일 때

$$N=\frac{6}{m}\left(\log_2\frac{5}{n+2}-3\right)=\frac{6}{m}\times(-4)=-\frac{24}{m}$$

N의 값이 정수가 되도록 하는 m의 값은 24의 양의 약수 중 10 이하의 자연수이므로 가능한 m의 값은 1, 2, 3, 4, 6, 8이다.

따라서 순서쌍 (m, n)은 $(1, 8)$, $(2, 8)$, $(3, 8)$, $(4, 8)$, $(6, 8)$, $(8, 8)$의 6개이다.

(ⅲ) $n=18$일 때

$$N=\frac{6}{m}\left(\log_2\frac{5}{n+2}-3\right)=\frac{6}{m}\times(-5)=-\frac{30}{m}$$

N의 값이 정수가 되도록 하는 m의 값은 30의 양의 약수 중 10 이하의 자연수이므로 가능한 m의 값은 1, 2, 3, 5, 6, 10이다.

따라서 순서쌍 (m, n)은 $(1, 18)$, $(2, 18)$, $(3, 18)$, $(5, 18)$, $(6, 18)$, $(10, 18)$의 6개이다.

(ⅳ) $n=38$일 때

$$N=\frac{6}{m}\left(\log_2\frac{5}{n+2}-3\right)=\frac{6}{m}\times(-6)=-\frac{36}{m}$$

N의 값이 정수가 되도록 하는 m의 값은 36의 양의 약수 중 10 이하의 자연수이므로 가능한 m의 값은 1, 2, 3, 4, 6, 9이다.

따라서 순서쌍 (m, n)은 $(1, 38)$, $(2, 38)$, $(3, 38)$, $(4, 38)$, $(6, 38)$, $(9, 38)$의 6개이다.

(ⅴ) $n=78$일 때

$$N=\frac{6}{m}\left(\log_2\frac{5}{n+2}-3\right)=\frac{6}{m}\times(-7)=-\frac{42}{m}$$

N의 값이 정수가 되도록 하는 m의 값은 42의 양의 약수 중 10 이하의 자연수이므로 가능한 m의 값은 1, 2, 3, 6, 7이다.

따라서 순서쌍 (m, n)은 $(1, 78)$, $(2, 78)$, $(3, 78)$, $(6, 78)$, $(7, 78)$의 5개이다.

|4단계| 순서쌍 (m, n)의 개수 구하기

(ⅰ)~(ⅴ)에 의하여 순서쌍 (m, n)의 개수는

$5+6+6+6+5=28$

해설특강 ✎

why? ❶ $n\neq3$인 경우 $\log_2\dfrac{5}{n+2}\neq0$이고 $\log_2\dfrac{5}{n+2}$의 값이 정수가 아닌 유리수라 하면 $\log_2\dfrac{5}{n+2}=\dfrac{q}{p}$ 또는 $\log_2\dfrac{5}{n+2}=-\dfrac{q}{p}$ ($p\neq1$이고 p와 q는 서로소인 자연수)로 나타낼 수 있다.

즉, $\dfrac{5}{n+2}=2^{\frac{q}{p}}$ 또는 $\dfrac{5}{n+2}=2^{-\frac{q}{p}}$이므로

$n=5\times2^{-\frac{q}{p}}-2$ 또는 $n=5\times2^{\frac{q}{p}}-2$

이때 $2^{-\frac{q}{p}}$, $2^{\frac{q}{p}}$가 무리수이므로 n은 자연수가 아니다.

따라서 $\log_2\dfrac{5}{n+2}$가 정수가 아닌 유리수이어도 N의 값이 정수일 수 있지만 이때 n은 자연수가 아니다. 즉, N의 값이 정수가 되기 위해서는 $\log_2\dfrac{5}{n+2}$의 값이 정수이어야 한다.

how? ❷ $\dfrac{5}{n+2}=2^k$에서 $\dfrac{n+2}{5}=\dfrac{1}{2^k}$이므로

$\dfrac{n+2}{5}=2^{-k}$, $n+2=5\times2^{-k}$

$\therefore n=5\times2^{-k}-2$

---

2 | 정답 7

| 정답 7

출제영역 코사인법칙＋삼각형의 넓이

이등변삼각형의 성질과 코사인법칙을 이용하여 삼각형의 넓이를 구할 수 있는지를 묻는 문제이다.

그림과 같이 길이가 10인 선분 AB 위에 $\overline{AC}=8$, $\overline{BD}=4$❶가 되도록 두 점 C, D를 잡고, 두 선분 AC, BD를 각각 지름으로 하는 반원을 그릴 때, 두 반원이 점 E에서 만난다. 직선 BE가 반원의 호 AC와 만나는 점을 F❷라 할 때, 삼각형 AEF의 넓이는 $\dfrac{q}{p}\sqrt{15}$❸이다. $p+q$의 값을 구하시오. (단, p와 q는 서로소인 자연수이다.) 7

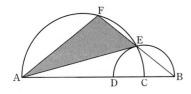

출제코드 코사인법칙을 이용하여 삼각형 AEF의 넓이 구하기

❶ $\overline{AB}=10$, $\overline{AC}=8$, $\overline{BD}=4$를 이용하여 점 C가 선분 BD의 중점임을 확인한다.

❷ 두 선분 AC, BD를 지름으로 하는 반원을 각각 O_1, O_2라 하고, 반원 O_1의 중심을 O라 하면 ❶에서 반원 O_2의 중심은 점 C임을 알 수 있다. 이때 삼각형 BCE, 삼각형 OEF가 모두 이등변삼각형이므로 각각의 삼각형에서 이등변삼각형의 성질을 이용한다.

❸ 삼각형 AEF의 넓이는 $\dfrac{1}{2}\times\overline{AE}\times\overline{EF}\times\sin(\angle AEF)$이므로 두 변 AE, EF의 길이와 $\angle AEF$의 사인값을 구한다.

해설 **|1단계|** 선분 BD를 지름으로 하는 반원의 중심이 점 C임을 파악하기

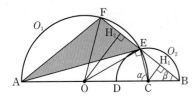

두 선분 AC, BD를 지름으로 하는 반원을 각각 O_1, O_2라 하자.

$\overline{AB}=10$, $\overline{AC}=8$이므로

$\overline{BC}=\overline{AB}-\overline{AC}=2$

$\overline{BD}=4$이므로

$\overline{CD}=\overline{BD}-\overline{BC}=2$

따라서 점 C는 반원 O_2의 중심이다.

|2단계| 이등변삼각형의 성질과 코사인법칙을 이용하여 두 선분 AE, EF의 길이 구하기

반원의 호에 대한 원주각의 크기가 $\dfrac{\pi}{2}$이므로 $\angle ACE=\dfrac{\pi}{2}$이고, 직각

삼각형 ACE에서

$\overline{AE}=\sqrt{\overline{AC}^2-\overline{CE}^2}=\sqrt{8^2-2^2}=2\sqrt{15}$

또, $\angle ACE=\alpha$라 하면

$\cos\alpha=\dfrac{\overline{EC}}{\overline{AC}}=\dfrac{2}{8}=\dfrac{1}{4}$

삼각형 BCE에서 $\angle BCE=\pi-\alpha$이므로 코사인법칙에 의하여

$\overline{BE}^2=\overline{BC}^2+\overline{CE}^2-2\times\overline{BC}\times\overline{CE}\times\underbrace{\cos(\pi-\alpha)}_{=-\cos\alpha}$

$=2^2+2^2-2\times2\times2\times\left(-\dfrac{1}{4}\right)=10$

$\therefore\ \overline{BE}=\sqrt{10}$

이때 삼각형 BCE는 $\overline{BC}=\overline{CE}=2$인 이등변삼각형이므로 점 C에서 선분 BE에 내린 수선의 발을 H_1, $\angle CBE=\beta$라 하면

$\cos\beta=\dfrac{\overline{BH_1}}{\overline{BC}}=\dfrac{\dfrac{\sqrt{10}}{2}}{2}=\dfrac{\sqrt{10}}{4}$

반원 O_1의 중심을 O라 하고 점 O에서 선분 BF에 내린 수선의 발을 H_2라 하면 직각삼각형 OBH_2에서

$\overline{BH_2}=\overline{OB}\cos\beta=6\times\dfrac{\sqrt{10}}{4}=\dfrac{3\sqrt{10}}{2}$

따라서 $\overline{EH_2}=\overline{BH_2}-\overline{BE}=\dfrac{\sqrt{10}}{2}$이고, 삼각형 OEF가 $\overline{OE}=\overline{OF}$인 이등변삼각형이므로

$\overline{EF}=2\overline{EH_2}=\sqrt{10}$

|3단계| ∠AEF를 ∠CBE에 대한 각으로 나타내고, 삼각형 AEF의 넓이 구하기

$\angle AEC=\dfrac{\pi}{2}$이고, $\angle CEB=\angle CBE=\beta$이므로

$\angle AEF=\pi-(\angle AEC+\angle CEB)=\dfrac{\pi}{2}-\beta$

따라서 삼각형 AEF의 넓이는

$\dfrac{1}{2}\times\overline{AE}\times\overline{EF}\times\sin\left(\dfrac{\pi}{2}-\beta\right)=\dfrac{1}{2}\times\overline{AE}\times\overline{EF}\times\cos\beta$

$=\dfrac{1}{2}\times2\sqrt{15}\times\sqrt{10}\times\dfrac{\sqrt{10}}{4}$

$=\dfrac{5\sqrt{15}}{2}$

즉, $p=2$, $q=5$이므로

$p+q=2+5=7$

핵심 개념 **코사인법칙**

(1) 삼각형 ABC에서

$a^2=b^2+c^2-2bc\cos A$

$b^2=c^2+a^2-2ca\cos B$

$c^2=a^2+b^2-2ab\cos C$

(2) $\cos A=\dfrac{b^2+c^2-a^2}{2bc}$

$\cos B=\dfrac{c^2+a^2-b^2}{2ca}$

$\cos C=\dfrac{a^2+b^2-c^2}{2ab}$

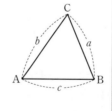

다른 풀이 $\overline{BE}=\overline{EF}=\dfrac{1}{2}\overline{BF}=\sqrt{10}$이므로 삼각형 AEF의 넓이는 삼각형 ABF의 넓이의 $\dfrac{1}{2}$임을 이용하여 다음과 같이 구할 수도 있다.

$\cos\beta=\dfrac{\sqrt{10}}{4}$에서

$\sin\beta=\sqrt{1-\cos^2\beta}=\sqrt{1-\left(\dfrac{\sqrt{10}}{4}\right)^2}=\dfrac{\sqrt{6}}{4}$

따라서 삼각형 AEF의 넓이는 삼각형 ABF의 넓이의 $\dfrac{1}{2}$이므로

$\triangle AEF=\dfrac{1}{2}\triangle ABF$

$=\dfrac{1}{2}\times\left(\dfrac{1}{2}\times\overline{AB}\times\overline{BF}\times\sin\beta\right)$

$=\dfrac{1}{2}\times\left(\dfrac{1}{2}\times10\times2\sqrt{10}\times\dfrac{\sqrt{6}}{4}\right)=\dfrac{5\sqrt{15}}{2}$

핵심 개념 **삼각형의 넓이**

삼각형 ABC에서 두 변의 길이와 그 끼인각의 크기가 주어질 때, 삼각형 ABC의 넓이를 S라 하면

$$S=\dfrac{1}{2}bc\sin A=\dfrac{1}{2}ca\sin B=\dfrac{1}{2}ab\sin C$$

3

|정답 ②

출제영역 **수열의 귀납적 정의**

귀납적으로 정의된 수열의 특정 항을 구할 수 있는지를 묻는 문제이다.

> 모든 항이 정수인 수열 $\{a_n\}$이 모든 자연수 n에 대하여 **❶**
> $a_{n+1}=a_n^2+ka_n+2$ (k는 정수)
> 를 만족시킨다. $a_3=0$, $a_5+a_6=2$일 때, **❷** $\displaystyle\sum_{k=1}^{20}a_k$의 최댓값과 최솟값 의 합은? **❸**
>
> ① 41   ✔ ② 43   ③ 45
> ④ 47   ⑤ 49

출제코드 귀납적으로 정의된 수열의 특정 항 및 항들 사이의 관계를 통해 정수 k의 값 구하기

❶ 수열 $\{a_n\}$의 모든 항들이 정수임을 확인하고, 정수가 아닌 항들은 제외한다.

❷ $a_3=0$임을 이용하여 a_4, a_5의 값을 k에 대하여 나타낸다.

❸ k의 값을 구한 후, 역으로 a_2, a_1의 값을 구하고, $\displaystyle\sum_{k=1}^{20}a_k$의 최댓값과 최솟값을 구한다.

해설 **|1단계|** a_4, a_5의 값을 k로 나타낸 후, k의 값 구하기

$a_{n+1}=a_n^2+ka_n+2$ ······ ㉠

$a_3=0$이므로 $n=3$을 ㉠에 대입하면

$a_4=a_3^2+ka_3+2=2$

$n=4$를 ㉠에 대입하면

$a_5=a_4^2+ka_4+2$

$=2^2+k\times2+2$

$=2k+6$

$n=5$를 ㉠에 대입하면

$a_6=a_5{}^2+ka_5+2$
$\quad=(2k+6)^2+k(2k+6)+2$
$\quad=6k^2+30k+38$

$a_5+a_6=2$이므로

$(2k+6)+(6k^2+30k+38)=2$

$3k^2+16k+21=0$

$(k+3)(3k+7)=0$

이때 k는 정수이므로 $k=-3$

따라서 $a_3=0$, $a_4=2$, $a_5=0$, $a_6=2$이고, ㉠에서

$a_{n+1}=a_n{}^2-3a_n+2$ …… ㉡

|2단계| a_2, a_1의 값 차례로 구하기

$n=2$를 ㉡에 대입하면 $a_3=0$이므로

$a_2{}^2-3a_2+2=0$

$(a_2-1)(a_2-2)=0$

$\therefore a_2=1$ 또는 $a_2=2$

$a_2=1$일 때, $n=1$을 ㉡에 대입하면

$a_1{}^2-3a_1+2=1$

$a_1{}^2-3a_1+1=0$

$\therefore a_1=\dfrac{3\pm\sqrt5}{2}$

그런데 a_1의 값이 정수이어야 하므로 조건을 만족시키지 않는다.

$a_2=2$일 때, $n=1$을 ㉡에 대입하면

$a_1{}^2-3a_1+2=2$

$a_1{}^2-3a_1=0$

$a_1(a_1-3)=0$

$\therefore a_1=0$ 또는 $a_1=3$

|3단계| a_1의 값을 기준으로 $\sum\limits_{k=1}^{20}a_k$의 값 구하기

(i) $a_1=0$일 때

모든 자연수 n에 대하여 $a_{2n-1}=0$, $a_{2n}=2$이므로

$\sum\limits_{k=1}^{20}a_k=2\times10=20$ **how? ❶**

(ii) $a_1=3$일 때

$a_1=3$이고, 모든 자연수 n에 대하여 $a_{2n}=2$, $a_{2n+1}=0$이므로

$\sum\limits_{k=1}^{20}a_k=3+2\times10=23$ **how? ❷**

(i), (ii)에 의하여 $\sum\limits_{k=1}^{20}a_k$의 최댓값은 23이고, 최솟값은 20이므로 그 합은

$23+20=43$

해설특강 ✎

how? ❶ $\sum\limits_{k=1}^{20}a_k=(a_1+a_3+a_5+\cdots+a_{19})+(a_2+a_4+a_6+\cdots+a_{20})$
$\qquad\qquad=0\times10+2\times10=20$

how? ❷ $\sum\limits_{k=1}^{20}a_k=a_1+(a_3+a_5+a_7+\cdots+a_{19})+(a_2+a_4+a_6+\cdots+a_{20})$
$\qquad\qquad=3+0\times9+2\times10=23$

출제영역 지수함수의 그래프＋함수의 극한＋방정식의 실근의 개수

지수함수의 그래프와 함수의 극한, 합성함수의 정의를 이용하여 주어진 조건을 만족시키는 다항함수를 추론할 수 있는지를 묻는 문제이다.

함수 $f(x)$가 최고차항의 계수가 -1인 다항함수이고, 1보다 큰 양수 k에 대하여 함수 $g(x)$가

$$g(x)=\begin{cases}k-2^{-x} & (x<0)\\ |2^x-k| & (x\ge0)\end{cases}❶$$

일 때, 두 함수 $f(x)$, $g(x)$가 다음 조건을 만족시킨다.

㈎ $\lim\limits_{x\to\infty}\dfrac{f(x)}{x^3}$, $\lim\limits_{x\to0}\dfrac{f(x)}{x^2}$의 값이 각각 존재한다. ❷

㈏ 방정식 $(f\circ g)(x)=0$은 서로 다른 네 개의 실근을 갖고, 이 ❸
네 개의 실근을 작은 것부터 크기순으로 x_1, x_2, x_3, x_4라 할 때,
$\sum\limits_{i=1}^{4}x_i=\log_27$이다.

$(f\circ g)(x_1+x_4)=\dfrac{q}{p}$일 때, $p+q$의 값을 구하시오. 307

(단, p와 q는 서로소인 자연수이다.)

출제코드 함수의 극한을 이용하여 함수 $f(x)$의 식을 추론하고, 함수 $y=g(x)$의 그래프를 이용하여 합성함수로 이루어진 방정식의 실근의 개수 구하기

❶ 함수 $y=g(x)$의 그래프를 그린다.
　① $x<0$에서 함수 $y=k-2^{-x}$의 그래프는 함수 $y=2^x-k$의 그래프를 원점에 대하여 대칭이동한 것이다.
　② $x\ge0$에서 함수 $y=|2^x-k|$의 그래프는 함수 $y=2^x-k$의 그래프에서 x축의 아랫부분을 x축에 대하여 대칭이동한 것이다.

❷ $\lim\limits_{x\to\infty}\dfrac{f(x)}{x^3}$의 값이 존재하므로 함수 $f(x)$는 최고차항의 계수가 -1인 삼차 이하의 다항함수이다.
　또, $\lim\limits_{x\to0}\dfrac{f(x)}{x^2}$의 값이 존재하므로 다항식 $f(x)$는 x^2을 인수로 갖는다.
　즉, $f(x)=-x^2$ 또는 $f(x)=-x^2(x-\alpha)$ (α는 상수)로 놓을 수 있다.

❸ 방정식 $(f\circ g)(x)=0$, 즉 방정식 $f(g(x))=0$의 실근의 개수는 $f(t)=0$인 t에 대하여 $g(x)=t$를 만족시키는 x의 값의 개수와 같다.
　따라서 방정식 $f(g(x))=0$의 실근의 개수를 구하기 위해서는 방정식 $f(x)=0$인 x의 값을 먼저 구한 뒤, 함수 $y=g(x)$의 그래프를 이용한다.

해설 **|1단계| 조건 ㈎를 이용하여 함수 $f(x)$의 식 추론하기**

조건 ㈎에서 $\lim\limits_{x\to\infty}\dfrac{f(x)}{x^3}$의 값이 존재하므로 함수 $f(x)$는 최고차항의 계수가 -1인 삼차 이하의 다항함수이고, $\lim\limits_{x\to0}\dfrac{f(x)}{x^2}$의 값이 존재하므로

$f(x)=-x^2$ 또는 $f(x)=-x^2(x-\alpha)$ (α는 상수)

로 놓을 수 있다.

|2단계| 함수 $y=g(x)$의 그래프 그리기

한편, $x<0$에서 함수 $y=g(x)$의 그래프는 함수 $y=2^x-k$의 그래프를 원점에 대하여 대칭이동한 것이고 **how? ❶**

$x\ge0$에서 $g(x)=0$을 만족시키는 x의 값은

$2^x-k=0$에서 $x=\log_2k$

이므로 함수 $y=g(x)$의 그래프는 다음 그림과 같다.

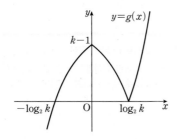

|3단계| 조건 ㈏를 만족시키는 함수 $f(x)$의 식 결정하기

(i) $f(x)=-x^2$일 때

방정식 $(f \circ g)(x)=0$에서

$f(g(x))=0$

방정식 $f(x)=0$의 실근이 $x=0$뿐이므로

$g(x)=0$

함수 $y=g(x)$의 그래프는 x축과 서로 다른 두 점에서 만나므로 방정식 $g(x)=0$의 서로 다른 실근의 개수는 2이다.

즉, 방정식 $(f \circ g)(x)=0$의 서로 다른 실근의 개수는 2이므로 조건 ㈏를 만족시키지 않는다.

(ii) $f(x)=-x^2(x-\alpha)$ (α는 상수)일 때

방정식 $f(g(x))=0$에서

$g(x)=0$ 또는 $g(x)=\alpha$

방정식 $f(g(x))=0$이 서로 다른 네 개의 실근을 가지므로 함수 $y=g(x)$의 그래프와 두 직선 $y=0$, $y=\alpha$의 서로 다른 교점의 개수가 4이다.

이때 함수 $y=g(x)$의 그래프는 x축과 서로 다른 두 점에서 만나므로 함수 $y=g(x)$의 그래프는 직선 $y=\alpha$와 서로 다른 두 점에서 만나야 한다.

즉, 다음 그림과 같이 $\alpha=k-1$이어야 한다. **why?❷**

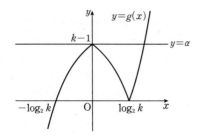

$\therefore x_1=-\log_2 k, \ x_2=0, \ x_3=\log_2 k$

조건 ㈏에서

$\sum\limits_{i=1}^{4} x_i=\log_2 7$이고,

$x_1+x_2+x_3=0$이므로

$x_4=\log_2 7$

즉, 함수 $y=g(x)$의 그래프와 직선 $y=k-1$의 한 교점의 x좌표가 $\log_2 7$이므로

$|2^{\log_2 7}-k|=k-1$

$|7-k|=k-1$

$7-k=-k+1$ 또는 $7-k=k-1$

$\therefore k=4$ **why?❸**

즉, $\alpha=k-1$이므로

$f(x)=-x^2(x-3)$

|4단계| 함수 $f(x)$, $g(x)$의 식을 구하고, $(f \circ g)(x_1+x_4)$의 값 구하기

(i), (ii)에 의하여

$f(x)=-x^2(x-3),\ g(x)=\begin{cases} |2^x-4| & (x \geq 0) \\ 4-2^{-x} & (x<0) \end{cases}$이고,

$x_1=-\log_2 4=-2,\ x_4=\log_2 7$

$\therefore (f \circ g)(x_1+x_4)=(f \circ g)\left(\log_2 \dfrac{7}{4}\right)$

$=f\left(g\left(\log_2 \dfrac{7}{4}\right)\right)$

$=f\left(\left|2^{\log_2 \frac{7}{4}}-4\right|\right)$

$=f\left(\left|\dfrac{7}{4}-4\right|\right)$

$=f\left(\dfrac{9}{4}\right)$

$=-\left(\dfrac{9}{4}\right)^2 \times \left(\dfrac{9}{4}-3\right)$

$=\dfrac{243}{64}$

따라서 $p=64$, $q=243$이므로

$p+q=64+243=307$

해설특강 🖊

how?❶ 함수 $y=2^x-k$의 그래프를 원점에 대하여 대칭이동한 그래프를 나타내는 함수의 식은

$-y=2^{-x}-k$

즉, $y=k-2^{-x}$

why?❷ ㉠ $\alpha > k-1$일 때

함수 $y=g(x)$의 그래프와 직선 $y=\alpha$가 한 점에서 만나므로 방정식 $(f \circ g)(x)=0$의 서로 다른 실근의 개수는 3이다.

㉡ $0 < \alpha < k-1$일 때

함수 $y=g(x)$의 그래프와 직선 $y=\alpha$가 서로 다른 세 점에서 만나므로 방정식 $(f \circ g)(x)=0$의 서로 다른 실근의 개수는 5이다.

㉢ $\alpha=0$일 때

$f(x)=-x^3$이므로 (i)에서와 같이 방정식 $(f \circ g)(x)=0$의 서로 다른 실근의 개수는 2이다.

㉣ $\alpha < 0$일 때

함수 $y=g(x)$의 그래프와 직선 $y=\alpha$가 한 점에서 만나므로 방정식 $(f \circ g)(x)=0$의 서로 다른 실근의 개수는 3이다.

why?❸ $7-k=-k+1$을 만족시키는 k의 값은 존재하지 않는다.

따라서 $7-k=k-1$이므로

$2k=8$

$\therefore k=4$

출제영역 함수의 연속＋정적분의 계산＋정적분의 활용 – 넓이

함수의 연속과 미분가능성을 이해하고, 주어진 조건을 만족시키는 함수의 그래프의 개형을 추론한 후, 정적분의 최솟값을 구할 수 있는지를 묻는 문제이다.

삼차함수 $f(x)=x^3+ax^2+bx$ (a, b는 상수)에 대하여 **실수 전체의 집합에서 연속인 함수 $g(x)$**❷가 다음 조건을 만족시킨다.

  (가) 모든 실수 x에 대하여 $\{g(x)-2x\}\{g(x)-f(x)\}=0$❸을 만족시킨다.

  (나) 함수 $g(x)$는 $x=2$에서만 미분가능하지 않고,
    $\displaystyle\lim_{h\to 0+}\frac{g(2+h)-g(2)}{h}\times\lim_{h\to 0-}\frac{g(2+h)-g(2)}{h}=12$❹이다.

$\displaystyle\int_{-1}^{3}g(x)dx$의 최솟값은 $\dfrac{q}{p}$❺이다. $p+q$의 값을 구하시오. **27**

(단, p와 q는 서로소인 자연수이다.)

출제코드 주어진 조건을 만족시키는 함수 $f(x)$의 식을 구하고, 좌표평면 위에 함수 $y=f(x)$의 그래프와 직선 $y=2x$를 그려서 $\displaystyle\int_{-1}^{3}g(x)dx$의 값이 최소가 되도록 하는 함수 $g(x)$의 식 구하기

❶ $f(0)=0$이므로 함수 $y=f(x)$의 그래프는 원점을 지남을 알 수 있다.
❷ 함수 $g(x)$가 실수 전체의 집합에서 연속이므로 임의의 실수 t에 대하여 $\displaystyle\lim_{x\to t}g(x)=g(t)$이어야 한다.
❸ $g(x)=2x$ 또는 $g(x)=f(x)$이고, ❷에 의하여 함수 $y=f(x)$의 그래프와 직선 $y=2x$의 교점의 x좌표를 기준으로 함수 $g(x)$가 결정됨을 알 수 있다.
❹ 실수 전체의 집합에서 연속인 함수 $g(x)$가 $x=2$에서 미분가능하지 않으므로 함수 $g(x)$의 $x=2$에서의 좌미분계수와 우미분계수가 같지 않음을 알 수 있다.
❺ 가능한 함수 $y=g(x)$의 그래프의 개형을 조사하고, 이 중 $\displaystyle\int_{-1}^{3}g(x)dx$의 값이 최소가 될 때의 함수 $g(x)$의 식을 구한다.

해설 |1단계| 함수 $y=f(x)$의 그래프와 직선 $y=2x$의 교점 파악하기

$f(x)=x^3+ax^2+bx$에서
$f'(x)=3x^2+2ax+b$
조건 (가)에 의하여
$g(x)=2x$ 또는 $g(x)=f(x)$
함수 $g(x)$가 실수 전체의 집합에서 연속이므로 조건 (나)에 의하여 함수 $g(x)$는 $x=2$의 좌우에서 식이 바뀜을 알 수 있다.
즉, 함수 $y=f(x)$의 그래프와 직선 $y=2x$는 점 $(2, 4)$에서 만나므로 $f(2)=4$에서 **why?**❶
$8+4a+2b=4$
$\therefore 2a+b=-2$ …… ㉠

|2단계| 조건 (나)를 이용하여 함수 $f(x)$의 식 구하기

한편, 조건 (나)에서 함수 $g(x)$가 $x=2$에서만 미분가능하지 않고,
$g(x)=2x$일 때 $g'(x)=2$이므로
$\displaystyle\lim_{h\to 0+}\frac{g(2+h)-g(2)}{h}\times\lim_{h\to 0-}\frac{g(2+h)-g(2)}{h}=12$에서
$\displaystyle\lim_{h\to 0+}\frac{g(2+h)-g(2)}{h}=2$, $\displaystyle\lim_{h\to 0-}\frac{g(2+h)-g(2)}{h}=6$ 또는

$\displaystyle\lim_{h\to 0+}\frac{g(2+h)-g(2)}{h}=6$, $\displaystyle\lim_{h\to 0-}\frac{g(2+h)-g(2)}{h}=2$

이어야 한다.
즉, $f'(2)=6$이므로
$12+4a+b=6$
$\therefore 4a+b=-6$ …… ㉡
㉠, ㉡을 연립하여 풀면
$a=-2$, $b=2$
$\therefore f(x)=x^3-2x^2+2x$

|3단계| 가능한 함수 $y=g(x)$의 그래프 그리기

함수 $y=f(x)$의 그래프와 직선 $y=2x$의 교점의 x좌표는
$x^3-2x^2+2x=2x$에서
$x^3-2x^2=0$, $x^2(x-2)=0$
$\therefore x=0$ 또는 $x=2$
이때 $f'(x)=3x^2-4x+2$에서 $f'(0)=2$이므로 함수 $y=f(x)$의 그래프는 직선 $y=2x$와 원점에서 접하고, 점 $(2, 4)$에서 만난다.
따라서 조건을 만족시키는 함수 $y=g(x)$의 그래프는 다음 그림과 같다.

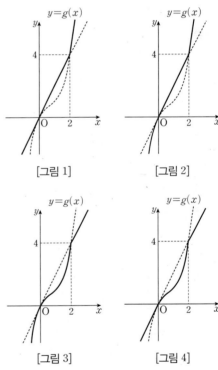

[그림 1]   [그림 2]

[그림 3]   [그림 4]

|4단계| $\displaystyle\int_{-1}^{3}g(x)dx$의 최솟값 구하기

함수 $y=g(x)$의 그래프가 [그림 3]과 같을 때 $\displaystyle\int_{-1}^{3}g(x)dx$의 값이 최소임을 알 수 있다.

이때 $g(x)=\begin{cases}x^3-2x^2+2x & (x\le 2)\\ 2x & (x>2)\end{cases}$이므로 구하는 값은

$\displaystyle\int_{-1}^{3}g(x)dx=\int_{-1}^{2}(x^3-2x^2+2x)dx+\int_{2}^{3}2x\,dx$

$=\left[\dfrac{1}{4}x^4-\dfrac{2}{3}x^3+x^2\right]_{-1}^{2}+\left[x^2\right]_{2}^{3}$

$=\left(4-\dfrac{16}{3}+4\right)-\left(\dfrac{1}{4}+\dfrac{2}{3}+1\right)+(9-4)=\dfrac{23}{4}$

따라서 $p=4$, $q=23$이므로

$p+q=4+23=27$

해설특강 ✏️

why? ❶ $g(x)=2x$ 또는 $g(x)=f(x)=x^3+ax^2+bx$이고 함수 $g(x)$는
$x=2$에서만 연속이면서 미분가능하지 않으므로 두 함수 $y=f(x)$,
$y=2x$의 그래프가 $x=2$에서 뾰족하게 만난다.

6

|정답8

출제영역 정적분으로 정의된 함수 + 함수의 그래프의 개형

주어진 조건을 만족시키는 정적분으로 정의된 함수의 그래프의 개형 및 식을 추론할 수 있는지를 묻는 문제이다.

> 최고차항의 계수가 양수인 삼차함수 $f(x)$에 대하여 함수 $g(x)$를
> $$g(x)=\int_2^x (t-2)f'(t)\,dt$$
> 라 하자. 함수 $g(x)$가 다음 조건을 만족시킬 때, $g(0)$의 값을 구하시오. 8
>
> > (가) 함수 $g(x)$는 $x=2$에서만 극값을 갖는다. ❷
> > (나) 함수 $|g(x)-9|$는 $x=3$에서만 미분가능하지 않다. ❸

출제코드 정적분으로 정의된 함수의 그래프의 개형 그리기

❶ $g'(x)=(x-2)f'(x)$이므로 함수 $g'(x)$가 최고차항의 계수가 양수인 삼차함수임을 파악한다.

❷ $g'(2)=0$이므로 가능한 함수 $g'(x)$를 나열해보고, $g(2)=0$과 각각의 도함수 $y=g'(x)$의 그래프를 이용하여 함수 $y=g(x)$의 그래프의 개형을 그린다.

❸ $g(3)=9$임을 파악하고, ❷에서 그린 그래프의 개형 중 함수 $y=g(x)$의 그래프와 직선 $y=9$가 어떻게 만나는지 확인한다.

해설 |1단계| 조건 (가)를 만족시키는 함수 $g'(x)$ 구하기

$g(x)=\int_2^x (t-2)f'(t)\,dt$의 양변을 x에 대하여 미분하면

$g'(x)=(x-2)f'(x)$ ⋯⋯ ㉠

함수 $f(x)$가 최고차항의 계수가 양수인 삼차함수이므로 ㉠에서 함수 $g(x)$는 최고차항의 계수가 양수인 사차함수임을 알 수 있다.

이때 삼차함수 $f(x)$의 최고차항의 계수를 a $(a>0)$라 하면 조건 (가)를 만족시키는 함수 $g'(x)$는 다음의 세 가지이다.

(i) $g'(x)=3a(x-2)^3$

(ii) $g'(x)=3a(x-2)(x-k)^2$ (단, $k\neq 2$)

(iii) $g'(x)=3a(x-2)(x^2+px+q)$ (단, $p^2-4q<0$) **why? ❶**

|2단계| 함수 $y=g'(x)$의 그래프를 이용하여 조건 (나)를 만족시키는 함수 $y=g(x)$의 그래프의 개형 및 식 추론하기

조건 (나)를 만족시키는 함수 $g(x)$를 구하면 다음과 같다.

(i) $g'(x)=3a(x-2)^3$인 경우

두 함수 $y=g'(x)$, $y=g(x)$의 그래프의 개형은 다음 그림과 같다.

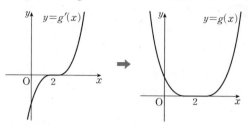

그런데 함수 $|g(x)-9|$는 미분가능하지 않은 서로 다른 x의 값이 2개 존재하므로 조건 (나)를 만족시키지 않는다. **how? ❷**

(ii) $g'(x)=3a(x-2)(x-k)^2$ $(k\neq 2)$인 경우

두 함수 $y=g'(x)$, $y=g(x)$의 그래프의 개형은 k의 값의 범위에 따라 다음과 같이 경우를 나눌 수 있다.

① $k>2$일 때

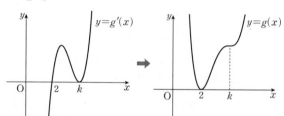

이때 함수 $|g(x)-9|$가 미분가능하지 않은 x의 값이 오직 한 개이려면 $g(k)=9$이어야 한다.

그런데 $g(k)=9$일 때 함수 $|g(x)-9|$가 미분가능하지 않은 x의 값이 2보다 작으므로 조건 (나)를 만족시키지 않는다.

② $k<2$일 때

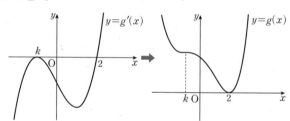

이때 함수 $|g(x)-9|$가 $x=3$에서만 미분가능하지 않으려면 $g(k)=g(3)=9$이어야 한다.

$\therefore g(x)-9=\dfrac{3}{4}a(x-k)^3(x-3)$ ⋯⋯ ㉡ **how? ❸**

$g(2)=0$이므로 $x=2$를 ㉡에 대입하면

$\dfrac{3}{4}a\times(2-k)^3\times(-1)=-9$

$\therefore a(2-k)^3=12$ ⋯⋯ ㉢

㉡의 양변을 x에 대하여 미분하면

$g'(x)=\dfrac{3}{4}a\{3(x-k)^2(x-3)+(x-k)^3\}$

$\qquad=\dfrac{3}{4}a(x-k)^2(4x-9-k)$

$g'(2)=0$이므로 위의 식의 양변에 $x=2$를 대입하면

$\dfrac{3}{4}a\times(2-k)^2\times(-1-k)=0$

$\dfrac{3}{4}a(k+1)(k-2)^2=0$

이때 $k<2$이므로 $k=-1$

$k=-1$을 ⓒ에 대입하면

$a=\dfrac{4}{9}$

$\therefore g(x)=\dfrac{1}{3}(x+1)^3(x-3)+9$

(iii) $g'(x)=3a(x-2)(x^2+px+q)(p^2-4q<0)$인 경우 **why?❹**

두 함수 $y=g'(x)$, $y=g(x)$의 그래프의 개형은 다음 그림과 같다.

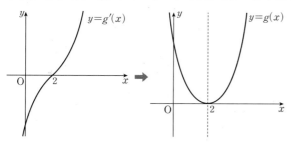

그런데 (i)과 같이 함수 $|g(x)-9|$는 미분가능하지 않은 서로 다른 x의 값이 2개 존재하므로 조건 ㈏를 만족시키지 않는다.

┃3단계┃ $g(0)$의 값 구하기

(i), (ii), (iii)에 의하여

$g(x)=\dfrac{1}{3}(x+1)^3(x-3)+9$

$\therefore g(0)=\dfrac{1}{3}\times1^3\times(-3)+9=8$

해설특강 ✎

why?❶ $g'(x)=3a(x-2)^2(x-k)$이면 $x=2$에서 극값을 가지지 않으므로 경우에서 제외한다.

how?❷ 함수 $y=|g(x)-9|$의 그래프의 개형은 함수 $y=g(x)$의 그래프와 직선 $y=9$를 그린 후, 함수 $y=g(x)$의 그래프 중 직선 $y=9$의 아랫부분을 직선 $y=9$에 대하여 대칭이동한 것이므로 다음 그림과 같다.

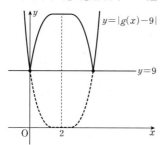

따라서 함수 $y=|g(x)-9|$의 미분가능하지 않은 서로 다른 x의 값은 2개이다.

how?❸ 함수 $y=|g(x)-9|$의 그래프가 오른쪽 그림과 같아야 한다.
따라서 방정식
$g(x)-9=0$의 해는 $x=k$ (삼중근), $x=3$이고
$g'(x)=3a(x-2)(x-k)^2$
에서 $g(x)-9$의 최고차항
의 계수가 $\dfrac{3}{4}a$이므로

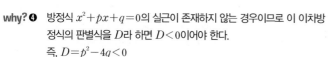

$g(x)-9=\dfrac{3}{4}a(x-k)^3(x-3)$

why?❹ 방정식 $x^2+px+q=0$의 실근이 존재하지 않는 경우이므로 이 이차방정식의 판별식을 D라 하면 $D<0$이어야 한다.
즉, $D=p^2-4q<0$

12회

1 23	**2** ④	**3** 21	**4** 29	**5** 24	**6** ②

1

| 정답 **23**

출제영역 지수함수의 그래프＋로그함수의 방정식에의 활용

지수함수의 그래프를 이용하여 로그가 포함된 방정식의 해를 구할 수 있는지를 묻는 문제이다.

> $-2<t<0$ 또는 $0<t<1$인 실수 t에 대하여 직선 $y=t$가 두 곡선 $f(x)=2^x-2$, $g(x)=-4^{x-1}+1$과 만나는 점을 각각 P, Q라 하 ❶ 고, 선분 PQ의 길이를 $h(t)$라 하자. $h(t)=\dfrac{3}{2}$이 되도록 하는 서 ❷ ❸ 로 다른 모든 t의 값의 합이 $p+q\sqrt{22}$일 때, $q-p$의 값을 구하시오.
> 23 (단, p와 q는 유리수이다.)

출제코드 두 함수 $f(x)=2^x-2$, $g(x)=-4^{x-1}+1$의 그래프를 그리고 t의 값에 따른 두 점 P, Q의 위치 파악하기

❶ 두 함수 $y=f(x)$, $y=g(x)$의 그래프를 그린다.
❷ t의 값에 따라 두 점 P, Q의 위치가 달라짐을 확인하고, 두 점 P, Q의 x좌표를 t에 대한 식으로 표현한다.
❸ 로그의 성질을 이용하여 방정식 $h(t)=\dfrac{3}{2}$을 만족시키는 서로 다른 모든 실수 t의 값의 합을 구한다.

해설 **┃1단계┃ 두 곡선 $y=f(x)$, $y=g(x)$를 파악하고, 두 곡선 $y=f(x)$, $y=g(x)$의 교점의 좌표 구하기**

곡선 $y=f(x)$는 곡선 $y=2^x$을 y축의 방향으로 -2만큼 평행이동한 것이므로 곡선 $y=f(x)$의 점근선의 방정식은 $y=-2$이다.

또, 곡선 $y=g(x)$는 곡선 $y=4^x$을 x축에 대하여 대칭이동한 후, x축의 방향으로 1만큼, y축의 방향으로 1만큼 평행이동한 것이므로 곡선 $y=g(x)$의 점근선의 방정식은 $y=1$이다. **how?❶**

한편, 두 곡선 $y=f(x)$, $y=g(x)$의 교점의 x좌표는
$2^x-2=-4^{x-1}+1$
에서 $2^x=a$ $(a>0)$로 놓으면
$a-2=-\dfrac{1}{4}a^2+1$, $a^2+4a-12=0$
$(a+6)(a-2)=0$ $\quad\therefore a=2$ $(\because a>0)$
즉, $2^x=2$이므로 $x=1$

$x=1$을 $f(x)=2^x-2$에 대입하면 $f(1)=0$이므로 두 곡선 $y=f(x)$, $y=g(x)$의 교점의 좌표는 $(1, 0)$이다.

┃2단계┃ 두 곡선 $y=f(x)$, $y=g(x)$를 그리고, 두 점 P, Q의 x좌표를 t에 대한 식으로 나타낸 후 함수 $h(t)$ 구하기

두 곡선 $y=f(x)$, $y=g(x)$를 좌표평면에 나타내면 다음 그림과 같다.

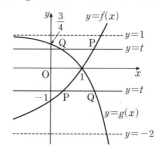

점 P의 x좌표는

$f(x)=t$에서 $2^x-2=t$

$2^x=t+2$

$\therefore x=\log_2(t+2)$

즉, P$(\log_2(t+2),\ t)$

점 Q의 x좌표는

$g(x)=t$에서 $-4^{x-1}+1=t$

$4^{x-1}=1-t$

$x-1=\log_4(1-t)$

$\therefore x=1+\log_4(1-t)$

즉, Q$(1+\log_4(1-t),\ t)$

$\therefore h(t)=\begin{cases} \log_2(t+2)-\log_4(1-t)-1 & (0<t<1) \\ 1+\log_4(1-t)-\log_2(t+2) & (-2<t<0) \end{cases}$ **why?❷**

│3단계│ $h(t)=\dfrac{3}{2}$이 되도록 하는 t의 값 구하기

(i) $0<t<1$일 때

$h(t)=\dfrac{3}{2}$에서

$\log_2(t+2)-\log_4(1-t)-1=\dfrac{3}{2}$

$\log_2(t+2)-\log_4(1-t)=\dfrac{5}{2}$

$\log_4\dfrac{(t+2)^2}{1-t}=\dfrac{5}{2}$ **how?❸**

즉, $\dfrac{(t+2)^2}{1-t}=4^{\frac{5}{2}}=32$에서

$(t+2)^2=32(1-t)$

$t^2+36t-28=0$

$\therefore t=-18+4\sqrt{22}\ (\because 0<t<1)$

(ii) $-2<t<0$일 때

$h(t)=\dfrac{3}{2}$에서

$1+\log_4(1-t)-\log_2(t+2)=\dfrac{3}{2}$

$\log_4(1-t)-\log_2(t+2)=\dfrac{1}{2}$

$\log_4\dfrac{1-t}{(t+2)^2}=\dfrac{1}{2}$

즉, $\dfrac{1-t}{(t+2)^2}=4^{\frac{1}{2}}=2$에서

$1-t=2(t+2)^2$

$2t^2+9t+7=0$

$(t+1)(2t+7)=0$

$\therefore t=-1\ (\because -2<t<0)$

│4단계│ $q-p$의 값 구하기

(i), (ii)에 의하여 $h(t)=\dfrac{3}{2}$을 만족시키는 서로 다른 모든 실수 t의 값

의 합은

$-18+4\sqrt{22}+(-1)=-19+4\sqrt{22}$

따라서 $p=-19$, $q=4$이므로

$q-p=4-(-19)=23$

---

how?❶ 함수 $y=4^x$의 그래프를 x축에 대하여 대칭이동한 함수는

$-y=4^x$

$\therefore y=-4^x$

이 함수의 그래프를 x축의 방향으로 1만큼, y축의 방향으로 1만큼 평행

이동한 함수는

$y-1=-4^{x-1}$

$\therefore y=-4^{x-1}+1$

why?❷ 두 함수 $y=f(x)$, $y=g(x)$의 그래프에서 알 수 있듯이 $0<t<1$일

때, 점 P의 x좌표가 점 Q의 x좌표보다 크므로

$h(t)=$(점 P의 x좌표)$-$(점 Q의 x좌표)

$-2<t<0$일 때, 점 Q의 x좌표가 점 P의 x좌표보다 크므로

$h(t)=$(점 Q의 x좌표)$-$(점 P의 x좌표)

how?❸ $\log_2(t+2)-\log_4(1-t)=\dfrac{5}{2}$

$\dfrac{2}{2}\log_2(t+2)-\log_4(1-t)=\dfrac{5}{2}$

$\log_{2^2}(t+2)^2-\log_4(1-t)=\dfrac{5}{2}$

$\therefore \log_4\dfrac{(t+2)^2}{1-t}=\dfrac{5}{2}$

2

│정답 ④

출제영역 코사인법칙＋삼각형의 넓이

삼각형에서 코사인법칙과 삼각형의 넓이를 구하는 방법 및 원의 성질을 이용하여
삼각형의 넓이를 구할 수 있는지를 묻는 문제이다.

그림과 같이 $\overline{AB}=4$, $\overline{AC}=6$, $\cos(\angle BAC)=\dfrac{1}{3}$인 삼각형 ABC **❶**

에서 선분 BC 위의 서로 다른 두 점 D, E에 대하여 선분 DE를

지름으로 하는 반원이 삼각형 ABC에 내접할 때, 이 반원의 호가

두 선분 AB, AC와 접하는 점을 각각 F, G라 하자. 삼각형 **❷**

AFG의 넓이는?

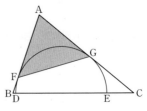

① $\dfrac{10\sqrt{2}}{3}$ ② $\dfrac{84\sqrt{2}}{25}$ ③ $\dfrac{254\sqrt{2}}{75}$

✓④ $\dfrac{256\sqrt{2}}{75}$ ⑤ $\dfrac{86\sqrt{2}}{25}$

출제코드 반원의 반지름의 길이를 구하고, 원의 접선의 성질과 코사인법칙 및
삼각형의 넓이 공식을 이용하여 삼각형 AFG의 넓이 구하기

❶ 코사인법칙을 이용하여 선분 BC의 길이를 구한다.
❷ 반원의 중심 O를 찾고, $\overline{AB}\perp\overline{OF}$, $\overline{AC}\perp\overline{OG}$임을 이용하여 삼각형 ABC
의 넓이가 두 삼각형 ABO, ACO의 넓이의 합과 같음을 이용하여 반원의
반지름의 길이를 구한다. 또, 원의 접선의 성질에 의하여 $\overline{AF}=\overline{AG}$임을 이
용한다.

해설 | 1단계 | 코사인법칙을 이용하여 선분 BC의 길이 구하기

$\angle BAC = \theta$라 하면 삼각형 ABC에서 코사인법칙에 의하여

$$\overline{BC}^2 = \overline{AB}^2 + \overline{AC}^2 - 2 \times \overline{AB} \times \overline{AC} \times \cos\theta$$
$$= 4^2 + 6^2 - 2 \times 4 \times 6 \times \frac{1}{3}$$
$$= 36$$

즉, $\overline{BC} = 6$이므로 삼각형 ABC는 $\overline{AC} = \overline{BC}$인 이등변삼각형이다.

| 2단계 | 삼각형 ABC의 넓이를 이용하여 반원의 반지름의 길이 구하기

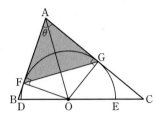

선분 DE의 중점을 O라 하고, $\overline{OF} = \overline{OG} = r$라 하자.

이때 $\cos\theta = \frac{1}{3}$에서 $\sin\theta = \sqrt{1 - \left(\frac{1}{3}\right)^2} = \frac{2\sqrt{2}}{3}$이므로

$\triangle ABC = \triangle ABO + \triangle ACO$에서

$$\frac{1}{2} \times \overline{AB} \times \overline{AC} \times \sin\theta = \frac{1}{2} \times \overline{AB} \times \overline{OF} + \frac{1}{2} \times \overline{AC} \times \overline{OG}$$

$$\frac{1}{2} \times 4 \times 6 \times \frac{2\sqrt{2}}{3} = \frac{1}{2} \times 4 \times r + \frac{1}{2} \times 6 \times r$$

└─ 원의 접선은 그 접점을 지나는 반지름에 수직이 므로 $\overline{AB} \perp \overline{OF}$

$$8\sqrt{2} = 5r$$
$$\therefore r = \frac{8\sqrt{2}}{5}$$

| 3단계 | 삼각비를 이용하여 선분 AF의 길이 구하기

직각삼각형 OBF에서 $\angle OBF = \theta$이므로 $\overline{OB}\sin\theta = \overline{OF}$에서

($\overline{AC} = \overline{BC}$이므로 $\angle ABC = \angle BAC = \theta$)

$$\overline{OB} \times \frac{2\sqrt{2}}{3} = \frac{8\sqrt{2}}{5} \qquad \therefore \overline{OB} = \frac{12}{5}$$

$$\therefore \overline{BF} = \overline{OB}\cos\theta = \frac{12}{5} \times \frac{1}{3} = \frac{4}{5},$$

$$\overline{AF} = \overline{AB} - \overline{BF} = 4 - \frac{4}{5} = \frac{16}{5}$$

| 4단계 | $\overline{AF} = \overline{AG}$임을 이용하여 삼각형 AFG의 넓이 구하기

원의 접선의 성질에 의하여

$$\overline{AG} = \overline{AF} = \frac{16}{5}$$

따라서 삼각형 AFG의 넓이는

$$\frac{1}{2} \times \overline{AF} \times \overline{AG} \times \sin\theta = \frac{1}{2} \times \frac{16}{5} \times \frac{16}{5} \times \frac{2\sqrt{2}}{3}$$
$$= \frac{256\sqrt{2}}{75}$$

참고 선분 AG는 다음과 같은 방법으로도 구할 수 있다.

삼각형 ABC에서 코사인법칙에 의하여

$$\cos(\angle BCA) = \frac{\overline{AC}^2 + \overline{BC}^2 - \overline{AB}^2}{2 \times \overline{AC} \times \overline{BC}}$$
$$= \frac{6^2 + 6^2 - 4^2}{2 \times 6 \times 6} = \frac{7}{9}$$

$\overline{OC} = \overline{BC} - \overline{OB} = 6 - \frac{12}{5} = \frac{18}{5}$이므로 직각삼각형 OCG에서

$$\overline{CG} = \overline{OC}\cos(\angle OCG) = \frac{18}{5} \times \frac{7}{9} = \frac{14}{5}$$

$$\therefore \overline{AG} = \overline{AC} - \overline{CG} = 6 - \frac{14}{5} = \frac{16}{5}$$

3

출제영역 수열의 귀납적 정의

귀납적으로 정의된 수열의 일반항을 추론할 수 있는지를 묻는 문제이다.

> 모든 항이 정수인 수열 $\{a_n\}$의 첫째항부터 제n항까지의 합을 S_n이라 하자. 수열 $\{a_n\}$이 2 이상의 모든 자연수 n에 대하여
> $$a_{n+1} = \begin{cases} a_n + 2 & (a_n > S_{n-1}) \\ 2a_n - 1 & (a_n \le S_{n-1}) \end{cases} \quad ❶$$
> 을 만족시킨다. $a_2 = a_1 + 2$이고 $S_6 = 0$일 때, a_{10}의 값을 구하시오. 21
> ❷

출제코드 귀납적으로 정의된 수열의 규칙을 파악하고, $S_6 = 0$이 되도록 하는 수열 $\{a_n\}$의 첫째항 구하기

❶ a_n, S_n의 관계로 이루어진 수열 $\{a_n\}$의 규칙을 파악한다.

❷ $a_1 = \alpha$로 놓고, a_n과 S_{n-1}의 대소 관계를 순차적으로 비교하여 $S_6 = 0$이 되도록 하는 α의 값을 구한다.

해설 | 1단계 | $S_6 = 0$이 되도록 하는 a_1의 값 구하기

$a_1 = \alpha$라 하면

$a_2 = a_1 + 2 = \alpha + 2$

$S_1 = a_1 = \alpha$이고, $a_2 > S_1$이므로

$a_3 = a_2 + 2 = \alpha + 4$

(i) $S_2 = a_1 + a_2 = 2\alpha + 2$

$a_3 \le S_2$를 만족시키는 α의 값의 범위는

$\alpha + 4 \le 2\alpha + 2 \qquad \therefore \alpha \ge 2$

그런데 $\alpha \ge 2$이면 $S_6 > 0$이 되어 조건을 만족시키지 않는다. **why? ❶**

따라서 $a_3 > S_2$이므로

$a_4 = a_3 + 2 = (\alpha + 4) + 2 = \alpha + 6$

(ii) $S_3 = a_1 + a_2 + a_3 = 3\alpha + 6$

$a_4 \le S_3$을 만족시키는 α의 값의 범위는

$\alpha + 6 \le 3\alpha + 6 \qquad \therefore \alpha \ge 0$

그런데 $\alpha \ge 0$이면 $S_6 > 0$이 되어 조건을 만족시키지 않는다. **why? ❶**

따라서 $a_4 > S_3$이므로

$a_5 = a_4 + 2 = (\alpha + 6) + 2 = \alpha + 8$

(iii) $S_4 = a_1 + a_2 + a_3 + a_4 = 4\alpha + 12$

$a_5 \le S_4$를 만족시키는 α의 값의 범위는

$\alpha + 8 \le 4\alpha + 12 \qquad \therefore \alpha \ge -\frac{4}{3}$

$\alpha \ge -\frac{4}{3}$일 때, $a_6 = 2a_5 - 1 = 2(\alpha + 8) - 1 = 2\alpha + 15$이므로

$$S_6 = S_4 + a_5 + a_6$$
$$= (4\alpha + 12) + (\alpha + 8) + (2\alpha + 15)$$
$$= 7\alpha + 35 \ge 7 \times \left(-\frac{4}{3}\right) + 35 = \frac{77}{3} > 0$$

즉, $S_6 > 0$이 되어 조건을 만족시키지 않는다.

따라서 $a_5 > S_4$이므로

$a_6 = a_5 + 2 = (\alpha + 8) + 2 = \alpha + 10$

(i), (ii), (iii)에 의하여

$$S_6 = S_4 + a_5 + a_6$$
$$= 4\alpha + 12 + (\alpha + 8) + (\alpha + 10) = 6\alpha + 30$$

$S_6=0$에서 $6a+30=0$

$\therefore a=-5$

|2단계| 주어진 규칙에 따라 a_{10}의 값 구하기

$a_1=-5$, $a_2=-3$, $a_3=-1$, $a_4=1$, $a_5=3$, $a_6=5$이고

$S_5=-5$에서 $a_6>S_5$이므로 $a_7=a_6+2=7$

$S_6=0$에서 $a_7>S_6$이므로 $a_8=a_7+2=9$

$S_7=7$에서 $a_8>S_7$이므로 $a_9=a_8+2=11$

$S_8=16$에서 $a_9<S_8$이므로

$a_{10}=2a_9-1=21$

해설특강 ✎

why? ❶ $a\geq0$이면 수열 $\{a_n\}$에서 n의 값이 증가함에 따라 a_n의 값이 증가하므로 $S_6=0$이 되도록 하는 a의 값이 존재하지 않는다.

예를 들어, $a=0$일 때

$a_2=a+2=2$

$a_3=a_2+2=4$

$a_4=a_3+2=6$

$a_5=2a_4-1=11$

$\vdots$

이므로 $S_6=0$이 될 수 없다.

4
|정답 29

출제영역 함수의 극한＋함수의 연속＋미분계수의 정의

함수의 극한과 연속의 정의를 이용하여 조건을 만족시키는 함수를 구할 수 있는지를 묻는 문제이다.

최고차항의 계수가 1인 삼차함수 $f(x)$가 $\displaystyle\lim_{x\to 2}\frac{f(x)}{(x-2)^2}=3$을 만 ❶ 족시킬 때, 함수

$$g(x)=\begin{cases} f(x) & (x<k) \\ f(x-3) & (x\geq k) \end{cases}\ (k\text{는 실수})$$ ❷

가 다음 조건을 만족시킨다.

(가) 함수 $g(x)$는 실수 전체의 집합에서 연속이다. ❷

(나) $\displaystyle\lim_{h\to 0+}\frac{g(k+h)-g(k)}{h}>\lim_{h\to 0-}\frac{g(k+h)-g(k)}{h}$ ❸

$k\times g\left(\dfrac{5}{2}\right)=\dfrac{q}{p}$일 때, $p+q$의 값을 구하시오. **29**

(단, p와 q는 서로소인 자연수이다.)

출제코드 함수의 극한을 이용하여 함수 $f(x)$를 구하고, 함수의 연속의 정의를 이용하여 함수 $g(x)$가 연속이 되도록 하는 k의 값 구하기

❶ 함수의 극한의 성질을 이용하여 함수 $f(x)$를 구한다.

❷ 함수 $g(x)$가 실수 전체의 집합에서 연속이므로 가능한 k의 값은 두 함수 $y=f(x)$, $y=f(x-3)$의 그래프의 교점의 x좌표임을 파악한다.

❸ 함수 $g(x)$의 $x=k$에서의 우미분계수가 $x=k$에서의 좌미분계수보다 크도록 하는 함수 $g(x)$를 결정한다.

해설 **|1단계|** 함수 $f(x)$의 식 구하기

$\displaystyle\lim_{x\to 2}\frac{f(x)}{(x-2)^2}=3$에서 $x\to 2$일 때 극한값이 존재하고 (분모) $\to 0$이므로 (분자) $\to 0$이어야 한다.

즉, $\displaystyle\lim_{x\to 2}f(x)=0$이므로 $f(2)=0$

따라서

$f(x)=(x-2)(x^2+ax+b)\ (a, b\text{는 상수})$

로 놓을 수 있다. **why? ❶**

$\displaystyle\lim_{x\to 2}\frac{f(x)}{(x-2)^2}=\lim_{x\to 2}\frac{(x-2)(x^2+ax+b)}{(x-2)^2}$

$\displaystyle\qquad\qquad\qquad=\lim_{x\to 2}\frac{x^2+ax+b}{x-2}=3$ ······ ㉠

㉠에서 $x\to 2$일 때 극한값이 존재하고 (분모) $\to 0$이므로 (분자) $\to 0$이어야 한다.

즉, $\displaystyle\lim_{x\to 2}(x^2+ax+b)=0$이므로

$4+2a+b=0$

$\therefore b=-2a-4$

$b=-2a-4$를 ㉠에 대입하면

$\displaystyle\lim_{x\to 2}\frac{x^2+ax+b}{x-2}=\lim_{x\to 2}\frac{x^2+ax+(-2a-4)}{x-2}$

$\displaystyle\qquad\qquad\qquad=\lim_{x\to 2}\frac{(x-2)(x+a+2)}{x-2}$

$\displaystyle\qquad\qquad\qquad=\lim_{x\to 2}(x+a+2)$

$\qquad\qquad\qquad=a+4=3$

$\therefore a=-1$, $b=-2$

$\therefore f(x)=(x-2)(x^2-x-2)$

$\qquad\quad=(x+1)(x-2)^2$

|2단계| 두 함수 $f(x)$, $f(x-3)$을 이용하여 함수 $g(x)$가 연속이 되도록 하는 k의 값을 구하고 조건을 만족시키는 함수 $g(x)$의 식 구하기

$f(x-3)=(x-2)(x-5)^2$이므로

$f(x)=f(x-3)$에서

$(x+1)(x-2)^2=(x-2)(x-5)^2$

$9(x-2)(x-3)=0$

$\therefore x=2$ 또는 $x=3$

함수 $y=f(x-3)$의 그래프는 함수 $y=f(x)$의 그래프를 x축의 방향으로 3만큼 평행이동한 것이고, 두 함수 $y=f(x)$, $y=f(x-3)$의 교점의 x좌표는 2, 3이므로 두 함수 $y=f(x)$, $y=f(x-3)$의 그래프는 다음 그림과 같다.

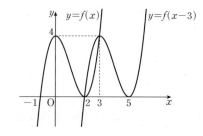

두 함수 $f(x)$, $f(x-3)$은 각각 실수 전체의 집합에서 연속이므로 함수 $g(x)$가 실수 전체의 집합에서 연속이려면 $x=k$에서 연속이어야 한다.

즉, $\lim\limits_{x \to k+} g(x) = \lim\limits_{x \to k-} g(x) = g(k)$에서

$k=2$ 또는 $k=3$

(ⅰ) $k=2$일 때

함수 $y=g(x)$의 그래프는 다음 그림과 같다.

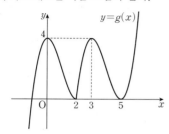

이때

$$\lim_{h \to 0+} \frac{g(2+h)-g(2)}{h} > 0, \quad \lim_{h \to 0-} \frac{g(2+h)-g(2)}{h} < 0$$

이므로 조건 ㈏를 만족시킨다.

(ⅱ) $k=3$일 때

함수 $y=g(x)$의 그래프는 다음 그림과 같다.

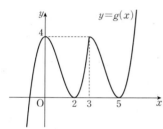

이때

$$\lim_{h \to 0+} \frac{g(3+h)-g(3)}{h} = 0, \quad \lim_{h \to 0-} \frac{g(3+h)-g(3)}{h} > 0$$

이므로 조건 ㈏를 만족시키지 않는다.

(ⅰ), (ⅱ)에 의하여 $k=2$이고

$$g(x) = \begin{cases} (x+1)(x-2)^2 & (x<2) \\ (x-2)(x-5)^2 & (x\geq 2) \end{cases}$$

│3단계│ $k \times g\left(\dfrac{5}{2}\right)$의 값 구하기

$\therefore k \times g\left(\dfrac{5}{2}\right) = 2 \times \left\{ \dfrac{1}{2} \times \left(-\dfrac{5}{2}\right)^2 \right\} = \dfrac{25}{4}$

따라서 $p=4$, $q=25$이므로

$p+q = 4+25 = 29$

해설특강 ✎

why? ❶ $f(x)$는 최고차항의 계수가 1인 삼차함수이고 $f(2)=0$이므로 $x-2$를 인수로 갖는다.

따라서 $f(x) = (x-2)(x^2+ax+b)$ (a, b는 상수)로 놓을 수 있다.

핵심 개념 │ 미정계수의 결정

두 함수 $f(x)$, $g(x)$에 대하여 $\lim\limits_{x \to a} \dfrac{f(x)}{g(x)} = t$ (t는 실수)이고

(1) $\lim\limits_{x \to a} g(x) = 0 \Rightarrow \lim\limits_{x \to a} f(x) = 0$

(2) $\lim\limits_{x \to a} f(x) = 0$, $t \neq 0 \Rightarrow \lim\limits_{x \to a} g(x) = 0$

5

출제영역 함수의 미분가능성

절댓값 기호를 포함한 함수가 미분가능하기 위한 조건을 찾아내고, 주어진 조건을 만족시키는 함수를 구할 수 있는지를 묻는 문제이다.

함수 $f(x)$는 최고차항의 계수가 $\dfrac{1}{2}$인 삼차함수이고, 함수 $g(x)$는 최고차항의 계수가 -1인 이차함수이다. 함수 $h(x)$를

$$h(x) = \begin{cases} |f(x)| & (x<1) \\ g(x) & (x\geq 1) \end{cases}$$ ❶

라 할 때, 함수 $h(x)$가 다음 조건을 만족시킨다.

㈎ 함수 $h(x)$는 실수 전체의 집합에서 미분가능하다.
㈏ $h(-1)=0$, $h(2)=9$ ❷

$h(0)$의 값이 자연수일 때, $h(-3)+h(3)$의 값을 구하시오. 24 ❸

출제코드 함수 $h(x)$가 $x=-1$, $x=1$에서 미분가능해야 함을 파악하기

❶ $x<1$일 때 $h(x)=|f(x)|$이므로 절댓값 기호 안이 0이 되도록 하는 x의 값, 즉 $f(x)=0$이 되도록 하는 x의 값을 경계로 함수가 달라지므로 이 x의 값에서의 미분가능성에 주목한다.

마찬가지로 $x=1$의 좌우에서 함수 $h(x)$의 식이 다르므로 $x=1$에서의 미분가능성에도 주목한다.

❷ $h(-1)=f(-1)=0$이므로 함수 $h(x)$는 $x=-1$, $x=1$에서 미분가능해야 한다.

❸ 조건 ㈎, ㈏를 만족시키는 함수 중 $h(0)$의 값이 자연수인 함수를 택한다.

해설 │**1단계**│ 조건 ㈎, ㈏를 이용하여 두 함수 $f(x)$, $g(x)$의 식과 관계식 세우기

함수 $h(x)$가 실수 전체의 집합에서 미분가능하므로 $x=-1$에서도 미분가능하다.

조건 ㈏에서 $h(-1)=0$이므로 $|f(-1)|=0$

$\therefore f(-1)=0$

또, 조건 ㈎에 의하여 함수 $|f(x)|$가 $x=-1$에서 미분가능하므로 $f'(-1)=0$이어야 한다. **why? ❶**

따라서 $f(x) = \dfrac{1}{2}(x+1)^2(x-a)$ (a는 상수)로 놓을 수 있다. **why? ❷**

한편, $g(x) = -x^2+ax+b$ (a, b는 상수)로 놓으면 조건 ㈏에서 $h(2)=9$이므로

$g(2)=9$

즉, $-4+2a+b=9$에서

$2a+b=13$ ...... ㉠

│**2단계**│ 함수 $h(x)$의 $x=1$에서의 연속성과 미분가능성을 이용하여 두 함수 $f(x)$, $g(x)$의 식 구하기

함수 $h(x)$가 $x=1$에서 미분가능하므로 $x=1$에서 연속이다.

즉, $\lim\limits_{x \to 1-} h(x) = \lim\limits_{x \to 1+} h(x)$이므로

$\lim\limits_{x \to 1-} |f(x)| = \lim\limits_{x \to 1+} g(x)$ ...... ㉡

(ⅰ) $x \to 1-$에서 $f(x)>0$일 때

㉡에서 $\lim\limits_{x \to 1-} f(x) = \lim\limits_{x \to 1+} g(x)$이므로

$f(1)=g(1)$

$f(1)=2-2a$, $g(1)=-1+a+b$이므로

$2-2a=-1+a+b$

$\therefore a+b+2a=3$ ...... ㉢

한편, $f(x)=\dfrac{1}{2}(x+1)^2(x-\alpha)$에서

$f'(x)=(x+1)(x-\alpha)+\dfrac{1}{2}(x+1)^2$ **how?❸**

$\qquad =\dfrac{1}{2}(x+1)(3x-2\alpha+1)$

$g(x)=-x^2+ax+b$에서

$g'(x)=-2x+a$

함수 $h(x)$가 $x=1$에서 미분가능하므로

$\displaystyle\lim_{\varDelta x\to 0-}\frac{h(1+\varDelta x)-h(1)}{\varDelta x}=\lim_{\varDelta x\to 0+}\frac{h(1+\varDelta x)-h(1)}{\varDelta x}$

즉, $\displaystyle\lim_{\varDelta x\to 0-}\frac{f(1+\varDelta x)-f(1)}{\varDelta x}=\lim_{\varDelta x\to 0+}\frac{g(1+\varDelta x)-g(1)}{\varDelta x}$에서

$f'(1)=g'(1)$ **how?❹**

$4-2\alpha=-2+a$

$\therefore a+2\alpha=6$ ...... ㉣

㉠, ㉢, ㉣을 연립하여 풀면

$a=8,\ b=-3,\ \alpha=-1$

$\therefore f(x)=\dfrac{1}{2}(x+1)^3,\ g(x)=-x^2+8x-3$

이때 $h(0)=|f(0)|=\dfrac{1}{2}$이므로 조건을 만족시키지 않는다.

(ii) $x\to 1-$에서 $f(x)<0$일 때

㉡에서 $\displaystyle\lim_{x\to 1-}\{-f(x)\}=\lim_{x\to 1+}g(x)$이므로

$-f(1)=g(1)$

즉, $-2+2a=-1+a+b$에서

$a+b-2a=-1$ ...... ㉤

함수 $h(x)$가 $x=1$에서 미분가능하므로

$\displaystyle\lim_{\varDelta x\to 0-}\frac{h(1+\varDelta x)-h(1)}{\varDelta x}=\lim_{\varDelta x\to 0+}\frac{h(1+\varDelta x)-h(1)}{\varDelta x}$

즉, $\displaystyle\lim_{\varDelta x\to 0-}\frac{-\{f(1+\varDelta x)-f(1)\}}{\varDelta x}=\lim_{\varDelta x\to 0+}\frac{g(1+\varDelta x)-g(1)}{\varDelta x}$에서

$-f'(1)=g'(1)$

$-4+2\alpha=-2+a$

$\therefore a-2\alpha=-2$ ...... ㉥

㉠, ㉤, ㉥을 연립하여 풀면

$a=6,\ b=1,\ \alpha=4$

$\therefore f(x)=\dfrac{1}{2}(x+1)^2(x-4),\ g(x)=-x^2+6x+1$

이때 $h(0)=|f(0)|=2$이므로 조건을 만족시킨다.

(i), (ii)에 의하여

$f(x)=\dfrac{1}{2}(x+1)^2(x-4),\ g(x)=-x^2+6x+1$

|3단계| $h(-3)+h(3)$의 값 구하기

$\therefore h(-3)+h(3)=|f(-3)|+g(3)$

$\qquad\qquad =\left|\dfrac{1}{2}\times(-2)^2\times(-7)\right|+(-9+18+1)$

$\qquad\qquad =14+10=24$

참고 조건을 만족시키는 함수 $y=h(x)$의 그래프는 다음 그림과 같다.

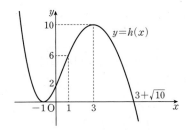

해설특강 🖊

why?❶ 다항함수 $f(x)$는 실수 전체의 집합에서 미분가능하다.

$x\to -1-$에서 $f(x)>0$일 때,

$\displaystyle\lim_{h\to 0-}\frac{|f(-1+h)|-|f(-1)|}{h}=\lim_{h\to 0-}\frac{f(-1+h)}{h}$

$\qquad\qquad\qquad\qquad\qquad =\lim_{h\to 0}\frac{f(-1+h)}{h}$

$\qquad\qquad\qquad\qquad\qquad =f'(-1)$

$x\to -1+$에서 $f(x)<0$일 때,

$\displaystyle\lim_{h\to 0+}\frac{|f(-1+h)|-|f(-1)|}{h}=\lim_{h\to 0+}\frac{-f(-1+h)}{h}$

$\qquad\qquad\qquad\qquad\qquad =-\lim_{h\to 0}\frac{f(-1+h)}{h}$

$\qquad\qquad\qquad\qquad\qquad =-f'(-1)$

함수 $|f(x)|$가 $x=-1$에서 미분가능하므로

$f'(-1)=-f'(-1)$

$\therefore f'(-1)=0$

$x\to -1-$에서 $f(x)<0$이고, $x\to -1+$에서 $f(x)>0$인 경우에도 같은 방법으로 하면 $f'(-1)=0$임을 알 수 있다.

why?❷ 다항함수 $f(x)$가 $f(-1)=f'(-1)=0$을 만족시킬 때, 다항식 $f(x)$는 $(x+1)^2$을 인수로 갖는다.

how?❸ $f(x)=\dfrac{1}{2}(x+1)^2(x-\alpha)$에서 $f(x)=\dfrac{1}{2}(x+1)(x+1)(x-\alpha)$

이므로

$f'(x)=\dfrac{1}{2}(x+1)'(x+1)(x-\alpha)+\dfrac{1}{2}(x+1)(x+1)'(x-\alpha)$

$\qquad\qquad\qquad\qquad\qquad +\dfrac{1}{2}(x+1)^2(x-\alpha)'$

$\qquad =\dfrac{1}{2}\times 1\times(x+1)(x-\alpha)+\dfrac{1}{2}(x+1)\times 1\times(x-\alpha)$

$\qquad\qquad\qquad\qquad\qquad +\dfrac{1}{2}(x+1)^2\times 1$

$\qquad =(x+1)(x-\alpha)+\dfrac{1}{2}(x+1)^2$

how?❹ $\displaystyle\lim_{\varDelta x\to 0-}\frac{f(1+\varDelta x)-f(1)}{\varDelta x}=\lim_{\varDelta x\to 0}\frac{f(1+\varDelta x)-f(1)}{\varDelta x}=f'(1)$

$\displaystyle\lim_{\varDelta x\to 0+}\frac{g(1+\varDelta x)-g(1)}{\varDelta x}=\lim_{\varDelta x\to 0}\frac{g(1+\varDelta x)-g(1)}{\varDelta x}=g'(1)$

정적분으로 정의된 함수의 성질을 이용하여 함수의 극댓값을 구할 수 있는지를 묻는 문제이다.

최고차항의 계수가 1인 이차함수 $f(x)$에 대하여 함수 $g(x)$가

$$g(x)=\int_{-1}^{x}\{f(x)-f(t)\}f(t)\,dt \quad \text{❶}$$

일 때, 두 함수 $f(x)$, $g(x)$가 다음 조건을 만족시킨다.

(가) 모든 실수 x에 대하여 $f(-x)=f(x)$이다. ❷
(나) 함수 $g(x)$는 $x=0$, $x=2$에서만 극값을 갖는다. ❸

함수 $g(x)$의 극댓값은?
❹

① $\dfrac{1}{15}$ ✔② $\dfrac{2}{15}$ ③ $\dfrac{1}{5}$

④ $\dfrac{4}{15}$ ⑤ $\dfrac{1}{3}$

출제코드 정적분으로 정의된 함수를 미분하고, 함수의 증가와 감소를 이용하여 주어진 함수의 극댓값 구하기

❶ 정적분으로 주어진 함수를 x에 대하여 미분한다. 이때 $f(x)$는 t에 대하여 상수임에 주의한다.
❷ 함수 $y=f(x)$의 그래프는 y축에 대하여 대칭임을 이용하여 $f(x)=x^2+a$ (a는 상수)로 놓는다.
❸ $g'(0)=g'(2)=0$임을 파악하고, $x=0$, $x=2$ 이외에는 극값을 가지는 x의 값이 존재하지 않음에 유의한다.
❹ $x<0$, $0<x<2$, $x>2$에서 함수 $g(x)$의 증가와 감소를 파악하여 극대가 되는 x의 값을 구한 뒤, 정적분을 이용하여 함수 $g(x)$의 극댓값을 구한다.

해설 |1단계| 정적분으로 정의된 함수를 x에 대하여 미분하기

$$g(x)=\int_{-1}^{x}\{f(x)-f(t)\}f(t)\,dt$$
$$=f(x)\int_{-1}^{x}f(t)\,dt-\int_{-1}^{x}\{f(t)\}^2\,dt \quad \text{how? ❶}$$

이므로

$$g'(x)=f'(x)\int_{-1}^{x}f(t)\,dt+\{f(x)\}^2-\{f(x)\}^2$$
$$=f'(x)\int_{-1}^{x}f(t)\,dt \quad \text{how? ❷}$$

$g'(x)=0$에서 $f'(x)=0$ 또는 $\displaystyle\int_{-1}^{x}f(t)\,dt=0$ ⋯⋯ ㉠

|2단계| 함수 $f(x)$의 식 결정하기

한편, 조건 (가)에 의하여 함수 $f(x)$를 $f(x)=x^2+a$ (a는 상수)로 놓으면 $f'(x)=2x$이므로 ㉠의 $f'(x)=0$에서

$2x=0$ ∴ $x=0$

조건 (나)에 의하여 $g'(2)=0$이므로

$$\int_{-1}^{2}f(t)\,dt=0$$에서 **why? ❸**

$$\int_{-1}^{2}(t^2+a)\,dt=0$$

$$\left[\frac{1}{3}t^3+at\right]_{-1}^{2}=0,\ 3+3a=0$$

∴ $a=-1$

∴ $f(x)=x^2-1$

|3단계| 함수 $g(x)$의 증가와 감소를 파악하고, 함수 $g(x)$의 극댓값 구하기

함수 $g(x)$의 증가와 감소를 표로 나타내면 다음과 같다.

x	$\cdots$	-1	$\cdots$	0	$\cdots$	2	$\cdots$
$g'(x)$	$+$	0	$+$	0	$-$	0	$+$
$g(x)$	↗	0	↗	극대	↘	극소	↗

how? ❹

따라서 함수 $g(x)$는 $x=0$에서 극대이고, 극댓값은

$$g(0)=\int_{-1}^{0}\{f(0)-f(t)\}f(t)\,dt$$
$$=\int_{-1}^{0}\{-t^2(t^2-1)\}\,dt$$
$$=\int_{-1}^{0}(-t^4+t^2)\,dt$$
$$=\left[-\frac{1}{5}t^5+\frac{1}{3}t^3\right]_{-1}^{0}$$
$$=-\frac{1}{5}+\frac{1}{3}=\frac{2}{15}$$

해설특강

how? ❶ 정적분의 성질에 의하여

$$g(x)=\int_{-1}^{x}\{f(x)-f(t)\}f(t)\,dt$$
$$=\int_{-1}^{x}[f(x)f(t)-\{f(t)\}^2]\,dt$$
$$=\int_{-1}^{x}f(x)f(t)\,dt-\int_{-1}^{x}\{f(t)\}^2\,dt$$
$$=f(x)\int_{-1}^{x}f(t)\,dt-\int_{-1}^{x}\{f(t)\}^2\,dt$$

how? ❷ 함수의 곱의 미분법에 의하여

$$g'(x)=f'(x)\int_{-1}^{x}f(t)\,dt+f(x)\times\left(\int_{-1}^{x}f(t)\,dt\right)'-\left(\int_{-1}^{x}\{f(t)\}^2\,dt\right)'$$
$$=f'(x)\int_{-1}^{x}f(t)\,dt+\{f(x)\}^2-\{f(x)\}^2$$
$$=f'(x)\int_{-1}^{x}f(t)\,dt$$

why? ❸ 함수 $f(x)$가 이차함수이고, $f'(0)=0$이므로 $f'(2)\neq0$임을 알 수 있다.

how? ❹ 함수 $y=f(x)$의 그래프가 다음 그림과 같다.

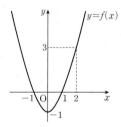

$x<-1$에서 $f'(x)<0$, $\displaystyle\int_{-1}^{x}f(t)\,dt<0$이므로 $g'(x)>0$

$-1<x<0$에서 $f'(x)<0$, $\displaystyle\int_{-1}^{x}f(t)\,dt<0$이므로 $g'(x)>0$

$0<x<2$에서 $f'(x)>0$, $\displaystyle\int_{-1}^{x}f(t)\,dt<0$이므로 $g'(x)<0$

$x>2$에서 $f'(x)>0$, $\displaystyle\int_{-1}^{x}f(t)\,dt>0$이므로 $g'(x)>0$

핵심 개념 정적분과 미분의 관계

함수 $f(x)$가 닫힌구간 $[a, b]$에서 연속일 때

$$\frac{d}{dx}\int_{a}^{x}f(t)\,dt=f(x) \quad (\text{단}, a<x<b)$$

1

|정답 **6**

출제영역 **지수함수의 방정식에의 활용 + 지수함수의 그래프**

지수에 미지수가 있는 방정식에서 치환을 이용하여 미지수의 값을 구하고, 지수함수의 그래프를 이용하여 방정식의 해를 구할 수 있는지를 묻는 문제이다.

> 두 양수 a, b에 대하여 두 함수 $f(x)=a\times 4^x$, $g(x)=2^x-b$가 다❶음 조건을 만족시킨다.
>
> > 두 곡선 $y=f(x)$, $y=g(x)$는 서로 다른 두 점 A, B에서 만나고, 선분 AB의 중점의 좌표는 $\left(\dfrac{3}{2},\,3\right)$이다.❷
>
> 양수 k에 대하여 x에 대한 방정식 $|f(x)-g(x)|=k$의 서로 다른 실근의 개수가 2가 되도록 하는 k의 값을 p라 하고, 이때 방정식❸ $|f(x)-g(x)|=p$의 서로 다른 모든 실근의 합을 q라 할 때, $p+q$의 값을 구하시오. 6

출제코드 치환과 이차방정식의 근과 계수의 관계를 이용하여 a, b의 값을 구하고, 지수함수의 그래프를 이용하여 방정식의 해 구하기

❶ 두 곡선 $y=f(x)$, $y=g(x)$의 점근선의 방정식이 $y=0$, $y=-b$임을 확인한다.

❷ 방정식 $f(x)=g(x)$의 서로 다른 두 실근을 α, β $(\alpha<\beta)$로 놓고, $2^x=t$로 치환하여 얻은 t에 대한 이차방정식과 $\dfrac{\alpha+\beta}{2}=\dfrac{3}{2}$, $\dfrac{g(\alpha)+g(\beta)}{2}=3$을 이용하여 a, b의 값을 구한다.

❸ 함수 $y=f(x)-g(x)$의 최솟값과 ❶에서 확인한 두 점근선을 바탕으로 함수 $y=|f(x)-g(x)|$의 그래프의 개형을 그리고 p의 값을 구한다.

해설 |**1단계**| 치환과 이차방정식의 근과 계수의 관계를 이용하여 a, b의 값 구하기

두 곡선 $y=f(x)$, $y=g(x)$가 만나는 두 점의 x좌표를 α, β $(\alpha<\beta)$로 놓자.

선분 AB의 중점의 x좌표가 $\dfrac{3}{2}$이므로

$$\frac{\alpha+\beta}{2}=\frac{3}{2}$$

$$\therefore \alpha+\beta=3 \qquad \cdots\cdots \ \bigcirc$$

선분 AB의 중점의 y좌표가 3이므로

$$\frac{g(\alpha)+g(\beta)}{2}=3 \ \text{why?}❶$$

즉, $\dfrac{(2^\alpha-b)+(2^\beta-b)}{2}=3$이므로

$$2^\alpha+2^\beta=2b+6 \qquad \cdots\cdots \ \bigcirc\!\!\!\bigcirc$$

한편, $f(x)=g(x)$에서

$$a\times 4^x=2^x-b \qquad \therefore a\times 4^x-2^x+b=0$$

$2^x=t$ $(t>0)$로 놓으면

$$at^2-t+b=0 \qquad \cdots\cdots \ \bigcirc\!\!\!\!\bigcirc$$

이때 방정식 ⓒ의 두 실근은 2^α, 2^β이므로 이차방정식의 근과 계수의 관계에 의하여

$$2^\alpha+2^\beta=\frac{1}{a},\ 2^\alpha\times 2^\beta=\frac{b}{a}$$

㉠에 의하여 $2^\alpha\times 2^\beta=2^{\alpha+\beta}=2^3$이므로

$\dfrac{b}{a}=2^3$에서 $b=8a$

ⓒ에 의하여 $2b+6=\dfrac{1}{a}$

위의 등식에 $b=8a$를 대입하면

$$16a+6=\frac{1}{a}$$

$$16a^2+6a-1=0$$

$$(2a+1)(8a-1)=0$$

이때 $a>0$이므로 $a=\dfrac{1}{8}$, $b=1$

$$\therefore f(x)=\frac{1}{8}\times 4^x,\ g(x)=2^x-1$$

|**2단계**| 두 함수 $f(x)$, $g(x)$의 관계를 이용하여 함수 $y=|f(x)-g(x)|$의 그래프의 개형 그리기

두 곡선 $y=f(x)$, $y=g(x)$는 다음 그림과 같다.

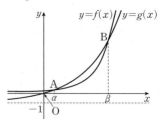

$$\therefore |f(x)-g(x)|=\begin{cases} f(x)-g(x) & (x<\alpha \text{ 또는 } x>\beta) \\ g(x)-f(x) & (\alpha\le x\le \beta)\end{cases}$$

모든 실수 x에 대하여

$$f(x)-g(x)=\frac{1}{8}\times 4^x-2^x+1$$

$$=\frac{1}{8}(4^x-8\times 2^x+16-16)+1$$

$$=\frac{1}{8}(2^x-4)^2-1\ge -1 \text{ (단, 등호는 } x=2\text{일 때 성립)}$$

두 곡선 $y=f(x)$, $y=g(x)$의 점근선의 방정식이 각각 $y=0$, $y=-1$이므로 함수 $y=|f(x)-g(x)|$의 그래프는 다음 그림과 같다. **why?❷**

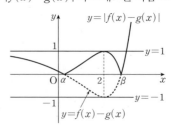

|**3단계**| p, q의 값 구하기

x에 대한 방정식 $|f(x)-g(x)|=k$의 서로 다른 실근의 개수가 2가 되도록 하는 양수 k의 값은 1이므로

$$p=1$$

이때 방정식 $|f(x)-g(x)|=1$에서

$f(x)-g(x)=1$ 또는 $f(x)-g(x)=-1$

(i) $f(x)-g(x)=1$에서

$$\frac{1}{8}\times 4^x-2^x+1=1$$

$$4^x-8\times 2^x=0,\ 2^x(2^x-8)=0$$

$2^x > 0$이므로 $2^x = 8$

$\therefore x = 3$

(ii) $f(x) - g(x) = -1$에서

$x = 2$ **how?** ❸

(i), (ii)에서 방정식 $|f(x) - g(x)| = 1$의 서로 다른 두 근은 2, 3이므로

$q = 2 + 3 = 5$

$\therefore p + q = 1 + 5 = 6$

해설특강

why? ❶ $\dfrac{f(\alpha) + f(\beta)}{2} = 3$을 이용하여 문제를 해결할 수도 있다.

why? ❷ $x < \alpha$에서 $f(x) - g(x) < 1$이므로 $x < \alpha$에서 함수 $y = |f(x) - g(x)|$의 그래프와 직선 $y = 1$은 만나지 않는다.

how? ❸ $f(x) - g(x) = -1$에서 $\dfrac{1}{8}(2^x - 4)^2 - 1 = -1$, $2^x - 4 = 0$

$\therefore x = 2$

2
정답 ③

출제영역 삼각함수의 그래프 + 삼각함수를 포함한 방정식

삼각함수의 주기를 이해하고 삼각함수의 그래프를 그릴 수 있는가와 이를 이용하여 삼각함수를 포함한 방정식의 해가 존재하도록 하는 조건을 구할 수 있는지를 묻는 문제이다.

> 좌표평면 위에 네 점 A(2, 0), B(3, 0), C(3, 1), D(2, 1)을 꼭짓점으로 하는 사각형 ABCD가 있다. 자연수 n에 대하여 두 함수 $f_n(x) = \sin n\pi x$, $g_n(x) = \sin \dfrac{\pi}{n} x$의 그래프가 사각형 ABCD와 만나는 서로 다른 점의 개수를 각각 a_n, b_n이라 할 때, 〈보기〉에서 옳은 것만을 있는 대로 고른 것은?
>
> ──── 보기 ────
> ㄱ. $a_1 + b_2 = 4$ ❷
> ㄴ. $b_{n+1} > b_n$을 만족시키는 자연수 n의 최댓값은 5이다. ❸
> ㄷ. $b_m = 3$인 1보다 큰 자연수 m에 대하여 $2 \leq x \leq 3$에서 연립방정식 $f_n(x) = g_m(x) = 1$의 해가 존재하도록 하는 100 이하의 자연수 n의 개수는 25이다. ❹
>
> ① ㄱ   ② ㄱ, ㄴ   ✓③ ㄱ, ㄷ
> ④ ㄴ, ㄷ   ⑤ ㄱ, ㄴ, ㄷ

출제코드 삼각함수의 그래프와 도형의 교점의 개수를 수열로 나타내기

❶ 함수 $f_n(x)$의 주기가 $\dfrac{2}{n}$, 함수 $g_n(x)$의 주기가 $2n$임을 파악한다.

❷ 함수 $y = f_1(x)$의 그래프와 함수 $y = g_2(x)$의 그래프를 그려 사각형 ABCD와의 교점의 개수를 확인한다.

❸ $g_n\!\left(\dfrac{n}{2}\right) = 1$, $g_n(n) = 0$임을 파악하고, b_n의 값을 나열해 본다.

❹ $b_m = 3$을 만족시키는 1보다 큰 자연수 m의 값을 구하고, 방정식 $f_n(x) = g_m(x) = 1$의 해가 존재한다는 것의 의미가 함수 $y = g_m(x)$의 그래프와 변 CD가 만나는 점이 함수 $y = f_n(x)$의 그래프와 변 CD가 만나는 점들 중 하나와 일치하는 것과 같음을 이해하고 문제를 해결한다.

해설 |1단계| 함수 $g_n(x)$의 주기를 파악하여 곡선 $y = g_n(x)$를 그리고 b_n 구하기

함수 $y = g_n(x)$의 주기는 $\dfrac{2\pi}{\frac{\pi}{n}} = 2n$이고, $0 \leq x \leq n$에서 $g_n\!\left(\dfrac{n}{2}\right) = 1$,

$g_n(n) = 0$이므로 곡선 $y = g_n(x)$와 b_n의 값은 다음과 같다. **how?** ❶

n	$y = g_n(x)$	b_n
1	$y = g_1(x)$	3
2	$y = g_2(x)$	1
3	$y = g_3(x)$	2
4	$y = g_4(x)$	2
5	$y = g_5(x)$	3
6	$y = g_6(x)$	2
⋮	⋮	⋮

$$\therefore b_n = \begin{cases} 1 & (n=2) \\ 2 & (n=3, 4 \text{ 또는 } n \geq 6) \\ 3 & (n=1, 5) \end{cases}$$

|2단계| ㄱ, ㄴ의 참, 거짓 판별하기

ㄱ. 함수 $f_1(x)$의 주기는 $\dfrac{2\pi}{\pi} = 2$이고, $f_1(2) = f_1(3) = 0$이므로 $n = 1$

일 때 곡선 $y = f_1(x)$는 다음 그림과 같다. **how?** ❷

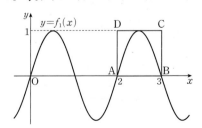

∴ $a_1=3$

∴ $a_1+b_2=3+1=4$ (참)

ㄴ. $b_4=2$, $b_5=3$이고, $n \geq 6$일 때 $b_n=2$이므로 $b_{n+1}>b_n$을 만족시키는 자연수 n의 최댓값은 4이다. (거짓)

|3단계| ㄷ의 참, 거짓 판별하기

ㄷ. 표에서 $b_m=3$을 만족시키는 1보다 큰 자연수 m의 값은 5이고, 이때 함수 $y=g_5(x)$의 그래프는 다음 그림과 같다.

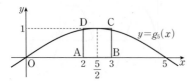

즉, 방정식 $g_5(x)=1$에서 $x=\dfrac{5}{2}$이므로 $f_n\left(\dfrac{5}{2}\right)=1$

삼각함수의 성질에 의하여

$$f_n\left(\frac{5}{2}\right)=\sin \frac{5}{2}n\pi$$
$$=\sin\left(2n\pi+\frac{n}{2}\pi\right)$$
$$=\sin \frac{n}{2}\pi \quad \textbf{how?❸}$$

이므로 $\sin \dfrac{n}{2}\pi=1$을 만족시키는 100 이하의 자연수 n의 값은

$$1, 5, 9, \cdots, 97$$

의 25개이다. (참)

따라서 옳은 것은 ㄱ, ㄷ이다.

해설특강

how?❶ $0 \leq x \leq n$에서 $g_n\left(\dfrac{n}{2}\right)=\sin \dfrac{\pi}{2}=1$, $g_n(n)=\sin \pi=0$이고, 함수 $y=g_n(x)$의 최댓값이 1이므로 자연수 n에 대하여 두 점 $\left(\dfrac{n}{2}, 1\right)$, $(n, 0)$을 좌표평면에 나타내고, 함수 $y=g_n(x)$의 그래프를 그리면 교점의 개수를 더 빠르게 찾을 수 있다.

how?❷ $f_1(2)=\sin 2\pi=0$, $f_1(3)=\sin 3\pi=0$이고, 함수 $y=f_1(x)$의 최댓값이 1이므로 점 A에서부터 함수 $y=f_1(x)$의 그래프를 그리면 교점의 개수를 더 빠르게 찾을 수 있다.

how?❸ 함수 $y=\sin \theta$의 주기는 2π이므로 자연수 n에 대하여
$$\sin(2n\pi+\theta)=\sin \theta$$

참고 함수 $f_n(x)$의 주기는 $\dfrac{2\pi}{n\pi}=\dfrac{2}{n}$이고, $f_n(2)=f_n(3)=0$이므로 자연수 n의 값에 따른 곡선 $y=f_n(x)$와 a_n의 값은 다음과 같다.

n	$y=f_n(x)$	a_n
1	(그래프) $y=f_1(x)$	3

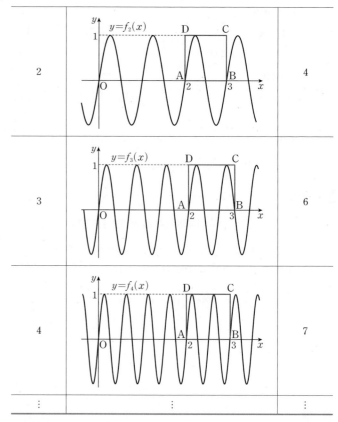

n	$y=f_n(x)$	a_n
2	(그래프) $y=f_2(x)$	4
3	(그래프) $y=f_3(x)$	6
4	(그래프) $y=f_4(x)$	7
⋮	⋮	⋮

n이 홀수일 때, $a_1=3$, $a_{n+2}=a_n+3$이므로
$$a_{2k-1}=3+(k-1)\times 3=3k \ (k=1, 2, 3, \cdots)$$
n이 짝수일 때, $a_2=4$, $a_{n+2}=a_n+3$이므로
$$a_{2k}=4+(k-1)\times 3=3k+1 \ (k=1, 2, 3, \cdots)$$
$$\therefore \begin{cases} a_{2n-1}=3n \\ a_{2n}=3n+1 \end{cases}$$

핵심 개념 **삼각함수의 주기**

(1) 함수 $y=a \sin(bx+c)+d$의 주기 ➡ $\dfrac{2\pi}{|b|}$

(2) 함수 $y=a \cos(bx+c)+d$의 주기 ➡ $\dfrac{2\pi}{|b|}$

(3) 함수 $y=a \tan(bx+c)+d$의 주기 ➡ $\dfrac{\pi}{|b|}$

3

출제영역 등차수열+수열의 귀납적 정의

귀납적으로 정의된 수열의 규칙을 파악하고, 등차수열의 일반항과 합을 이용하여 새롭게 정의된 수열의 합을 구할 수 있는지를 묻는 문제이다.

첫째항이 음의 정수이고 공차가 1보다 큰 자연수인 등차수열 $\{a_n\}$ 에 대하여 수열 $\{b_n\}$을

$$b_n = \begin{cases} a_{n+1}+n & (a_n < 0) \\ a_n - 2n & (a_n \geq 0) \end{cases}$$

이라 하자. $b_4 > b_5$❶이고, 수열 $\{b_n\}$의 첫째항부터 제n항까지의 합을 S_n이라 하면 $S_4 = 0$이고 $S_k = 0$❸을 만족시키는 자연수 k가 존재❷한다. k의 값은? (단, $k > 4$)

✓ ① 21   ② 22   ③ 23
④ 24   ⑤ 25

출제코드 귀납적으로 정의된 수열 $\{b_n\}$의 규칙을 파악하고, 등차수열 $\{a_n\}$ 의 첫째항이 음의 정수이고, 공차가 1보다 큰 자연수라는 조건을 이용하여 주어진 조건을 만족시키는 등차수열 $\{a_n\}$의 공차 구하기

❶ 주어진 규칙에 따라 $b_4 > b_5$이기 위한 등차수열 $\{a_n\}$의 조건을 찾는다.
❷ ❶에서 얻은 조건을 통하여 b_1, b_2, b_3, b_4의 값을 구하고, 주어진 조건을 이용하여 등차수열 $\{a_n\}$의 첫째항과 공차를 구한다.
❸ $S_4 = 0$이므로 $S_k - S_4 = 0$임을 이용하여 $S_k = 0$을 만족시키는 k의 값을 구한다.

해설 |1단계| $b_4 > b_5$를 만족시키는 수열 $\{a_n\}$의 조건 찾기

등차수열 $\{a_n\}$의 공차를 d ($d > 1$인 자연수)라 하자. 이때

$$b_4 = \begin{cases} a_5 + 4 & (a_4 < 0) \\ a_4 - 8 & (a_4 \geq 0) \end{cases}, \quad b_5 = \begin{cases} a_6 + 5 & (a_5 < 0) \\ a_5 - 10 & (a_5 \geq 0) \end{cases}$$

이고 $a_4 < a_5$이므로 두 항 a_4, a_5의 부호를 다음과 같이 경우를 나누어 생각할 수 있다. **why?❶**

(i) $a_4 < 0, a_5 < 0$일 때
$b_4 = a_5 + 4, b_5 = a_6 + 5$
이때 $b_4 > b_5$이므로 $a_5 + 4 > a_6 + 5$에서
$a_6 - a_5 < -1$ ∴ $d < -1$
이것은 $d > 1$이라는 조건에 모순이다.

(ii) $a_4 < 0, a_5 \geq 0$일 때
$b_4 = a_5 + 4, b_5 = a_5 - 10$
이때 $b_4 > b_5$이므로 $a_5 + 4 > a_5 - 10$
따라서 $a_4 < 0, a_5 \geq 0$은 성립한다.

(iii) $a_4 \geq 0, a_5 \geq 0$일 때
$b_4 = a_4 - 8, b_5 = a_5 - 10$
이때 $b_4 > b_5$이므로 $a_4 - 8 > a_5 - 10$에서
$a_5 - a_4 < 2$ ∴ $d < 2$
그런데 d는 2 이상의 자연수이므로 모순이다.

(i), (ii), (iii)에 의하여
$a_4 < 0, a_5 \geq 0$ ...... ㉠

|2단계| $S_4 = 0$임을 이용하여 등차수열 $\{a_n\}$의 일반항 a_n 구하기

따라서 수열 $\{b_n\}$의 첫째항부터 제4항까지 나열하면 다음과 같다.
$b_1 = a_2 + 1, b_2 = a_3 + 2, b_3 = a_4 + 3, b_4 = a_5 + 4$ **how?❷**

$S_4 = 0$이므로
$S_4 = b_1 + b_2 + b_3 + b_4$
$= (a_2 + 1) + (a_3 + 2) + (a_4 + 3) + (a_5 + 4)$
$= (a_2 + a_3 + a_4 + a_5) + 10$
$= 4a_1 + 10d + 10$ **how?❸**

즉, $4a_1 + 10d + 10 = 0$에서
$2a_1 + 5d = -5$ ...... ㉡

㉠에서 $a_4 = a_1 + 3d < 0$이므로 $a_1 < -3d$
$a_5 \geq 0$이므로 $a_1 + 4d \geq 0$에서 $a_1 \geq -4d$
∴ $-4d \leq a_1 < -3d$ ...... ㉢

㉡에서 $a_1 = -\dfrac{5 + 5d}{2}$ ...... ㉣

㉣을 ㉢에 대입하면

$$-4d \leq -\frac{5+5d}{2} < -3d$$

$$3d < \frac{5+5d}{2} \leq 4d$$

∴ $6d < 5 + 5d \leq 8d$
$6d < 5 + 5d$에서 $d < 5$
$5 + 5d \leq 8d$에서 $d \geq \dfrac{5}{3}$

∴ $\dfrac{5}{3} \leq d < 5$

이때 d는 2 이상의 자연수이므로 가능한 d의 값은 2, 3, 4이다.
그런데 a_1의 값이 정수이므로 ㉣에 의하여 $d = 3, a_1 = -10$
∴ $a_n = -10 + (n-1) \times 3 = 3n - 13$

|3단계| k의 값 구하기

$n \geq 5$일 때, $a_n \geq 0$이므로
$b_n = a_n - 2n$
$= (3n - 13) - 2n$
$= n - 13$

$S_4 = 0$이므로 $S_k = 0$에서
$S_k - S_4 = 0$
즉, $b_5 + b_6 + b_7 + \cdots + b_k = 0$에서
$\dfrac{(k-4)(b_5 + b_k)}{2} = 0$ **how?❹**

이때 $k > 4$이므로 $b_5 + b_k = 0$
즉, $(5 - 13) + (k - 13) = 0$이므로 $k = 21$

해설특강

why?❶ $d > 1$에서 $a_4 < a_5$이므로 $a_4 > 0, a_5 \leq 0$인 경우는 제외한다.

how?❷ $a_4 < 0, a_5 \geq 0$이고 $d > 1$이므로 수열 $\{a_n\}$은 첫째항부터 제4항까지는 음수이고 제5항부터 0 또는 양수이다.

how?❸ $a_2 + a_3 + a_4 + a_5 = (a_1 + d) + (a_1 + 2d) + (a_1 + 3d) + (a_1 + 4d)$
$= 4a_1 + 10d$

how?❹ $n \geq 5$일 때 수열 $\{b_n\}$은 공차가 1인 등차수열이고 $b_5, b_6, b_7, \cdots, b_k$의 개수는 $k - 4$이므로 등차수열의 합의 공식에 의하여
$b_5 + b_6 + b_7 + \cdots + b_k = \dfrac{(k-4)(b_5 + b_k)}{2}$

4

| 정답 40

출제영역 함수의 미분가능성＋도형의 평행이동

주어진 함수가 실수 전체의 집합에서 미분가능하기 위한 조건을 파악하고, 도형의 평행이동과 관련지어 조건을 만족시키는 함수를 구할 수 있는지를 묻는 문제이다.

최고차항의 계수가 $\frac{1}{3}$인 삼차함수 $f(x)$와 두 양수 p, q에 대하여 함수

$$g(x)=\begin{cases} f(x) & (x<2) \\ f(x-p)+q & (x\ge2) \end{cases}$$ ❶

가 실수 전체의 집합에서 미분가능할 때, 함수 $g(x)$는 다음 조건을 만족시킨다.

(가) $\lim_{h\to0+}\frac{|g(2+h)|-|g(2)|}{h}\times\lim_{h\to0-}\frac{|g(2+h)|-|g(2)|}{h}=-9$ ❷

(나) 2보다 큰 실수 a에 대하여 곡선 $y=g(x)$ 위의 점 $(a, 0)$에서의 접선은 x축이다. ❸

$30\times g\left(\frac{p}{q}\right)$의 값을 구하시오. 40

출제코드 함수 $g(x)$가 $x=2$에서 미분가능함을 파악하고, 조건 (가)에 의하여 함수 $|g(x)|$가 $x=2$에서 미분가능하지 않음을 이용하여 조건을 만족시키는 함수 $f(x)$ 구하기

❶ $x\ge2$에서 함수 $y=g(x)$의 그래프는 함수 $y=f(x)$의 그래프를 x축의 방향으로 p만큼, y축의 방향으로 q만큼 평행이동한 것임을 파악한다.

❷ 함수 $y=|g(x)|$의 $x=2$에서의 좌미분계수와 우미분계수의 곱이 음수이므로 $g(2)=0$이고, $g'(2)=-3$ 또는 $g'(2)=3$임을 파악한다.

❸ ❷에 의하여 $x\ge2$에서 $g(x)=\frac{1}{3}(x-2)(x-a)^2$으로 놓고 조건을 만족시키는 a의 값을 구한다.

해설 **|1단계|** 함수 $g(x)$가 $x=2$에서 미분가능함을 이용하여 식 세우기

함수 $g(x)$는 실수 전체의 집합에서 미분가능하므로 $x=2$에서 연속이고 미분가능하다.

함수 $g(x)$가 $x=2$에서 연속이므로

$\lim_{x\to2+}g(x)=\lim_{x\to2-}g(x)=g(2)$

$\therefore f(2-p)+q=f(2)$ …… ㉠

함수 $g(x)$가 $x=2$에서 미분가능하므로

$\lim_{h\to0+}\frac{g(2+h)-g(2)}{h}=\lim_{h\to0-}\frac{g(2+h)-g(2)}{h}$

$\therefore f'(2-p)=f'(2)$ …… ㉡

|2단계| 조건 (가)를 만족시키는 함수 $g(x)$를 이용하여 함수 $f(x)$의 식 구하기

조건 (가)에 의하여 $g(2)=0$이고, $g'(2)=-3$ 또는 $g'(2)=3$ **why?❶**

(i) $g(2)=0$, $g'(2)=-3$일 때

$f(2)=0$, $f'(2)=-3$이므로 함수 $y=f(x)$의 그래프는 점 $(2, 0)$을 지나고 $x=2$를 포함하는 어떤 열린구간에서 감소한다.

이때 함수 $f(x)$는 최고차항의 계수가 양수이므로 $x<2$에서 함수 $y=f(x)$의 그래프의 개형은 오른쪽 그림과 같다.

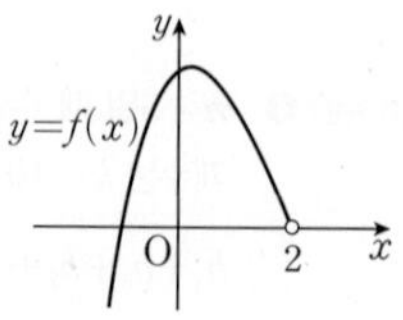

$x\ge2$에서 함수 $y=g(x)$의 그래프는 $x\ge2-p$에서의 함수 $y=f(x)$의 그래프를 x축의 방향으로 p만큼, y축의 방향으로 q만큼 평행이동한 것이다.

이때 어떤 양수 p가 존재하여 $f'(2)=f'(2-p)=-3$이지만 $f(2)=f(2-p)+q=0$을 만족시키는 양수 q는 존재하지 않으므로 조건을 만족시키는 함수 $f(x)$는 존재하지 않는다. **why?❷**

(ii) $g(2)=0$, $g'(2)=3$일 때

$f(2)=0$, $f'(2)=3$이므로

㉠에서 $f(2)=f(2-p)+q=0$

㉡에서 $f'(2)=f'(2-p)=3$

조건 (나)에 의하여 $g(a)=0$, $g'(a)=0$ $(a>2)$이므로 $x\ge2$에서

$g(x)=\frac{1}{3}(x-2)(x-a)^2$으로 놓을 수 있다.

$\therefore f(x-p)+q=\frac{1}{3}(x-2)(x-a)^2$

양변을 x에 대하여 미분하면

$$\begin{aligned}f'(x-p)&=\frac{1}{3}(x-2)'(x-a)^2+\frac{1}{3}(x-2)(x-a)'(x-a)\\&\quad+\frac{1}{3}(x-2)(x-a)(x-a)'\\&=\frac{1}{3}\times1\times(x-a)^2+\frac{1}{3}(x-2)\times1^2\times(x-a)\\&\quad+\frac{1}{3}(x-2)(x-a)\times1\\&=\frac{1}{3}(x-a)^2+\frac{2}{3}(x-2)(x-a)\end{aligned}$$

위의 등식의 양변에 $x=2$를 대입하면

$f'(2-p)=\frac{1}{3}(2-a)^2$

$f'(2-p)=f'(2)=3$이므로

$\frac{1}{3}(2-a)^2=3$, $(2-a)^2=9$

$2-a=\pm3$ $\quad\therefore a=5$ ($\because a>2$)

$$\therefore g(x)=\begin{cases}\frac{1}{3}(x+p-2)(x+p-5)^2-q & (x<2)\\ \frac{1}{3}(x-2)(x-5)^2 & (x\ge2)\end{cases}$$ **how?❸**

$x<2$에서 $f'(x)=\frac{1}{3}(x+p-5)^2+\frac{2}{3}(x+p-2)(x+p-5)$

$f'(2)=3$이므로 위의 등식의 양변에 $x=2$를 대입하면

$f'(2)=\frac{1}{3}(p-3)^2+\frac{2}{3}p(p-3)=3$

$3p(p-4)=0$ $\quad\therefore p=4$ ($\because p>0$)

즉, $f(x)=\frac{1}{3}(x+2)(x-1)^2-q$이고 $f(2)=0$이므로

$\frac{4}{3}-q=0$ $\quad\therefore q=\frac{4}{3}$

(i), (ii)에 의하여

$f(x)=\frac{1}{3}(x+2)(x-1)^2-\frac{4}{3}$

|3단계| $30\times g\left(\frac{p}{q}\right)$의 값 구하기

따라서 $p=4$, $q=\frac{4}{3}$이므로

$30\times g\left(\frac{p}{q}\right)=30\times g(3)=30\times\left(\frac{1}{3}\times1\times4\right)=40$

참고 함수 $y=g(x)$의 그래프는 다음 그림과 같다.

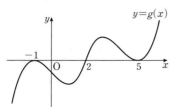

해설특강 ✏️

why? ❶ $g(2)\neq0$, 즉 $|g(2)|>0$이라 가정하면 함수 $g(x)$가 $x=2$에서 미분 가능하므로 함수 $|g(x)|$ 또한 $x=2$에서 미분가능하다.
$S(x)=|g(x)|$로 놓으면 $S(2)>0$이고, $S(x)$는 $x=2$에서 미분가 능하므로 $S'(2)=k$라 하면
$$\lim_{h\to0+}\frac{|g(2+h)|-|g(2)|}{h}\times\lim_{h\to0-}\frac{|g(2+h)|-|g(2)|}{h}$$
$$=k\times k=k^2\geq0$$
그런데 조건 ㈎에서
$$\lim_{h\to0+}\frac{|g(2+h)|-|g(2)|}{h}\times\lim_{h\to0-}\frac{|g(2+h)|-|g(2)|}{h}$$
$$=-9<0$$
이므로 모순이다.
따라서 $g(2)=0$이고, $g'(2)=3$ 또는 $g'(2)=-3$임을 알 수 있다.

why? ❷ ㉠에서 $f(2)=f(2-p)+q=0$
㉡에서 $f'(2)=f'(2-p)=-3$
함수 $f(x)$가 최고차항의 계수가 $\frac{1}{3}$인 삼차함수이므로 함수 $f'(x)$는 최고차항의 계수가 1인 이차함수이다.
이때 $f'(2)=f'(2-p)=-3$이므로
$$f'(x)-(-3)=(x-2)\{x-(2-p)\}$$
$$f'(x)=(x-2)(x-2+p)-3=x^2+(p-4)x+1-2p$$
$$\therefore f(x)=\frac{1}{3}x^3+\frac{p-4}{2}x^2+(1-2p)x+C \text{ (단, } C\text{는 적분상수)}$$
$f(2)=0$에서 $\frac{8}{3}+2(p-4)+2(1-2p)+C=0$
$$\therefore C=2p+\frac{10}{3}$$
$$\therefore f(x)=\frac{1}{3}x^3+\frac{p-4}{2}x^2+(1-2p)x+2p+\frac{10}{3}$$
$f(2-p)+q=0$, 즉 $f(2-p)=-q$에서
$$f(2-p)=\frac{1}{3}(2-p)^3+\frac{(p-4)(2-p)^2}{2}+(1-2p)(2-p)$$
$$+2p+\frac{10}{3}$$
$$=\frac{1}{6}p^3+3p$$
그런데 양수 p에 대하여 $\frac{1}{6}p^3+3p>0$이므로 $f(2-p)=-q<0$을 만족시키는 양수 q는 존재하지 않는다.
따라서 $g(2)=0$, $g'(2)=-3$일 때 조건을 만족시키는 함수 $f(x)$는 존재하지 않는다.

how? ❸ $f(x-p)+q=\frac{1}{3}(x-2)(x-5)^2$에서
$$f(x-p)=\frac{1}{3}(x-2)(x-5)^2-q$$
위의 등식의 양변에 x 대신 $x+p$를 대입하면
$$f(x)=\frac{1}{3}(x+p-2)(x+p-5)^2-q$$
즉, 함수 $y=f(x-p)+q$의 그래프를 x축의 방향으로 $-p$만큼, y축 의 방향으로 $-q$만큼 평행이동한 것으로 이해해도 된다.

5

출제영역 **방정식의 실근의 개수＋사차함수의 그래프의 개형**

사차함수의 그래프의 개형을 활용하여 조건을 만족시키는 함수를 구할 수 있는지 를 묻는 문제이다.

최고차항의 계수가 $\frac{1}{3}$이고, $f(0)=f'(0)=0$인 사차함수 $f(x)$에 ❶ 대하여 함수 $g(x)$가
$$g(x)=\begin{cases} f(x) & (x<0) \\ f(x)+9 & (x\geq0) \end{cases}$$ ❷
일 때, 함수 $g(x)$가 다음 조건을 만족시킨다.

㈎ 방정식 $g(x)=0$은 오직 하나의 양의 실근을 갖는다. ❸
㈏ 실수 t에 대하여 방정식 $g(x)=t$의 서로 다른 실근의 개수를 $h(t)$라 할 때, 함수 $h(t)$는 $t=0$, $t=k$ $(k>0)$에서만 불연속 이다. ❹

$k\times\{g(-2)+g(4)\}$의 값을 구하시오. 225

출제코드 원점에서 접하는 사차함수의 그래프의 개형 중 조건을 만족시키는 함수 $y=f(x)$의 그래프의 개형을 찾고, 함수 $f(x)$의 식 구하기

❶ 함수 $f(x)$를 $f(x)=\frac{1}{3}x^2(x^2+ax+b)$ (a, b는 상수)로 놓고, 사차함수 $y=f(x)$의 그래프의 개형을 통해 문제에 접근한다.
❷ 함수 $g(x)$는 $x=0$에서 불연속이다.
❸ 함수 $y=f(x)$의 그래프와 x축의 교점의 x좌표가 양수인 것이 존재해야 함을 파악하고, 이를 만족시키는 함수 $y=f(x)$의 그래프를 찾는다.
❹ 함수 $y=g(x)$의 그래프와 직선 $y=t$의 교점의 개수가 변하는 실수 t의 값 이 두 개뿐이어야 한다.

해설 **|1단계|** 방정식 $f(x)=0$의 서로 다른 실근의 개수를 기준으로 하여 조건 을 만족시키는 함수 $f(x)$의 식 구하기

사차함수 $f(x)$의 최고차항의 계수가 $\frac{1}{3}$이고, $f(0)=f'(0)=0$이므로
$$f(x)=\frac{1}{3}x^2(x^2+ax+b) \text{ (}a, b\text{는 상수)}$$
로 놓을 수 있다.

x에 대한 방정식 $f(x)=0$의 서로 다른 실근의 개수에 따라 조건을 만족시키는 함수 $f(x)$를 구하면 다음과 같다.
(i) 방정식 $f(x)=0$의 실근의 개수가 1일 때
$$f(x)=\frac{1}{3}x^4 \text{ 또는 } f(x)=\frac{1}{3}x^2(x^2+ax+b) \text{ (}a^2-4b<0)$$
로 놓을 수 있다.
이때 방정식 $f(x)=0$의 실근이 $x=0$뿐이므로 함수 $y=f(x)$의 그래프의 개형과 그에 따른 함수 $y=g(x)$의 그래프의 개형은 다 음 그림과 같다.

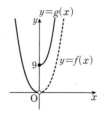 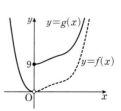

이때 방정식 $g(x)=0$의 실근이 존재하지 않으므로 조건 ㈎를 만 족시키지 않는다. **why? ❶**

(ii) 방정식 $f(x)=0$의 서로 다른 실근의 개수가 2일 때

$f(x)=\dfrac{1}{3}x^2(x-a)^2\ (a\neq0)$ 또는 $f(x)=\dfrac{1}{3}x^3(x-a)\ (a\neq0)$

로 놓을 수 있다.

㉠ $f(x)=\dfrac{1}{3}x^2(x-a)^2\ (a\neq0)$일 때

$a>0$인 경우와 $a<0$인 경우로 나누어 생각하면 함수 $y=f(x)$의 그래프의 개형과 그에 따른 함수 $y=g(x)$의 그래프의 개형은 다음 그림과 같다.

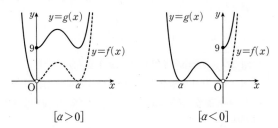

$[a>0]$ $[a<0]$

이때 방정식 $g(x)=0$의 양의 실근이 존재하지 않으므로 조건 ㉮를 만족시키지 않는다.

㉡ $f(x)=\dfrac{1}{3}x^3(x-a)\ (a\neq0)$일 때

$a>0$인 경우와 $a<0$인 경우로 나누어 생각하면 함수 $y=f(x)$의 그래프의 개형과 그에 따른 함수 $y=g(x)$의 그래프의 개형은 다음 그림과 같다.

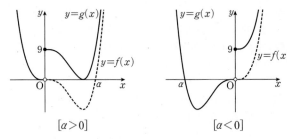

$[a>0]$ $[a<0]$

$a>0$일 때, $x\geq0$에서 함수 $g(x)$의 극솟값이 0인 경우에 조건 ㉮를 만족시키고, 이때 함수 $h(t)$는 $t=0$, $t=9$에서만 불연속이므로 조건 ㉯를 만족시킨다. **why? ❷**

$\therefore k=9$

$x\geq0$에서 $g(x)=f(x)+9=\dfrac{1}{3}x^3(x-a)+9$

$g'(x)=x^2(x-a)+\dfrac{1}{3}x^3=\dfrac{1}{3}x^2(4x-3a)$

$g'(x)=0$에서 $x=0$ (중근) 또는 $x=\dfrac{3}{4}a$

따라서 함수 $g(x)$는 $x=\dfrac{3}{4}a$에서 극소이므로

$g\left(\dfrac{3}{4}a\right)=0$에서

$\dfrac{1}{3}\times\left(\dfrac{3}{4}a\right)^3\times\left(\dfrac{3}{4}a-a\right)+9=0$

$\dfrac{9}{4^4}a^4=9$, $a^4=4^4$

이때 $a>0$이므로 $a=4$

$\therefore f(x)=\dfrac{1}{3}x^3(x-4)$

한편, $a<0$일 때 방정식 $g(x)=0$의 양의 실근이 존재하지 않으므로 조건 ㉮를 만족시키지 않는다.

(iii) 방정식 $f(x)=0$의 서로 다른 실근의 개수가 3일 때

함수 $f(x)$는 $f(x)=\dfrac{1}{3}x^2(x-a)(x-\beta)\ (a<\beta,\ a\beta\neq0)$로 놓을 수 있다.

$0<a<\beta$, $a<0<\beta$, $a<\beta<0$인 경우로 나누어 생각하면 함수 $y=f(x)$의 그래프의 개형과 그에 따른 함수 $y=g(x)$의 그래프의 개형은 다음 그림과 같다.

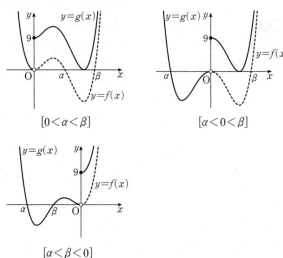

$[0<a<\beta]$ $[a<0<\beta]$

$[a<\beta<0]$

$0<a<\beta$ 또는 $a<0<\beta$일 때, $x\geq0$에서 함수 $g(x)$의 극솟값이 0인 경우에 조건 ㉮를 만족시킨다.

이때 함수 $h(t)$는 불연속인 t의 값이 2개가 아니므로 조건 ㉯를 만족시키지 않는다.

$a<\beta<0$일 때, 방정식 $g(x)=0$의 양의 실근이 존재하지 않으므로 조건 ㉮를 만족시키지 않는다.

|2단계| $k\times\{g(-2)+g(4)\}$**의 값 구하기**

(i), (ii), (iii)에 의하여 $k=9$이고 $f(x)=\dfrac{1}{3}x^3(x-4)$이므로

$k\times\{g(-2)+g(4)\}$

$=9\times\{f(-2)+f(4)+9\}$

$=9\times\left\{\dfrac{1}{3}\times(-8)\times(-6)+\dfrac{1}{3}\times64\times0+9\right\}$

$=225$

해설특강 📝

why? ❶ 함수 $y=g(x)$의 그래프와 x축과의 교점이 존재하지 않으므로 방정식 $g(x)=0$의 실근이 존재하지 않는다.

why? ❷ 함수 $h(t)$는 함수 $y=g(x)$의 그래프와 직선 $y=t$가 만나는 서로 다른 교점의 개수이므로

$h(t)=\begin{cases}0 & (t<0)\\1 & (t=0)\\3 & (0<t\leq9)\\2 & (t>9)\end{cases}$

따라서 함수 $h(t)$는 $t=0$, $t=9$에서만 불연속이다.

6

출제영역 **정적분으로 정의된 함수 + 함수의 극대 · 극소**

정적분으로 정의된 함수의 미분을 이용하여 주어진 조건을 만족시키도록 하는 두 함수를 구하고, 정적분의 값을 계산할 수 있는지를 묻는 문제이다.

두 양수 a, b에 대하여 두 함수 $f(x)=|x^2-ax|$, $g(x)=bx$일 때, 함수

$$h(x)=\int_0^x \{f(t)-g(t)\}dt \quad ❶$$

가 다음 조건을 만족시킨다.

> (가) 함수 $h(x)$는 $x=4$에서 극소이다. ❷, ❸
>
> (나) 함수 $h(x)$의 극댓값은 $\dfrac{4}{3}$이다. ❷

함수 $h(x)$의 극솟값은? ❸

① -3 ② $-\dfrac{7}{3}$ ✓③ $-\dfrac{5}{3}$

④ -1 ⑤ $-\dfrac{1}{3}$

출제코드 정적분으로 정의된 함수를 미분하여 극댓값과 극솟값을 갖도록 하는 두 함수 $y=f(x)$, $y=g(x)$의 그래프의 개형을 추론하고, 조건을 만족시키는 a, b의 값을 구하여 함수 $h(x)$의 극솟값 구하기

❶ $h'(x)=f(x)-g(x)$이므로 $h'(x)=0$, 즉 $f(x)=g(x)$를 만족시키는 x의 값에서 함수 $h(x)$가 극값을 가짐을 파악한다.

❷ 함수 $h(x)$가 극대, 극소인 x의 값이 존재하므로 두 함수 $y=f(x)$, $y=g(x)$의 그래프가 원점을 포함한 서로 다른 세 점에서 만나야 함을 파악한다.

❸ 함수 $h(x)$는 $x=4$에서 극소이므로 함수 $h(x)$의 극솟값은 $h(4)$이다.

|1단계| 함수 $h(x)$가 극댓값과 극솟값을 갖기 위한 두 함수 $y=f(x)$, $y=g(x)$의 그래프의 개형을 그리고, 함수 $h(x)$의 증가와 감소 파악하기

$h(x)=\int_0^x \{f(t)-g(t)\}dt$의 양변을 x에 대하여 미분하면

$h'(x)=f(x)-g(x)$

조건 (가), (나)에 의하여 함수 $h(x)$가 극대, 극소인 x의 값이 존재하고, 두 함수 $y=f(x)$, $y=g(x)$의 그래프가 모두 원점을 지나므로 두 함수 $y=f(x)$, $y=g(x)$의 그래프는 오

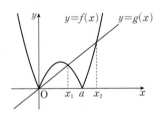

른쪽 그림과 같이 원점을 포함한 서로 다른 세 점에서 만나야 한다. **why? ❶**

원점을 제외한 두 함수 $y=f(x)$, $y=g(x)$의 그래프가 만나는 서로 다른 두 점의 x좌표를 각각 x_1, x_2 $(x_1<x_2)$라 하면 $0<x_1<a<x_2$이고, x_1, x_2를 a, b로 나타내면 다음과 같다.

$0\le x\le a$일 때, $f(x_1)=g(x_1)$에서 $-x_1^2+ax_1=bx_1$
  └ $f(x)=-x^2+ax$

$x_1^2+(b-a)x_1=0$, $x_1(x_1+b-a)=0$

$\therefore x_1=a-b$ $(\because 0<x_1<a)$

$x\ge a$일 때, $f(x_2)=g(x_2)$에서 $x_2^2-ax_2=bx_2$
  └ $f(x)=x^2-ax$

$x_2^2-(a+b)x_2=0$, $x_2(x_2-a-b)=0$

$\therefore x_2=a+b$ $(\because x_2>a>0)$

따라서 함수 $h(x)$의 증가와 감소를 표로 나타내면 다음과 같다.

x	$\cdots$	0	$\cdots$	$a-b$	$\cdots$	$a+b$	$\cdots$
$h'(x)$	$+$	0	$+$	0	$-$	0	$+$
$h(x)$	↗	0	↗	극대	↘	극소	↗

|2단계| a, b의 값 구하기

조건 (가)에서 함수 $h(x)$는 $x=4$에서 극소이므로

$a+b=4$ ...... ㉠

함수 $h(x)$는 $x=a-b$에서 극대이고, 조건 (나)에 의하여 극댓값이 $\dfrac{4}{3}$이므로

$$h(a-b)=\int_0^{a-b}\{f(t)-g(t)\}dt$$
$$=\int_0^{a-b}\{(-t^2+at)-bt\}dt$$
$$=\int_0^{a-b}\{-t^2+(a-b)t\}dt$$
$$=\left[-\frac{1}{3}t^3+\frac{a-b}{2}t^2\right]_0^{a-b}$$
$$=-\frac{1}{3}(a-b)^3+\frac{1}{2}(a-b)^3$$
$$=\frac{1}{6}(a-b)^3=\frac{4}{3}$$

즉, $(a-b)^3=8$이므로

$a-b=2$ ...... ㉡

㉠, ㉡을 연립하여 풀면

$a=3$, $b=1$

|3단계| 함수 $h(x)$의 극솟값 구하기

따라서 함수 $h(x)$의 극솟값은

$$h(4)=\int_0^4\{f(t)-g(t)\}dt=\int_0^4\{|t^2-3t|-t\}dt$$
$$=\int_0^4|t^2-3t|dt-\int_0^4 t\,dt$$
$$=\int_0^3(-t^2+3t)dt+\int_3^4(t^2-3t)dt-\int_0^4 t\,dt$$
$$=\left[-\frac{1}{3}t^3+\frac{3}{2}t^2\right]_0^3+\left[\frac{1}{3}t^3-\frac{3}{2}t^2\right]_3^4-\left[\frac{1}{2}t^2\right]_0^4$$
$$=\frac{9}{2}+\frac{11}{6}-8=-\frac{5}{3}$$

---

why? ❶ 오른쪽 그림과 같이 두 함수 $y=f(x)$, $y=g(x)$의 그래프가 원점을 포함한 서로 다른 두 점에서 만나는 경우, 원점이 아닌 교점의 x좌표를 α라 하자.

함수 $h(x)$의 증가와 감소를 표로 나타내면 다음과 같다.

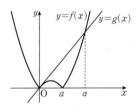

x	$\cdots$	0	$\cdots$	α	$\cdots$
$h'(x)$	$+$	0	$-$	0	$+$
$h(x)$	↗	극대	↘	극소	↗

함수 $h(x)$는 $x=0$에서 극대이지만 $h(0)=0$이므로 조건 (나)를 만족시키지 않는다.

1

| 정답 ⑤

출제영역 지수함수 · 로그함수의 부등식에의 활용

로그함수의 그래프와 이차함수의 그래프의 대칭성을 이용하여 대소 관계를 확인할 수 있는지를 묻는 문제이다.

두 곡선 $y=|\log_2(x+1)|$과 $y=-2x^2+2$가 만나는 두 점을 (x_1, y_1), (x_2, y_2)라 하자. $x_1<x_2$일 때, 〈보기〉에서 옳은 것만을 있는 대로 고른 것은?

┤ 보기 ├
ㄱ. $x_2>\dfrac{\sqrt{2}}{2}$
ㄴ. $x_1y_2+x_2y_1>0$
ㄷ. $2+\sqrt{2}<2^{y_1+y_2}<4+2\sqrt{2}$

① ㄱ
② ㄱ, ㄴ
③ ㄱ, ㄷ
④ ㄴ, ㄷ
✔ ⑤ ㄱ, ㄴ, ㄷ

출제코드 절댓값을 포함한 로그함수의 그래프와 이차함수의 그래프를 그려 두 점 (x_1, y_1), (x_2, y_2)를 나타내고, 직선 $y=1$을 기준으로 x_1, x_2의 값의 범위 구하기

❶ $f(x)=|\log_2(x+1)|$, $g(x)=-2x^2+2$로 놓고 두 함수 $y=f(x)$, $y=g(x)$의 그래프를 그린다.

❷ 두 함수 $y=f(x)$, $y=g(x)$의 그래프와 직선 $x=\dfrac{\sqrt{2}}{2}$를 이용하여 $f\left(\dfrac{\sqrt{2}}{2}\right)$, $g\left(\dfrac{\sqrt{2}}{2}\right)$의 대소 관계를 파악한다.

❸ $x_1y_2+x_2y_1>0$의 양변을 x_1x_2로 나누면 $\dfrac{y_2}{x_2}+\dfrac{y_1}{x_1}<0$, 즉 $\dfrac{y_2}{x_2}<-\dfrac{y_1}{x_1}$이고, $\dfrac{y_2}{x_2}$의 값은 두 점 $(0, 0)$, (x_2, y_2)를 지나는 직선의 기울기이고, $-\dfrac{y_1}{x_1}$의 값은 두 점 $(0, 0)$, $(-x_1, y_1)$을 지나는 직선의 기울기임을 파악한다.

❹ x_1, x_2의 값의 범위를 구하고, $y_1=-\log_2(x_1+1)$, $y_2=\log_2(x_2+1)$임을 이용한다.

해설 |1단계| $f(x)=|\log_2(x+1)|$, $g(x)=-2x^2+2$로 놓고, 두 함수 $y=f(x)$, $y=g(x)$의 그래프를 그려서 ㄱ의 참, 거짓 판별하기

$f(x)=|\log_2(x+1)|$, $g(x)=-2x^2+2$로 놓으면 두 함수 $y=f(x)$, $y=g(x)$의 그래프는 다음 그림과 같다.

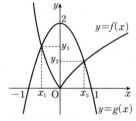

ㄱ. $f\left(\dfrac{\sqrt{2}}{2}\right)=\left|\log_2\left(\dfrac{\sqrt{2}}{2}+1\right)\right|=\log_2\dfrac{2+\sqrt{2}}{2}$,

$g\left(\dfrac{\sqrt{2}}{2}\right)=-2\times\left(\dfrac{\sqrt{2}}{2}\right)^2+2=1$

이때 $2^{f\left(\frac{\sqrt{2}}{2}\right)}=\dfrac{2+\sqrt{2}}{2}$, $2^{g\left(\frac{\sqrt{2}}{2}\right)}=2$에서 $2^{f\left(\frac{\sqrt{2}}{2}\right)}<2^{g\left(\frac{\sqrt{2}}{2}\right)}$이므로

$f\left(\dfrac{\sqrt{2}}{2}\right)<g\left(\dfrac{\sqrt{2}}{2}\right)$

$\therefore x_2>\dfrac{\sqrt{2}}{2}$ (참) **how?❶**

|2단계| ㄴ의 참, 거짓 판별하기

ㄴ. 부등식 $x_1y_2+x_2y_1>0$의 양변을 x_1x_2로 나누면 $x_1x_2<0$이므로

$\dfrac{x_1y_2+x_2y_1}{x_1x_2}<0$

$\dfrac{y_2}{x_2}+\dfrac{y_1}{x_1}<0$

$\therefore \dfrac{y_2}{x_2}<-\dfrac{y_1}{x_1}$ ...... ㉠

부등식 ㉠에서 $\dfrac{y_2}{x_2}$의 값은 두 점 $(0, 0)$, (x_2, y_2)를 지나는 직선의 기울기이고, $-\dfrac{y_1}{x_1}$의 값은 두 점 $(0, 0)$, $(-x_1, y_1)$을 지나는 직선의 기울기이다.

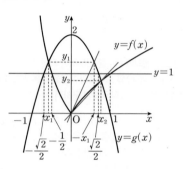

한편, $x>0$일 때,

$f(x)=1$에서 $\log_2(x+1)=1$

$x+1=2$

$\therefore x=1$

$g(x)=1$에서 $-2x^2+2=1$

$x^2=\dfrac{1}{2}$

$\therefore x=\dfrac{\sqrt{2}}{2}$

즉, $f(1)=g\left(\dfrac{\sqrt{2}}{2}\right)=1$이므로

$\dfrac{\sqrt{2}}{2}<x_2<1$ **why?❷**

또, $-1<x<0$일 때,

$f(x)=1$에서 $-\log_2(x+1)=1$

$x+1=\dfrac{1}{2}$

$\therefore x=-\dfrac{1}{2}$

$g(x)=1$에서 $-2x^2+2=1$

$x^2=\dfrac{1}{2}$

$\therefore x=-\dfrac{\sqrt{2}}{2}$

즉, $f\left(-\dfrac{1}{2}\right)=g\left(-\dfrac{\sqrt{2}}{2}\right)=1$이므로

$-\dfrac{\sqrt{2}}{2}<x_1<-\dfrac{1}{2}$ **why?❸**

따라서 $-x_1<x_2$이고, 함수 $y=g(x)$의 그래프가 y축에 대하여 대칭이므로

$y_1>y_2$

즉, $\dfrac{y_2}{x_2}<-\dfrac{y_1}{x_1}$이므로 부등식 ㉠이 성립한다. (참)

|3단계| ㄷ의 참, 거짓 판별하기

ㄷ. ㄴ에서 $-\dfrac{\sqrt{2}}{2}<x_1<-\dfrac{1}{2}$, $\dfrac{\sqrt{2}}{2}<x_2<1$

$-\dfrac{\sqrt{2}}{2}<x_1<-\dfrac{1}{2}$에서 $f\left(-\dfrac{1}{2}\right)<f(x_1)<f\left(-\dfrac{\sqrt{2}}{2}\right)$이므로

$\left|\log_2\dfrac{1}{2}\right|<y_1<\left|\log_2\left(-\dfrac{\sqrt{2}}{2}+1\right)\right|$

$1<y_1<-\log_2\left(-\dfrac{\sqrt{2}}{2}+1\right)$

$\therefore 1<y_1<\log_2(2+\sqrt{2})$ ...... ㉡ **how?❹**

또, $\dfrac{\sqrt{2}}{2}<x_2<1$에서 $f\left(\dfrac{\sqrt{2}}{2}\right)<f(x_2)<f(1)$이므로

$\left|\log_2\left(\dfrac{\sqrt{2}}{2}+1\right)\right|<y_2<|\log_2 2|$

$\log_2\left(\dfrac{\sqrt{2}}{2}+1\right)<y_2<1$

$\therefore \log_2\dfrac{2+\sqrt{2}}{2}<y_2<1$ ...... ㉢

㉡, ㉢에서

$1+\log_2\dfrac{2+\sqrt{2}}{2}<y_1+y_2<1+\log_2(2+\sqrt{2})$

즉, $\log_2(2+\sqrt{2})<y_1+y_2<\log_2(4+2\sqrt{2})$이므로

$2+\sqrt{2}<2^{y_1+y_2}<4+2\sqrt{2}$ (참)

따라서 ㄱ, ㄴ, ㄷ 모두 옳다.

해설 특강 🖉

how?❶ $0<x<x_2$일 때 $f(x)<g(x)$이고, $x\geq x_2$일 때 $f(x)\geq g(x)$이므로
$f\left(\dfrac{\sqrt{2}}{2}\right)<g\left(\dfrac{\sqrt{2}}{2}\right)$에서 $x_2>\dfrac{\sqrt{2}}{2}$

why?❷ $x>0$일 때, 함수 $f(x)$는 증가하고 함수 $g(x)$는 감소하므로 두 함수 $y=f(x)$, $y=g(x)$의 그래프는 한 점에서 만난다.
이때 $f(1)=g\left(\dfrac{\sqrt{2}}{2}\right)=1$이므로
$\dfrac{\sqrt{2}}{2}<x_2<1$

why?❸ $-1<x<0$일 때, 함수 $f(x)$는 감소하고 함수 $g(x)$는 증가하므로 두 함수 $y=f(x)$, $y=g(x)$의 그래프는 한 점에서 만난다.
이때 $f\left(-\dfrac{1}{2}\right)=g\left(-\dfrac{\sqrt{2}}{2}\right)=1$이므로
$-\dfrac{\sqrt{2}}{2}<x_1<-\dfrac{1}{2}$

how?❹ $-\log_2\left(-\dfrac{\sqrt{2}}{2}+1\right)=-\log_2\dfrac{-\sqrt{2}+2}{2}$
$=\log_2\dfrac{2}{2-\sqrt{2}}$
$=\log_2\dfrac{2(2+\sqrt{2})}{(2-\sqrt{2})(2+\sqrt{2})}$
$=\log_2(2+\sqrt{2})$

출제영역 삼각함수의 그래프＋사인법칙과 코사인법칙

삼각함수의 그래프의 주기 및 대칭성과 사인법칙, 코사인법칙을 이용하여 미지수의 값을 구할 수 있는지를 묻는 문제이다.

그림과 같이 두 양수 a, b에 대하여 $0\leq x\leq\dfrac{6}{b}$에서 두 함수

$f(x)=a\sin b\pi x$, $g(x)=-a\sin\dfrac{b\pi}{3}x$의 그래프가 만나는 점
중 제4사분면의 점을 A, 제1사분면의 점을 B라 하자. **②**

$\angle OAB=\dfrac{2}{3}\pi$이고, 삼각형 OAB의 외접원의 반지름의 길이가 **①**

$2\sqrt{7}$일 때, a^2+b^2의 값은? (단, O는 원점이다.) **③**

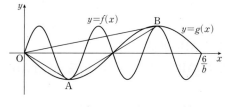

① $\dfrac{7}{4}$ ② $\dfrac{9}{4}$ ③ $\dfrac{11}{4}$

✓ ④ $\dfrac{13}{4}$ ⑤ $\dfrac{15}{4}$

출제코드 두 점 A, B의 좌표를 a, b에 대하여 나타내고, 삼각형 OAB에서 사인법칙과 코사인법칙을 이용하여 a, b의 값 구하기

❶ 두 함수 $f(x)$, $g(x)$의 주기와 최댓값, 최솟값을 파악한다.

❷ 원점 O와 점 $\left(\dfrac{6}{b},0\right)$을 이은 선분의 중점을 C라 하면 $C\left(\dfrac{3}{b},0\right)$이고, 이를 이용하여 두 점 A, B의 좌표를 구한다.

❸ 사인법칙과 코사인법칙을 이용하여 두 선분 OA, OB의 길이를 구한다.

해설 **|1단계| 두 점 A, B의 좌표 구하기**

두 함수 $f(x)$, $g(x)$의 최댓값과 최솟값은 각각 a, $-a$이고, 함수 $f(x)$의 주기는 $\dfrac{2\pi}{b\pi}=\dfrac{2}{b}$, 함수 $g(x)$의 주기는 $\dfrac{2\pi}{\dfrac{b\pi}{3}}=\dfrac{6}{b}$이다.

원점 O와 점 $\left(\dfrac{6}{b},0\right)$을 이은 선분의 중점을 C라 하면 $C\left(\dfrac{3}{b},0\right)$이고, 이때 두 함수 $y=f(x)$, $y=g(x)$의 그래프는 점 C에서 만나고 점 C에 대하여 대칭이다.

$\therefore A\left(\dfrac{3}{2b},-a\right)$, $B\left(\dfrac{9}{2b},a\right)$ **how?❶**

|2단계| 사인법칙을 이용하여 a, b의 관계식 구하기

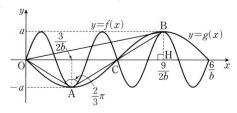

삼각형 OAB에서 $\angle OAB=\dfrac{2}{3}\pi$이고, 삼각형 OAB의 외접원의 반지름의 길이가 $2\sqrt{7}$이므로 사인법칙에 의하여

$\dfrac{\overline{OB}}{\sin(\angle OAB)}=4\sqrt{7}$

$$\therefore \overline{OB}=4\sqrt{7}\sin\frac{2}{3}\pi$$
$$=4\sqrt{7}\times\frac{\sqrt{3}}{2}=2\sqrt{21}$$

점 B에서 x축에 내린 수선의 발을 H라 하면 직각삼각형 OBH에서

$$\sqrt{\left(\frac{9}{2b}\right)^2+a^2}=2\sqrt{21}$$이므로

$$a^2+\frac{81}{4b^2}=84 \quad\cdots\cdots \text{㉠}$$

|3단계| 코사인법칙을 이용하여 a, b 사이의 관계식 구하기

$0\le x\le\dfrac{3}{b}$에서 함수 $y=g(x)$의 그래프는 직선 $x=\dfrac{3}{2b}$에 대하여 대칭이므로

$$\overline{OA}=\overline{AC}$$

또, 함수 $y=g(x)$의 그래프는 점 C에 대하여 대칭이므로

$$\overline{AB}=2\overline{AC}, \text{ 즉 } \overline{AB}=2\overline{OA}$$

따라서 삼각형 OAB에서 $\overline{OA}=k\ (k>0)$로 놓으면 $\overline{AB}=2k$이고,

$\angle OAB=\dfrac{2}{3}\pi$, $\overline{OB}=2\sqrt{21}$이므로 코사인법칙에 의하여

$$\overline{OB}^2=\overline{OA}^2+\overline{AB}^2-2\times\overline{OA}\times\overline{AB}\times\cos\frac{2}{3}\pi$$

$$(2\sqrt{21})^2=k^2+(2k)^2-2\times k\times 2k\times\left(-\frac{1}{2}\right)$$

$$7k^2=84 \quad\therefore k^2=12$$

즉, $k^2=\overline{OA}^2=\left(\dfrac{3}{2b}\right)^2+(-a)^2=12$이므로

$$a^2+\frac{9}{4b^2}=12 \quad\cdots\cdots \text{㉡}$$

|4단계| a, b의 값을 구하고 $a^2\times b^2$의 값 구하기

㉠－㉡을 하면

$$\frac{72}{4b^2}=72$$

$$\therefore b^2=\frac{1}{4}$$

$b^2=\dfrac{1}{4}$을 ㉡에 대입하면

$$a^2+9=12$$

$$\therefore a^2=3$$

$$\therefore a^2+b^2=3+\frac{1}{4}=\frac{13}{4}$$

해설 특강 🖊

how? ❶ 점 A의 x좌표는 선분 OC의 중점의 x좌표이므로

$$\frac{0+\dfrac{3}{b}}{2}=\frac{3}{2b}$$

점 B의 x좌표는 두 점 $C\left(\dfrac{3}{b}, 0\right)$, $\left(\dfrac{6}{b}, 0\right)$을 이은 선분의 중점의 x좌표이므로

$$\frac{\dfrac{3}{b}+\dfrac{6}{b}}{2}=\frac{9}{2b}$$

출제영역 등차수열의 성질＋등차수열의 합

등차수열의 일반항과 등차수열의 합을 이용하여 조건을 만족시키는 항의 값을 구할 수 있는지를 묻는 문제이다.

> 모든 항이 정수이고, 공차가 자연수인 등차수열 $\{a_n\}$의 첫째항부터 제n항까지의 합을 S_n이라 할 때, a_n과 S_n이 다음 조건을 만족시킨다. **❶**
>
> | | |
> |---|---|
> | ㈎ | $a_3\times a_7=a_5\times a_{11}$ **❷** |
> | ㈏ | S_5, S_{10}, S_k가 이 순서대로 등차수열을 이룬다. **❸** |
>
> (단, k는 10보다 큰 상수이다.)

S_k의 값이 최소일 때, a_{2k}의 값을 구하시오. 55

출제코드 조건 ㈎에서 등차수열 $\{a_n\}$의 첫째항과 공차의 관계를 찾고, 조건 ㈏에서 k의 값 구하기

❶ 모든 항이 정수이고, 공차가 자연수이므로 등차수열 $\{a_n\}$의 첫째항은 정수이고, 항의 값이 증가하는 수열임을 알 수 있다.

❷ 각 항을 첫째항과 공차에 대한 식으로 나타내어 첫째항과 공차의 관계식을 구한다.

❸ 등차수열의 성질에 의하여 $S_5+S_k=2S_{10}$임과 등차수열의 합의 공식을 이용하여 조건을 만족시키는 k의 값을 구한다.

해설 **|1단계| 조건 ㈎에서 등차수열 $\{a_n\}$의 첫째항과 공차의 관계식 구하기**

등차수열 $\{a_n\}$의 공차를 $d\ (d$는 자연수)라 하면 조건 ㈎에서

$$a_3\times a_7=(a_1+2d)\times(a_1+6d)$$
$$=a_1^2+8a_1d+12d^2$$
$$a_5\times a_{11}=(a_1+4d)\times(a_1+10d)$$
$$=a_1^2+14a_1d+40d^2$$

이때 $a_3\times a_7=a_5\times a_{11}$이므로

$$a_1^2+8a_1d+12d^2=a_1^2+14a_1d+40d^2$$
$$6a_1d+28d^2=0$$
$$2d(3a_1+14d)=0$$
$$\therefore a_1=-\frac{14}{3}d\ (\because d\ne 0) \quad\cdots\cdots \text{㉠ how? ❶}$$

|2단계| 조건 ㈏에서 등차수열의 성질과 S_n을 이용하여 k의 값 구하기

㉠에 의하여

$$S_5=\frac{5(2a_1+4d)}{2}=\frac{5}{2}\times\left(-\frac{16}{3}d\right)=-\frac{40}{3}d$$

$$S_{10}=\frac{10(2a_1+9d)}{2}=5\times\left(-\frac{d}{3}\right)=-\frac{5}{3}d$$

$$S_k=\frac{k\{2a_1+(k-1)d\}}{2}$$
$$=\frac{k}{2}\times\left\{-\frac{28}{3}d+(k-1)d\right\}$$
$$=\frac{k(3k-31)}{6}d \quad\cdots\cdots \text{㉡}$$

조건 ㈏에 의하여 S_5, S_{10}, S_k가 이 순서대로 등차수열을 이루므로

$S_5+S_k=2S_{10}$에서

$$-\frac{40}{3}d+\frac{k(3k-31)}{6}d=-\frac{10}{3}d$$

$$-\frac{40}{3}+\frac{k(3k-31)}{6}=-\frac{10}{3}\ (\because d\ne 0)$$

$3k^2-31k-60=0$

$(3k+5)(k-12)=0$

$\therefore k=12 \ (\because k>0)$

|3단계| S_k의 값이 최소가 되는 d의 값을 구하고, a_{2k}의 값 구하기

$k=12$를 ㉡에 대입하면

$S_k=S_{12}=\dfrac{12\times 5}{6}d=10d$

이므로 S_k의 값이 최소이려면 자연수 d의 값이 최소이어야 하고, 수열 $\{a_n\}$의 모든 항이 정수이므로 a_1의 값이 정수이어야 한다.

따라서 ㉠에서 자연수 d는 3의 배수이므로 d의 최솟값은 3이다.

즉, 등차수열 $\{a_n\}$은 첫째항이 -14이고 공차가 3이므로

$a_n=-14+(n-1)\times 3=3n-17$

$\therefore a_{2k}=a_{24}=3\times 24-17=55$

해설특강 ✐

how? ❶ $a_1=-\dfrac{14}{3}d$는 다음과 같이 구할 수도 있다.

$a_3\times a_7=(a_5-2d)(a_5+2d)=a_5{}^2-4d^2$

$a_5\times a_{11}=a_5(a_5+6d)$

이때 $a_3\times a_7=a_5\times a_{11}$이므로

$a_5{}^2-4d^2=a_5{}^2+6a_5d$

$\therefore 6a_5d=-4d^2$

$d\neq 0$이므로 $a_5=-\dfrac{2}{3}d$

즉, $a_1+4d=-\dfrac{2}{3}d$이므로

$a_1=-\dfrac{14}{3}d$

---

4 |정답**20**

출제영역 **함수의 극한 + 방정식의 실근의 개수**

함수의 극한과 도함수를 이용하여 주어진 조건을 만족시키는 함수를 구할 수 있는지를 묻는 문제이다.

> 최고차항의 계수가 양수인 삼차함수 $f(x)$가 다음 조건을 만족시킨다.
>
> (가) 방정식 $f(x)=0$의 실근은 0, 3뿐이다. ❶
> (나) 방정식 $(f\circ f)(x)=f(x)$의 서로 다른 실근의 개수는 7이다. ❷
>
> $f(5)$의 값을 구하시오. 20

출제코드 함수 $y=f(x)$의 그래프와 직선 $y=x$를 이용하여 주어진 조건을 만족시키는 함수 $f(x)$의 식 구하기

❶ $f(0)=f(3)=0$이므로 양수 a에 대하여 $f(x)=ax^2(x-3)$ 또는 $f(x)=ax(x-3)^2$이다.

❷ 방정식 $(f\circ f)(x)=f(x)$에서 $f(x)=t$로 놓으면 $f(t)=t$이므로 함수 $y=f(x)$의 그래프와 직선 $y=x$가 만나는 교점의 x좌표를 기준으로 경우를 나누어 조건을 만족시키는 함수 $f(x)$를 구한다.

해설 **|1단계|** $f(x)=ax^2(x-3) \ (a>0)$으로 놓고 조건을 만족시키는지 확인하기

조건 (가)를 만족시키는 함수 $f(x)$는

$f(x)=ax^2(x-3) \ (a>0)$ 또는 $f(x)=ax(x-3)^2 \ (a>0)$

(i) $f(x)=ax^2(x-3) \ (a>0)$일 때

$f'(x)=2ax(x-3)+ax^2$

$\qquad =ax(3x-6)$

$f'(x)=0$에서 $x=0$ 또는 $x=2$

함수 $f(x)$의 증가와 감소를 표로 나타내면 다음과 같다.

x	$\cdots$	0	$\cdots$	2	$\cdots$
$f'(x)$	$+$	0	$-$	0	$+$
$f(x)$	↗	0	↘	$-4a$	↗

함수 $y=f(x)$의 그래프의 개형은 다음 그림과 같다.

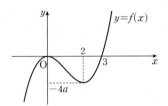

방정식 $(f\circ f)(x)=f(x)$, 즉 방정식 $f(f(x))=f(x)$의 서로 다른 실근의 개수는 함수 $y=f(x)$의 그래프와 직선 $y=x$의 위치 관계에 따라 결정된다.

방정식 $f(x)=x$에서

$ax^2(x-3)=x$

$ax^3-3ax^2-x=0$

$x(ax^2-3ax-1)=0$

$x=0$일 때 $ax^2-3ax-1\neq 0$이므로 이차방정식 $ax^2-3ax-1=0$은 $x=0$을 근으로 갖지 않는다.

이때 이차방정식 $ax^2-3ax-1=0$의 판별식을 D라 하면

$D=(-3a)^2-4\times a\times(-1)$

$\quad =9a^2+4a>0$

즉, 방정식 $f(x)=x$는 서로 다른 세 실근을 가지므로 함수 $y=f(x)$의 그래프와 직선 $y=x$는 서로 다른 세 점에서 만나고, 이 세 교점의 x좌표를 각각 α, 0, $\beta \ (\alpha<0<\beta)$라 하자. **why? ❶**

이때 방정식 $f(f(x))=f(x)$의 서로 다른 실근의 개수는 α의 값과 함수 $f(x)$의 극솟값의 대소 관계에 따라 다음과 같이 경우를 나누어 구할 수 있다.

㉠ $\alpha<-4a$일 때

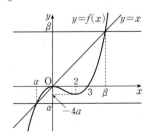

세 방정식 $f(x)=\alpha$, $f(x)=0$, $f(x)=\beta$의 서로 다른 실근의 개수는 각각 1, 2, 1이므로 방정식 $f(f(x))=f(x)$의 서로 다른 실근의 개수는 4이다.

ⓛ $a=-4a$일 때

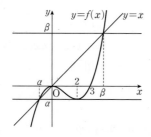

세 방정식 $f(x)=\alpha$, $f(x)=0$, $f(x)=\beta$의 서로 다른 실근의 개수는 각각 2, 2, 1이므로 방정식 $f(f(x))=f(x)$의 서로 다른 실근의 개수는 5이다.

ⓒ $-4a<\alpha<0$일 때

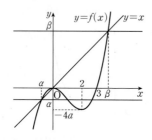

세 방정식 $f(x)=\alpha$, $f(x)=0$, $f(x)=\beta$의 서로 다른 실근의 개수는 각각 3, 2, 1이므로 방정식 $f(f(x))=f(x)$의 서로 다른 실근의 개수는 6이다.

ⓐ, ⓛ, ⓒ에 의하여 함수 $f(x)=ax^2(x-3)$ $(a>0)$일 때 조건 (나)를 만족시키는 함수 $f(x)$는 존재하지 않는다.

|2단계| $f(x)=ax(x-3)^2$ $(a>0)$으로 놓고 조건을 만족시키는지 확인하기

(ii) $f(x)=ax(x-3)^2$ $(a>0)$일 때

$$f'(x)=a(x-3)^2+ax\times2(x-3)$$
$$\qquad=3a(x-1)(x-3)$$

$f'(x)=0$에서 $x=1$ 또는 $x=3$

함수 $f(x)$의 증가와 감소를 표로 나타내면 다음과 같다.

x	$\cdots$	1	$\cdots$	3	$\cdots$
$f'(x)$	+	0	−	0	+
$f(x)$	↗	$4a$	↘	0	↗

함수 $y=f(x)$의 그래프의 개형은 다음 그림과 같다.

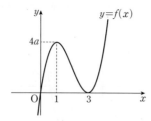

(i)과 같은 방법으로 함수 $y=f(x)$의 그래프와 직선 $y=x$는 서로 다른 세 점에서 만나고, 이 세 교점의 x좌표를 각각 0, α, β $(0<\alpha<\beta)$라 하자.

이때 방정식 $f(f(x))=f(x)$의 서로 다른 실근의 개수는 β의 값과 함수 $f(x)$의 극댓값의 대소 관계에 따라 다음과 같이 경우를 나누어 구할 수 있다.

ⓐ $0<\beta<4a$일 때

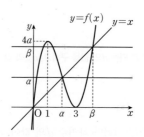

세 방정식 $f(x)=0$, $f(x)=\alpha$, $f(x)=\beta$의 서로 다른 실근의 개수는 각각 2, 3, 3이므로 방정식 $f(f(x))=f(x)$의 서로 다른 실근의 개수는 8이다.

ⓛ $\beta=4a$일 때

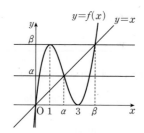

세 방정식 $f(x)=0$, $f(x)=\alpha$, $f(x)=\beta$의 서로 다른 실근의 개수는 각각 2, 3, 2이므로 방정식 $f(f(x))=f(x)$의 서로 다른 실근의 개수는 7이다.

ⓒ $\beta>4a$일 때

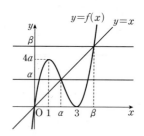

세 방정식 $f(x)=0$, $f(x)=\alpha$, $f(x)=\beta$의 서로 다른 실근의 개수는 각각 2, 3, 1이므로 방정식 $f(f(x))=f(x)$의 서로 다른 실근의 개수는 6이다.

(i), (ii)에서 조건 (나)를 만족시키는 경우는 (ii)에서 ⓛ의 경우이다.

|3단계| 함수 $f(x)$를 구하고 $f(5)$의 값 구하기

따라서 $f(x)=ax(x-3)^2$이므로

$$f(x)-4a=ax(x-3)^2-4a$$
$$\qquad=a(x^3-6x^2+9x-4)$$
$$\qquad=a(x-1)^2(x-4)$$

즉, $\beta=4$이므로 $\beta=4a$에서 $a=1$

따라서 $f(x)=x(x-3)^2$이므로

$$f(5)=5\times2^2=20$$

해설특강 ✍️

why? ➊ 이차방정식 $ax^2-3ax-1=0$이 서로 다른 두 실근을 가지므로 이 두 실근을 α, β라 하면 근과 계수의 관계에 의하여

$$\alpha\beta=-\frac{1}{a}<0$$

즉, α, β는 서로 다른 부호를 갖는다.

출제영역 미분계수의 정의 + 함수의 극대·극소
미분계수의 정의와 함수의 그래프를 이용하여 조건을 만족시키는 함수를 구할 수 있는지를 묻는 문제이다.

> 최고차항의 계수가 1이고 모든 항이 정수인 삼차함수 $f(x)$가
> $$\lim_{x \to 0} \frac{f(x)-8}{x} = 0$$ ❶
> 을 만족시킬 때, 실수 t에 대하여 방정식 $|f(x)|=t$의 실근의 개수를 $g(t)$라 하자. 함수 $g(t)$가 다음 조건을 만족시킬 때, $f(4)$ ❷ 의 값을 구하시오. 24
>
> > (가) 함수 $y=g(t)$는 $t=t_1$, $t=t_2$, $t=t_3$ $(t_1<t_2<t_3)$에서만 불연속 이고, t_1, t_2, t_3이 이 순서대로 등차수열을 이룬다. ❸
> > (나) 함수 $g(t)$의 최댓값은 4이다. ❹

출제코드 함수 $f(x)$를 $f(x)=x^2(x-a)+8$ (a는 정수)로 놓고 삼차함 수의 그래프의 개형을 이용하여 조건 (가), (나)를 만족시키는 함수 $f(x)$ 구하기

❶ $f(0)=8$, $f'(0)=0$임을 파악하고 $f(x)=x^2(x-a)+8$ (a는 정수)로 놓는다.

❷ a의 값의 부호를 기준으로 경우를 나누고, 함수 $y=|f(x)|$의 그래프와 직 선 $y=t$의 교점의 개수가 $g(t)$임을 파악한다.

❸ 함수 $y=|f(x)|$의 그래프와 직선 $y=t$의 교점의 개수가 변하는 t의 값의 개수가 3이어야 함을 파악한다.

❹ 함수 $y=|f(x)|$의 그래프와 직선 $y=t$가 만나는 교점의 개수의 최댓값은 4이다.

해설 |1단계| $f(0)=8$, $f'(0)=0$임을 이용하여 함수 $f(x)$의 식 세우기

$\lim_{x \to 0} \dfrac{f(x)-8}{x}=0$에서 $x \to 0$일 때 (분모) $\to 0$이고 극한값이 존재 하므로 (분자) $\to 0$이어야 한다.

즉, $\lim_{x \to 0}\{f(x)-8\}=0$이므로

$f(0)=8$

$\therefore \lim_{x \to 0} \dfrac{f(x)-8}{x}=\lim_{x \to 0} \dfrac{f(x)-f(0)}{x}=f'(0)=0$

이때 함수 $f(x)$가 최고차항의 계수가 1이고 모든 항의 계수가 정수 인 삼차함수이므로

$f(x)=x^2(x-a)+8$ (단, a는 정수)

로 놓을 수 있다.

|2단계| 조건을 만족시키는 함수 $f(x)$의 존재 여부 확인하기

$f'(x)=2x(x-a)+x^2$
$\qquad =x(3x-2a)$

$f'(x)=0$에서 $x=0$ 또는 $x=\dfrac{2}{3}a$

(i) $a=0$일 때

$f(x)=x^3+8$이므로 조건을 만족시키지 않는다.

(ii) $a<0$일 때

함수 $f(x)$의 증가와 감소를 표로 나타내면 다음과 같다.

x	$\cdots$	$\dfrac{2}{3}a$	$\cdots$	0	$\cdots$
$f'(x)$	$+$	0	$-$	0	$+$
$f(x)$	↗	극대	↘	극소	↗

따라서 함수 $y=|f(x)|$의 그래프는 다음 그림과 같다.

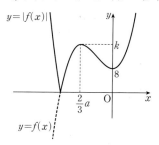

함수 $f(x)$의 극댓값을 k라 하면 $f\left(\dfrac{2}{3}a\right)=k$이고 이때 함수 $g(t)$ 는 다음과 같다.

$$g(t)=\begin{cases} 0 & (t<0) \\ 1 & (t=0) \\ 2 & (0<t<8) \\ 3 & (t=8) \\ 4 & (8<t<k) \\ 3 & (t=k) \\ 2 & (t>k) \end{cases}$$

따라서 함수 $g(t)$는 $t=0$, $t=8$, $t=k$에서 불연속이고 함수 $g(t)$ 가 조건 (가)를 만족시키려면

$k=16$ **how?**❶

즉, $k=f\left(\dfrac{2}{3}a\right)=16$이므로

$f\left(\dfrac{2}{3}a\right)=\dfrac{4}{9}a^2 \times \left(-\dfrac{a}{3}\right)+8=16$

$-\dfrac{4}{27}a^3=8 \qquad \therefore a^3=-54$

그런데 $a^3=-54$를 만족시키는 정수 a는 존재하지 않으므로 함수 $f(x)$는 존재하지 않는다.

(iii) $a>0$일 때

함수 $f(x)$의 증가와 감소를 표로 나타내면 다음과 같다.

x	$\cdots$	0	$\cdots$	$\dfrac{2}{3}a$	$\cdots$
$f'(x)$	$+$	0	$-$	0	$+$
$f(x)$	↗	극대	↘	극소	↗

함수 $f(x)$의 극솟값 $f\left(\dfrac{2}{3}a\right)$의 부호에 따라 다음과 같이 경우를 나눌 수 있다.

㉠ $f\left(\dfrac{2}{3}a\right)<0$일 때

함수 $f(x)$의 극솟값을 $f\left(\dfrac{2}{3}a\right)=k$라 하면 조건 (가)를 만족시키 는 함수 $y=|f(x)|$의 그래프는 [그림 1], [그림 2]와 같다.

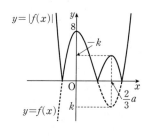

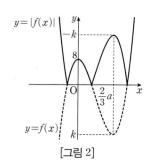

[그림 1]   [그림 2]

[그림 1]의 경우, 함수 $g(t)$는 $t=0$, $t=-k$, $t=8$에서 불연속이므로 함수 $g(t)$가 조건 ㈎를 만족시키려면

$k=-4$

그런데 $0<t<-k$에서 $g(t)=6$이므로 조건 ㈏를 만족시키지 않는다. **why? ❷**

[그림 2]의 경우, 함수 $g(t)$는 $t=0$, $t=8$, $t=-k$에서 불연속이므로 함수 $g(t)$가 조건 ㈎를 만족시키려면

$k=-16$

그런데 $0<t<8$에서 $g(t)=6$이므로 조건 ㈏를 만족시키지 않는다. **why? ❷**

ⓒ $f\left(\dfrac{2}{3}a\right)>0$일 때

함수 $f(x)$의 극솟값을 $f\left(\dfrac{2}{3}a\right)=k$라 하면 조건 ㈎를 만족시키는 함수 $y=|f(x)|$의 그래프는 다음 그림과 같다.

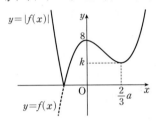

함수 $g(t)$는 $t=0$, $t=k$, $t=8$에서 불연속이므로 함수 $g(t)$가 조건 ㈎를 만족시키려면

$k=4$

즉, $f\left(\dfrac{2}{3}a\right)=4$이므로

$\dfrac{4}{9}a^2\times\left(-\dfrac{a}{3}\right)+8=4$

$-\dfrac{4}{27}a^3=-4$

$a^3=27$

$\therefore a=3$

$\therefore f(x)=x^2(x-3)+8=x^3-3x^2+8$

|3단계| $f(4)$의 값 구하기

(i), (ii), (iii)에 의하여 $f(x)=x^3-3x^2+8$이므로

$f(4)=64-3\times16+8=24$

해설특강 ✎

how? ❶ 세 수 $0, 8, k$가 이 순서대로 등차수열을 이루므로 $2\times8=0+k$
$\therefore k=16$

why? ❷ [그림 1]과 [그림 2]에서 함수 $y=|f(x)|$의 그래프와 직선 $y=t$가 다음 그림과 같을 때, $g(t)=6$이다.

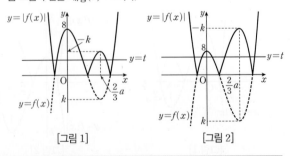

[그림 1]　　　　　[그림 2]

6

출제영역 정적분으로 정의된 함수＋미분가능성

정적분으로 정의된 함수의 미분과 절댓값을 포함한 함수의 미분가능성을 이용하여 조건을 만족시키는 함수를 구할 수 있는지를 묻는 문제이다.

> 최고차항의 계수가 1인 삼차함수 $f(x)$와 실수 전체의 집합에서 연속인 함수 $g(x)$가 다음 조건을 만족시킨다.
>
> ㈎ 모든 실수 x에 대하여
> $(x+1)|f(x)|=\displaystyle\int_a^x(t-a)g(t)dt$이다. (단, a는 양의 정수) ❶
> ㈏ 모든 실수 x에 대하여 $|g(-x)|=|g(x)|$이다. ❷
>
> $\left|\displaystyle\int_{-a}^a g(x)dx\right|=\dfrac{q}{p}$일 때, $p+q$의 값을 구하시오. **19**
> (단, p와 q는 서로소인 자연수이다.)

출제코드 함수 $\displaystyle\int_a^x(t-a)g(t)dt$가 실수 전체의 집합에서 미분가능하므로 $(x+1)|f(x)|$가 실수 전체의 집합에서 미분가능하도록 하는 함수 $f(x)$ 구하기

❶ 식의 양변에 $x=a$를 대입하여 $f(a)=0$임을 확인하고, 함수 $(x-a)g(x)$가 실수 전체의 집합에서 연속이므로 함수 $\displaystyle\int_a^x(t-a)g(t)dt$가 실수 전체의 집합에서 미분가능함을 이용하여 함수 $(x+1)|f(x)|$가 실수 전체의 집합에서 미분가능하도록 하는 함수 $f(x)$를 구한다.

❷ ❶에서 구한 함수 $f(x)$를 이용하여 함수 $g(x)$를 구하고, 함수 $y=|g(x)|$의 그래프가 y축에 대하여 대칭임을 이용하여 a의 값을 구한다.

해설 **|1단계|** 함수 $(x+1)|f(x)|$가 실수 전체의 집합에서 미분가능하도록 하는 조건 구하기

조건 ㈎에서 $(x+1)|f(x)|=\displaystyle\int_a^x(t-a)g(t)dt$ ⋯⋯ ㉠

㉠의 양변에 $x=a$를 대입하면

$(a+1)|f(a)|=0$

$a>0$이므로 $f(a)=0$

즉, 함수 $f(x)$는 $x-a$를 인수로 가지므로

$f(x)=(x-a)h(x)$ ($h(x)$는 최고차항의 계수가 1인 이차식) ⋯⋯ ㉡

로 놓을 수 있다.

㉠에서 함수 $(x-a)g(x)$는 실수 전체의 집합에서 연속이므로 함수 $\displaystyle\int_a^x(t-a)g(t)dt$는 실수 전체의 집합에서 미분가능하다. 즉, 함수 $(x+1)|f(x)|$도 실수 전체의 집합에서 미분가능하므로 $x=a$에서도 미분가능하다.

$\displaystyle\lim_{x\to a+}\dfrac{(x+1)|f(x)|-(a+1)|f(a)|}{x-a}$

$=\displaystyle\lim_{x\to a+}\dfrac{(x+1)|(x-a)h(x)|}{x-a}$

$=\displaystyle\lim_{x\to a+}\{(x+1)|h(x)|\}=(a+1)|h(a)|$

$\displaystyle\lim_{x\to a-}\dfrac{(x+1)|f(x)|-(a+1)|f(a)|}{x-a}$

$=\displaystyle\lim_{x\to a-}\dfrac{(x+1)|(x-a)h(x)|}{x-a}$

$=\displaystyle\lim_{x\to a-}\{-(x+1)|h(x)|\}=-(a+1)|h(a)|$

즉, $(a+1)|h(a)|=-(a+1)|h(a)|$이므로

$h(a)=0$ $(\because a>0)$

따라서 $h(x)=(x-a)(x-k)$ (k는 상수)로 놓으면 ⓛ에서

$f(x)=(x-a)^2(x-k)$

함수 $(x+1)|f(x)|=(x+1)|(x-a)^2(x-k)|$가 실수 전체의 집합에서 미분가능하므로 $x=k$에서도 미분가능하다.

$$\lim_{x\to k+}\frac{(x+1)|f(x)|-(k+1)|f(k)|}{x-k}$$

$$=\lim_{x\to k+}\frac{(x+1)|(x-a)^2(x-k)|}{x-k}$$

$$=\lim_{x\to k+}(x+1)(x-a)^2$$

$$=(k+1)(k-a)^2$$

$$\lim_{x\to k-}\frac{(x+1)|f(x)|-(k+1)|f(k)|}{x-k}$$

$$=\lim_{x\to k-}\frac{(x+1)|(x-a)^2(x-k)|}{x-k}$$

$$=\lim_{x\to k-}\{-(x+1)(x-a)^2\}$$

$$=-(k+1)(k-a)^2$$

즉, $(k+1)(k-a)^2=-(k+1)(k-a)^2$이므로

$k=-1$ 또는 $k=a$

|2단계| 두 함수 $f(x)$, $g(x)$ 구하기

한편, $\dfrac{d}{dx}\displaystyle\int_a^x(t-a)g(t)dt=(x-a)g(x)$이므로 $k=-1$일 때와 $k=a$일 때로 나누어 조건을 만족시키는 함수 $f(x)$와 함수 $g(x)$를 구하면 다음과 같다.

(i) $k=-1$일 때

$f(x)=(x+1)(x-a)^2$이므로

$(x+1)|f(x)|=(x+1)|(x+1)(x-a)^2|$

ⓛ에 의하여

$$\int_a^x(t-a)g(t)dt=\begin{cases}-(x+1)^2(x-a)^2 & (x<-1)\\(x+1)^2(x-a)^2 & (x\geq-1)\end{cases}$$

양변을 x에 대하여 미분하면

$$(x-a)g(x)=\begin{cases}-4(x+1)(x-a)\left(x-\dfrac{a-1}{2}\right) & (x<-1)\\4(x+1)(x-a)\left(x-\dfrac{a-1}{2}\right) & (x\geq-1)\end{cases}$$

how? ❶

$$\therefore g(x)=\begin{cases}-4(x+1)\left(x-\dfrac{a-1}{2}\right) & (x<-1)\\4(x+1)\left(x-\dfrac{a-1}{2}\right) & (x\geq-1)\end{cases}$$

조건 ㈏에 의하여 함수 $y=|g(x)|$의 그래프는 y축에 대하여 대칭이어야 하므로

$-1+\dfrac{a-1}{2}=0$ why? ❷

$\therefore a=3$

$\therefore f(x)=(x+1)(x-3)^2$,

$g(x)=\begin{cases}-4(x+1)(x-1) & (x<-1)\\4(x+1)(x-1) & (x\geq-1)\end{cases}$

(ii) $k=a$일 때

$f(x)=(x-a)^3$이고

$(x+1)|f(x)|=(x+1)|(x-a)^3|$이므로 ⓛ에서

$$\int_a^x(t-a)g(t)dt=\begin{cases}-(x+1)(x-a)^3 & (x<a)\\(x+1)(x-a)^3 & (x\geq a)\end{cases}$$

양변을 x에 대하여 미분하면

$$(x-a)g(x)=\begin{cases}-4(x-a)^2\left(x-\dfrac{a-3}{4}\right) & (x<a)\\4(x-a)^2\left(x-\dfrac{a-3}{4}\right) & (x\geq a)\end{cases}$$

how? ❸

$$\therefore g(x)=\begin{cases}-4(x-a)\left(x-\dfrac{a-3}{4}\right) & (x<a)\\4(x-a)\left(x-\dfrac{a-3}{4}\right) & (x\geq a)\end{cases}$$

조건 ㈏에 의하여 함수 $y=|g(x)|$의 그래프는 y축에 대하여 대칭이어야 하므로

$a+\dfrac{a-3}{4}=0$ $\therefore a=\dfrac{3}{5}$

이것은 a가 양의 정수라는 조건을 만족시키지 않는다.

(i), (ii)에 의하여

$f(x)=(x+1)(x-3)^2$,

$g(x)=\begin{cases}-4(x+1)(x-1) & (x<-1)\\4(x+1)(x-1) & (x\geq-1)\end{cases}$

$=\begin{cases}-4x^2+4 & (x<-1)\\4x^2-4 & (x\geq-1)\end{cases}$

|3단계| $p+q$의 값 구하기

$$\therefore \int_{-a}^a g(x)dx=\int_{-3}^3 g(x)dx=\int_{-3}^{-1}g(x)dx+\int_{-1}^3 g(x)dx$$

$$=\int_{-3}^{-1}(-4x^2+4)dx+\int_{-1}^3(4x^2-4)dx$$

$$=\left[-\frac{4}{3}x^3+4x\right]_{-3}^{-1}+\left[\frac{4}{3}x^3-4x\right]_{-1}^3$$

$$=-\frac{80}{3}+\frac{64}{3}=-\frac{16}{3}$$

$$\therefore \left|\int_{-a}^a g(x)dx\right|=\frac{16}{3}$$

따라서 $p=3$, $q=16$이므로 $p+q=3+16=19$

해설 특강 ✎

how? ❶ $\{(x+1)^2(x-a)^2\}'$

$=(x+1)'(x+1)(x-a)^2+(x+1)(x+1)'(x-a)^2$

$\quad+(x+1)^2(x-a)'(x-a)+(x+1)^2(x-a)(x-a)'$

$=2(x+1)(x-a)^2+2(x+1)^2(x-a)$

$=2(x+1)(x-a)\{(x-a)+(x+1)\}$

$=2(x+1)(x-a)(2x-a+1)$

$=4(x+1)(x-a)\left(x-\dfrac{a-1}{2}\right)$

why? ❷ 함수 $y=|g(x)|$의 그래프는 오른쪽 그림과 같다.

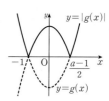

how? ❸ ❶에서와 같은 방법으로 하면

$\{(x+1)(x-a)^3\}'=4(x-a)^2\left(x-\dfrac{a-3}{4}\right)$

수능 고난도 상위 5문항 정복

HIGH-END
수능 하이엔드

수능 고난도 상위 5문항 정복

HIGH-END
수능 하이엔드

NE능률 | EBS중학프리미엄

스코어

단기 핵심 공략서
두께는 반으로 줄이고 점수는 두 배로 올린다!

| 개념 중심 빠른 예습 **START CORE** 교과서 필수 개념, 내신 빈출 문제로 가볍게 시작 | 초스피드 시험 대비 **SPEED CORE** 유형별 출제 포인트를 짚어 효율적 시험 대비 | 단기속성 복습 완성 **SPURT CORE** 개념 압축 점검 및 빈출 유형으로 완벽한 마무리 |

SPEED CORE
11~12강

START CORE
8+2강

SPURT CORE
8+2강

*과목: 고등 수학(상), (하) / 수학I / 수학II / 확률과 통계 / 미적분 / 기하

지은이	권백일, 김용환, 최종민, 이경진, 박현수	펴낸이	주민홍
선임연구원	최진경	펴낸곳	서울특별시 마포구 월드컵북로 396 누리꿈스퀘어 비즈니스타워 10층
연구원	김수정, 정푸름, 전수정		㈜NE능률 (우편번호 03925)
디자인	표지: 디자인싹, 내지: 디자인뷰	펴낸날	2019년 1월 5일 초판 제1쇄 2022년 12월 15일 3판 제1쇄
맥편집	진기획	전화	02 2014 7114
영업	한기영, 이경구, 박인규, 정철교, 김남준, 이우현, 하진수	팩스	02 3142 0357
마케팅	박혜선, 남경진, 이지원, 김여진	홈페이지	www.neungyule.com
		등록번호	제1-68호

정가 **15,000** 원

53410

9 791125 340850
ISBN 979-11-253-4085-0

수학 I

6개 유형 95제

- 최근 10개년 오답률 상위 5순위 문항 분석
- 기출에서 뽑은 실전 개념, 출제 유형별 전략적 접근
- 대표 기출 – 기출변형 – 예상문제로 고난도 유형 완전 정복

수능 고난도 상위 5문항 정복

HIGH-END
수능 하이엔드

NE 능률